食品安全出版工程
Food Safety Series

陆伯勋基金赞助

总主编　任筑山　蔡威

食品冷链技术与
货架期预测研究

Food Cold Chain and Shelf Life Prediction

李云飞　编著

上海交通大学出版社
SHANGHAI JIAO TONG UNIVERSITY PRESS

上海交通大学
陆伯勋食品安全研究中心

内容提要

本书从食品科学与工程角度,论述了冷链各环节的技术问题。冷链中涉及食品相变和分子迁移问题,因此在第 1 章和第 2 章中较系统地介绍了关于食品成分与相态转变的研究方法;在第 3 章至第 5 章中,分别介绍了食品冷藏技术、冷却技术和冷冻技术问题,其中以例题的方式进一步说明了用相关技术理论解决实际问题的方法。第 6 章较全面地分析了货架期的不同预测方法,包括基于感官、化学、微生物等评估预测以及预测模型和样本截断问题。第 7 章重点介绍了可食性包装、活性包装以及与货架期预测相关的智能化(TTI)包装。最后一章简略地介绍了冷藏运输车辆和信息技术,包括条码技术和 RFID 技术。

本书可作为相关学科高年级本科生和研究生的参考教材,也可供相关领域工程技术人员参阅。

图书在版编目(CIP)数据

食品冷链技术与货架期预测研究/李云飞编著.—上海:
上海交通大学出版社,2014
食品安全出版工程
ISBN 978 - 7 - 313 - 12334 - 3

Ⅰ.①食⋯　Ⅱ.①李⋯　Ⅲ.①冷冻食品－食品安全－研究　Ⅳ.①TS201.6

中国版本图书馆 CIP 数据核字(2014)第 269150 号

食品冷链技术与货架期预测研究

编　　著:李云飞
出版发行:上海交通大学出版社　　　　　地　　址:上海市番禺路 951 号
邮政编码:200030　　　　　　　　　　电　　话:021 - 64071208
出 版 人:韩建民
印　　制:上海天地海设计印刷有限公司　　经　　销:全国新华书店
开　　本:710mm×1000mm　1/16　　　印　　张:18.75
字　　数:319 千字
版　　次:2015 年 3 月第 1 版　　　　　印　　次:2015 年 3 月第 1 次印刷
书　　号:ISBN 978 - 7 - 313 - 12334 - 3/TS
定　　价:88.00 元

食品安全出版工程

丛书编委会

总主编

任筑山　蔡　威

副总主编

周　培

执行主编

陆贻通　岳　进

编　委

孙宝国　李云飞　李亚宁

张大兵　张少辉　陈君石

赵艳云　黄耀文　潘迎捷

前　言

食品冷链是保障食品质量和安全的最佳模式之一,是国内外普遍采用的食物供应方式。它是由一系列低温技术和装备,以及跟踪溯源等管理措施组成,涉及食品科学与工程、制冷与低温工程、物流信息与管理等多学科知识。

本书从食品科学与工程角度,论述了冷链各环节技术与食品质量和安全的关系,探讨了温度和温度波动对食品结构、相态、物质成分的影响;从食品安全和食品质量角度分析了冷链问题,并突出介绍了食品货架期的预测方法和相关数学模型的应用特点。全书共八章,包括食品与食品原料、食品在冷链下的相态、冷藏技术、冷却技术、冷冻技术、货架期预测方法、包装与包装材料、冷藏运输与信息技术等。

冷链各环节内容反映了国内外本领域的最新研究成果,也包括作者本人在多年教学和科研工作中所积累的知识,以及所指导的部分研究生十余年的研究成果,在此向本书中引用的博士论文和硕士论文的作者表示感谢(博士:贺素艳,杨宏顺,刘芳,邓云,周然,邵小龙,宋小勇,于华宁,钟宇,彭勇,博士研究生:梅俊、许丛丛;硕士:冯国平,吴颖,吴娟,郑远荣,莫云,俞芹,黄琛,陈家盛,张哲平,王璐怡,刘临洁,肖菲,尹璐,袁祎琳等,硕士研究生:郭琪祯,邵苃宇,余驰)。

向参与"十五"国家科技攻关项目《农产品现代物流技术研究开发与示范》、上海市科学技术委员会科技攻关重点项目《农产品绿色上市关键技术》、上海市农委科技兴农重点攻关项目《农产品产地预冷保鲜设备与工艺研究》、国家经贸委技术创新项目《果蔬保鲜技术和装备的开发及应用推广》等项目组成员表示感谢,尤其是孙向军副教授、宋立华副教授、苏树强博士、汤楠、程美蓉实验师等师生对上述项目做了大量的工作,她(他)们的成果丰富了本书的内容。

感谢我的博士后导师上海理工大学华泽钊教授,感谢上海理工大学刘宝林教授,他们在低温生物保存、食品玻璃化理论以及食品冷冻冷藏工程等方面对本书都给予大量帮助,在此表示感谢。

　　本书是由上海交通大学陆伯勋食品安全研究中心与上海交通大学出版社联合组织的"食品安全出版工程"系列著作之一,其目的是增进同行学术交流,提升我国食品安全技术水平。在此,向中心和出版社表示感谢,并以此书纪念学长陆伯勋先生。

　　由于本书内容涉及多个学科理论,受作者水平与知识面限制,书中存在的缺点与错误,恳请读者批评指正。

李云飞

2014 年 8 月

于上海交通大学

目　录

第1章 食品与食品原料

水、蛋白质、碳水化合物和脂肪是食品的主要成分,由这些成分构成的聚集态结构(或者称为分散体系)和细胞组织结构(动物细胞组织和植物细胞组织)是食品的基本形态。在冷链环境下,其物理化学性质和组织结构形态将发生变化,这对食品安全、营养、质构、风味等货架期方面,以及对冷链配送和冷冻工艺选择方面都有至关重要的影响。因此,本章重点介绍食品成分和结构与冷链环境密切关联的一些特性。

1.1 食品中的水分

水是食品的主要成分之一,尤其是在冷链条件下的食品,其水分含量普遍较高。食品中的水分与蛋白质、碳水化合物、脂肪等物质相互作用,形成流动与扩散能力不同的各种类型水分。与亲水物质结合的若干层水分子往往被称为束缚水,在冷链条件下往往也是不冻结水。远离亲水物质一定距离的水分子,其流动能力与扩散性受到一定程度的限制,在冷链条件下这部分水分初始冻结温度将低于冰点。对于具有较强流动能力与扩散性的体相水分,这部分水分以不同的方式参与食品体系内的生物化学反应和微生物代谢过程,在冷链条件下往往将这部分水分冻结,限制其流动能力,降低其扩散性。由此可见,水分子与食品成分(亲水物质或者疏水物质)结合程度不同,冷链条件也将不同。了解水分子的基本物理性质以及水分子与其他物质的物理化学关系对研究冷链与货架期预测方法具有重要意义。

1. 水的基本性质

水虽然是极普遍的简单的化合物,然而,与相近的其他低分子量物质相比,它有许多特殊的性质,例如,它的沸点和冰点非常高,分别为100℃和0℃;而氧只有-183℃和-219℃;氢为-253℃和-269℃。在同族元素化合物中,一般周期表上侧元素的化合物分子量越小,沸点、冰点越低,如图1-1所示,第Ⅵ族元素的氢化物 H_2S(相对分子质量34)、H_2Se(相对分子质量81),H_2Te(相对分子质量129.6)都符合这一规律。它们在常温下都是气体,以此类推,水的沸点、冰点应分

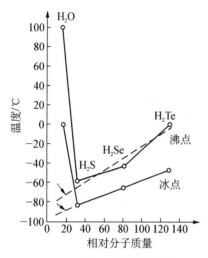

图1-1 第Ⅵ族元素氢化物的沸点和冰点[1]

别为－73℃和－91℃（见图1-1箭头所指）。而实际上水的沸点和冰点比这一推算值分别高出了173℃和91℃，在常温下呈液态。另外，在基本的有机化合物中，与水有相似的沸点、冰点的化合物并不多，只有苯、环己烷、甲酸和醋酸的沸点、冰点与水具有相似性，然而，这些物质的相对分子质量比水要大得多。目前，人们已经清楚水的特异性是由于氢键的作用。虽然水的相对分子质量较小，但是在氢键作用下，水分子构成分子团，显然，水分子团的质量要远大于单个水分子的质量。

由于水分子最大可以形成4个氢键结合〔见图1-2(a)〕，这样每个水分子与其他水分子则有可能形成1～4个氢键结合，从而出现结构和大小不同的分子团（cluster）。

水分子团是一种多孔隙的动态结构，每个水分子在结构中稳定的时间仅在10^{-12} s左右。在极短的时间内，于其平衡位置振动和排列，并不断有水分子脱离和加入分子团〔见图1-2(b)〕，这也是水具有低黏度和较好流动性的根本原因。

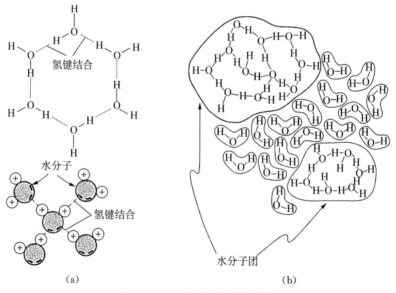

图1-2 水分子间的作用力[2]

（a）分子间的氢键 （b）分子团结构

2. 水与离子、亲水溶质间的相互作用

离子和有机分子的离子基团与水形成水—离子键,其键能虽然远小于共价键,但是却大于水分子间的氢键,使水分子的流动性下降。图 1-3 是 NaCl 水溶液中 Na^+ 离子和 Cl^- 离子与水分子的相互作用,这种排列扰乱了水分子的正常结构(基于氢键的四面体排列)。当然,离子的效应远超过它们对水结构的影响。离子具有不同的水合能力(争夺水);具有改变水的结构、影响水的介电常数以及决定胶体周围双电层厚度等能力,因而离子显著地影响了其他非水溶性物质和悬浮在水介质中的物质的"相容程度"。于是,蛋白质的构象与胶体的稳定性也大大地受到共存离子的种类和数量的影响。

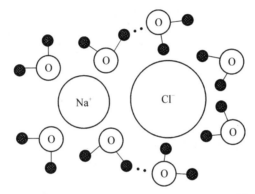

图 1-3　NaCl 水溶液中离子与水的相互作用[2]

有些溶质具有亲水性,可以与水形成水—溶质氢键,其键能一般弱于水—离子键,与水分子之间氢键相互作用的强度大致相同。亲水溶质对水的性质的影响程度,取决于水—溶质氢键的强度,如果强度较大,可能降低第一层水的流动性,或改变第一层水与体相水的其他性质。水能与各种基团(如羟基、氨基、羧基、酰胺或亚氨基)形成氢键,即 H—O 和 H—N,这包含了食品中的大部分物质成分,如蛋白质和碳水化合物等。由于水参与并影响了溶质结构及物性,因此,通过水的这种性质,可以改善和调控食品某些特性。例如,在淀粉糊中加入糖,糖与水的结合改变淀粉的糊化,使糊化和糊化后的老化(β化)速度减慢。蛋白质的变性也需要水,因此,当糖存在时蛋白质的变性也会减慢。

3. 水与非极性物质的相互作用

由热力学可知,水与非极性物质(如烃类、稀有气体以及脂肪酸、氨基酸和蛋白质的非极性基团)混合时,将增大水的界面自由能,使体系不稳定。为此,体系向着降低自由能的方向发展,减少水与非极性物质的接触面积,最终形成笼状结构,如图1-4所示。笼状结构中的水分子,其排列类似于冰晶体,使体系的熵减少。

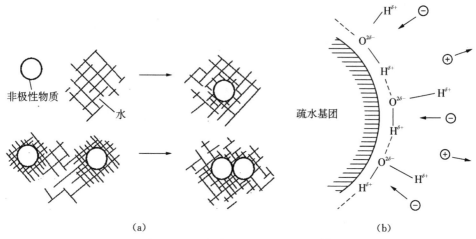

图1-4　水与疏水物质的作用关系[2]

（a）疏水过程　（b）水在非极性物质表面的排列

　　由于蛋白质的非极性基团暴露于水中,在疏水性质作用下,使蛋白质折叠,并将大部分疏水性残基隐藏在折叠结构内部,如图1-5所示。事实上,尽管存在着疏水性作用,然而球状蛋白质中的非极性基团一般仍占据约40%～50%的表面积,因此,疏水性作用被认为是维持球状蛋白质的立体结构和生物膜稳定性的重要因素。此外,在疏水性分子周围,水的构造对液状食品的物性和稳定性有很大影响,包括酒、调味料、饮料等。白酒和威士忌即使是成分相同,但如果处理方法和存放时间不同,其风味则有很大差别。陈酿的酒在杯中显得"黏",酒精挥发也慢一些,这可以认为,酒在长期存放中,水分子与乙醇分子形成了疏水性的水合结构。因此,陈放的酒口感比较温和,没有即时调制的酒那么"辣"。

　　4. 其他因素

　　除了上面谈到的水分子与离子、亲水物质、疏水物质间的吸引与排斥关系外,影响水分子的物化特性还有压力场、电场、磁场和红外线等电磁波,这些外界环境对水分子团的结构都可能产生影响。研究表明,为了促进发酵调味品的熟化、酒的陈化和其他含水食品的熟化,采用电磁场处理工艺,不但可以大大缩短加工时间,同时也增强了产品风味。水分子在压力场下,其晶型不同于常压下的Ⅰ型冰,而是具有较高密度的其他类型冰(见第2章),在一定程度上改善了冻结食品的质量与风味问题。

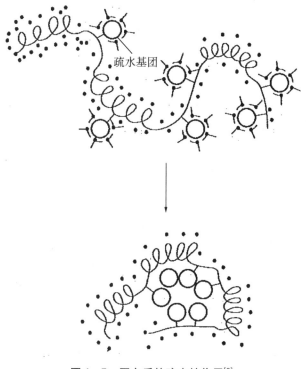

图 1-5　蛋白质的疏水性作用[2]

1.2　食品分散体系(dispersion system)

　　一般的食品不仅含有固体成分,而且还含有水和空气。食品多属于分散系统,或者说属于非均质分散系统,也称分散体系。所谓分散体系是指数微米以下,数纳米以上的微粒子在气体、液体或者固体中浮游悬浊(即分散)的系统。在这一系统中,分散的微粒子称为分散相,而连续的气体、液体或固体称为分散介质。分散体系的一般特点是:①分散体系中的分散介质和分散相都以各自独立的状态存在,所以分散体系是一个非平衡状态。②每个分散介质和分散相之间都存在着接触面,整个分散体系的两相接触面面积很大,体系处于不稳定状态。

　　按照分散程度的高低(即分散粒子的大小),分散体系可大致分为如下 3 种:

　　(1) 分子分散体系。分散的粒子半径小于 10^{-7} cm,相当于单个分子或离子的大小。此时分散相与分散介质形成均匀的一相。因此分子分散体系是一种单相体系。与水的亲和力较强的化合物,如蔗糖溶于水后形成的"真溶液"就是例子。

（2）胶体分散体系。分散相粒子半径在 $10^{-7} \sim 10^{-5}$ cm 的范围内，比单个分子大得多。分散相的每一粒子均为由许多分子或离子组成的集合体。虽然用肉眼或普通显微镜观察时体系呈透明状，与真溶液没有区别，但实际上分散相与分散介质已并非为一个相，存在着相界面。换言之，胶体分散体系为一个高分散的多相体系，有很大的比表面积和很高的表面能，致使胶体粒子具有自动聚集的趋势。与水亲和力差的难溶性固体物质高度分散于水中所形成的胶体分散体系，简称为"溶胶"。

（3）粗分散体系。分散相的粒子半径约在 $10^{-5} \sim 10^{-3}$ cm 的范围内，可用普通显微镜甚至肉眼分辨出是多相体系。"悬浮液"——泥浆和"乳状液"——牛奶就是例子。

除按分散相的粒子大小做如上分类之外，还常对多相的分散体系按照分散相与分散介质的聚集态来进行分类。可将分散体系分成如表 1－1 所示的 8 种类型。

表 1－1　多相分散体系的 8 种类型

分散介质	分散相	名称	实例
气体	液体	气溶胶	增香用的雾气
	固体	粉体	面粉、淀粉、白糖、可可粉、脱脂奶粉
液体	气体	泡沫	搅打奶油、啤酒沫
	液体	乳胶体	牛奶、生乳油、奶油、蛋黄酱、冰淇淋
	固体	溶胶	浓汤、淀粉糊
		悬浮液	酱汤、汁
固体	气体	固体泡沫	面包、蛋糕、馒头
	液体	凝胶	琼脂、果胶、明胶
	固体	固溶胶	

（1）泡沫（foam）。泡沫是指在液体中分散有许多气体的分散系统。气体由液体中的膜包裹成泡，这种泡称为气泡。有大量气泡悬浮的液体称为气泡溶胶。当无数气泡分散在水中时溶液呈白色，这便是气泡溶胶（也称泡沫）。

此外，液体中的气泡上浮到液面，在液体上面形成相对稳定的气泡层，气泡由很薄的液膜包裹，且相互隔壁相接，这种分布称之为泡沫，如啤酒上的气泡。有许多气泡在液体中处于分散状态，这样的气泡称之为分散气泡，如冰淇淋。

（2）乳胶体（emulsion colloid）。乳胶体一般是指两种互不相溶的液体，其中一方为微小的液滴，分散在另一方液体中。如果把水和油轻轻地倒在杯子中，由于水分子和油分子之间的分子力较弱,在重力作用下,形成明显的油水界面(液—液界面)。

在存在界面的情况下,液体内部的分子由于受到各方相同的分子力的作用而处于平衡状态,界面的分子则处于非平衡状态。比如,水和气体接触,由于气体的分子力很小,处于表面的水分子受到下面水分子的作用,表面积变小,这种使表面积变小的作用力称为表面张力。如果把水和油进行激烈搅拌,那么水和油的界面受到破坏,形成一种液体分散于另一种液体的乳胶体。此时,分散的粒子越小,两相界面积总和则越大。由热力学平衡定律可知,乳胶体的两相界面积越大,系统的自由能越大,系统越不稳定,系统向界面积小的稳定状态变化。如果在水中添加少量的水溶性乳化剂后搅拌,那么与未添加乳化剂的相比不仅形成乳胶体所需要的作用力小,而且状态保持时间也长。此时形成的乳胶体,称为水包油型(记作 O/W 型)乳胶体(连续相为水、分散相为油)。如果把磷脂等油溶性乳化剂溶解在油后进行搅拌,则形成油包水型(记作 W/O 型)乳胶体(连续相为油、分散相为水)。乳化剂附着在分散粒子的界面上,降低界面自由能,阻碍界面积减少速度,延长乳胶体状态维持时间。我们把具有这种作用的物质称为表面活性物质(也叫表面活性剂或乳化剂)。制作蛋黄酱时蛋黄中的脂蛋白和磷脂就起乳化剂的作用。增加油相的体积分率,可使蛋黄酱的硬度增加。如果水相和油相的体积分率相同,那么油滴越小,弹性系数和黏性系数则越大、松弛时间越长。

生奶油(亦称稀奶油)、蛋黄酱均属于 O/W 型,而黄油、人造奶油等属于 W/O 型。乳胶体在不使油与水分离的情况下,O/W 型经一定处理,可转变为 W/O 型。而 W/O 型也能变成 O/W 型。把这种连续相与分散相间的转换现象称为相转换。例如,当持续激烈地搅拌 O/W 型生奶油时,就会发生相转换,变成 W/O 型的黄油。黄油是用这种方法由生奶油加工而成。相转换时,即使原来各相的组成比例不变,转换前与转换后乳胶体的物性也会发生明显变化。相转换的概念与过程如图 1-6 所示。

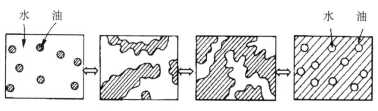

图 1-6 乳胶体相转换过程示意图

除了由两相构成的乳胶体外,还有多相乳胶体。所谓多相乳胶体是指:当把 O/W 或 W/O 型乳胶体整个看成一个连续相,给这样的乳胶体添加亲水性或亲油性的乳化剂后搅拌,此时各自的水或油又会成为分散相,得到 W/O/W 型或 O/W/O 型乳胶体。当 W/O 型乳胶体向 O/W 型相转换时,也能得到 W/O/W 型的多相乳胶体。乳胶体类型的判断,是研究其物性时首先要解决的问题。也就是说,连续相是水还是油,对它的物性可起决定性作用。

(3) 悬浮液(suspension)。固体微粒子分散于液体的分散体系,称为悬浮液。一般地说,当静止放置稀薄悬浮液时由于固体粒子受到浮力的作用,密度小于水密度的固体粒子就能浮起来,但当固体密度大于水的密度时就沉降,密度相同时固体粒子在水中保持静止状态。如果增加固体粒子的浓度,那么由于粒子之间的相互作用,黏度就增加。当水恰好填满了大量固体粒子的间隙时水起可塑剂的作用,变成黏土一样的固体状态,出现塑性。食品中的一般胶体粒子的分散介质是水,所以把分散介质(连续相)是水的胶体称为亲水性胶体,这样的溶胶称为水溶胶。

1.3　动物肌肉组织[3]

1.3.1　肌肉的一般结构

虽然家畜体上有 300 多块形状和尺寸各异的肌肉,但其基本结构是一样的(见图 1-7,图 1-8)。肌肉的基本构造单位是肌纤维,肌纤维外有一层很薄的结缔组织,称为肌内膜;每 50～150 条肌纤维聚集成束,称为初级肌束,外包一层结缔组织,称为肌束膜;数十条初级肌束集结在一起并由较厚的结缔组织包围形成二级肌束;二级肌束再集结即形成了肌肉块,肌肉块外面包有一层较厚的结缔组织称为肌外膜。这些分布在肌肉中的结缔组织膜既起着支架的作用,又起着保护作用,血管、神经通过三层膜穿行其中,伸入到肌纤维的表面。此外,还有脂肪沉积其中,使肌肉断面呈现大理石样纹理。

1. 肌纤维(muscle fiber)

和其他组织一样,肌肉组织也是由细胞构成的,但肌细胞是一种相当特殊的细胞,呈长线状,不分支,两端逐渐尖细,因此也叫肌纤维,如图 1-9 所示。肌纤维直径为 10～100 μm,长为 1～40 mm,最长可达 100 mm。

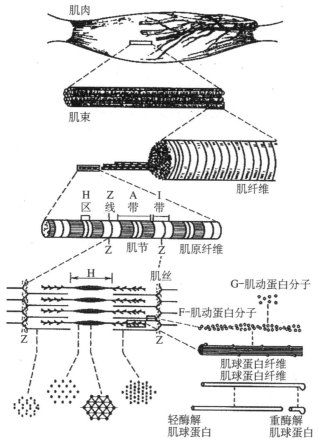

图1-7　肌肉的构造[3]

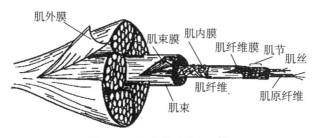

图1-8　肌肉构成横断面[3]

2. 肌膜(sarcolemma)

肌纤维本身具有的膜叫肌膜,也就是细胞膜,它由蛋白质和脂质组成,具有很好的韧性,因而可承受肌纤维的伸长和收缩。冷冻肉制品,解冻后汁液流失量相对较少(与果蔬相比),主要原因就是细胞膜强度和弹性好,能够承受水结冰时

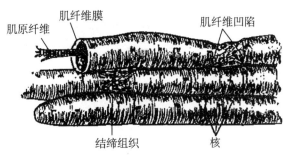

肌原纤维　肌纤维膜　　　　　　　肌纤维凹陷

结缔组织　　　　核

图1-9　肌纤维示意图[3]

9％的体积膨胀率。

3. 肌原纤维(myofibril)

肌原纤维是肌细胞独有的细胞器,约占肌纤维固形物成分的60％～70％,是肌肉的伸缩装置。如图1-9所示,它呈细长的圆筒状结构,直径约1～2 μm,其长轴与肌纤维的长轴相平行并浸润于肌浆中。一个肌纤维含有1 000～2 000根肌原纤维。肌原纤维又由肌丝组成,肌丝可分为粗丝和细丝。两者均平行整齐地排列于整个肌原纤维中。由于粗丝和细丝在某一区域形成重叠,从而形成了横纹,这也是"横纹肌"名称之来源。光线较暗的区域称之为暗带(A 带),光线较亮的区域称之为明带(I 带)。I带的中央有一条暗线,称之为"Z 线",它将 I 带从中间分为左右两半;A 带的中央也有一条暗线称"M 线",将 A 带分为左右两半。在 M 线附近有一颜色较浅的区域,称为"H 区"。把两个相邻 Z 线间的肌原纤维称为"肌节",它包括一个完整的 A 带和两个位于 A 带两边的半个 I 带。肌节是肌原纤维的重复构造单位,也是肌肉收缩、松弛交替发生的基本单位。肌节的长度不是恒定的,它取决于肌肉所处的状态。当肌肉收缩时,肌节变短;松弛时,肌节变长。哺乳动物肌肉放松时典型的肌节长度为2.5 μm。

构成肌原纤维的粗丝和细丝不仅大小形态不同,而且它们的组成性质和在肌节中的位置也不同。粗丝主要由肌球蛋白组成,故又称之为"肌球蛋白丝",直径约10 nm,长约1.5 μm。A 带主要由平行排列的粗丝构成,另外有部分细丝插入。每条粗丝中段略粗,形成光镜下的中线及 H 区。粗丝上有许多横突伸出,这些横突实际上是肌球蛋白分子的头部。横突与插入的细丝相对。细丝主要由肌动蛋白分子组成,所以又称为"肌动蛋白丝",直径约6～8 nm,自 I 线向两旁各扩张约1.0 μm。I 带主要由细丝构成,每条细丝从 I 线上伸出,插入粗丝间一定距离。在细丝与粗丝交错穿插的区域,粗丝上的横突(6 条)分别与 6 条细丝相对。因此,从肌原纤维的横断面上看 I 带只有细丝,呈六角形分布。在 A 带由于两种微丝交错穿插,所以可以看到以一条粗丝为中心,有 6 条细丝呈六角形包绕在周围。而 A 带的 H 区则只有粗丝呈三角形排列。

4. 肌浆(sarcoplasm)

肌纤维的细胞质称为肌浆,填充于肌原纤维间和核的周围,是细胞内的胶体物质。含水分 75%～80%。肌浆内富含肌红蛋白、酶、肌糖元及其代谢产物和无机盐类等。

1.3.2　结缔组织(connective tissue)

结缔组织是将动物体内不同部分联结和固定在一起的组织,分布于体内各个部位,构成器官、血管和淋巴管的支架;包围和支撑着肌肉、筋腱和神经束;将皮肤联结于机体。结缔组织是由少量的细胞和大量的细胞外基质构成,后者的性质差异很大,可以是柔软的胶体,也可以是坚韧的纤维。在软骨,它的质地如橡皮,在骨骼中则充满钙盐而变得非常坚硬。肉中的结缔组织是由基质、细胞和细胞外纤维组成,胶原蛋白和弹性蛋白都属于细胞外纤维。

和肌纤维不一样,细胞外纤维可以构成致密的结缔组织,也可以构成网状松软的结缔组织。细胞外纤维对肉品物性影响非常大,为此我们做适当介绍。

1) 胶原蛋白(collagen)

胶原蛋白是动物体内最多的一种蛋白质,占动物体中总蛋白的 20%～25%,对肉的嫩度有很大影响。胶原蛋白是结缔组织的主要结构蛋白,是筋腱的主要组成成分,也是软骨和骨骼的组成成分之一。胶原蛋白在肌肉中的分布是不一致的,主要与其生理功能有关。胶原蛋白种类较多,但不具备伸缩性。

2) 交联(crosslinking)

胶原蛋白的不溶性和坚韧性是由于其分子间的交联,特别是成熟交联所致。交联是胶原蛋白分子的特定结构形成,并整齐地排列于纤维分子之间的共价化学键。如果没有交联,胶原蛋白将失去力学强度,则可溶解于中性盐溶液。随着动物年龄的增加,肌肉结缔组织中的交联,尤其是成熟交联的比例增加,这也是动物年龄增大,其肉嫩度下降的原因。

3) 其他蛋白

除胶原蛋白(纤维)外,结缔组织中的纤维还有弹性蛋白和网状蛋白。弹性蛋白是一种具有高弹性的纤维蛋白,呈分叉形,在韧带和血管中分布较多,在肌肉中一般只有胶原蛋白的 1/10,但在半腱肌中,其比例可达到胶原蛋白的 40%,其组成特点具有特异的赖氨酸,占总氨基酸的 1.6%。网状蛋白形状和组成与胶原蛋白相似,但含有 10% 左右的脂肪,主要存在于肌内膜。

1.4　植物细胞组织

　　植物性食品很多,但这里主要讨论细胞形态完整的果蔬产品。图 1-10 是典型的植物细胞结构,它与果蔬品种、生长条件以及采后贮藏与加工等因素有关。如作为种子植物,其细胞内会贮藏大量的淀粉等物质,而作为未成熟的植物,其细胞内液泡占有大量的空间;又如,植物表皮细胞呈扁平状,相互嵌合在一起而不被外力拉断,根细胞呈管状,利于水分和营养物质的传输,而茎尖等分生组织,其细胞细小致密,表面积大,利于生长代谢的物质交换和能量交换。细胞的结构与形态直接影响果蔬产品的质构和质量。因此,目前对果蔬产品研究中,除了检测生化指标外,细胞结构形态变化等物性参数检测也受到越来越大的重视。

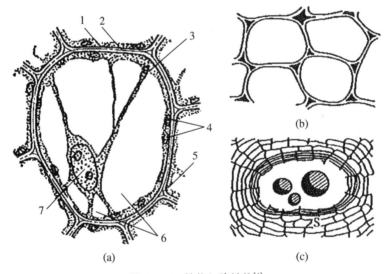

图 1-10　植物细胞结构[4]

1—胞壁;2—细胞间质;3—细胞质;4—叶绿体;5—细胞间隙;6—液胞;7—核

　　影响果蔬产品质构的关键因素是细胞壁的强度和细胞膨压的大小,这两个因素决定细胞的完整性和形态,也决定果蔬产品的质构。

1.4.1　细胞壁(cell wall)

　　细胞壁的主要成分是纤维素、果胶质和半纤维素,有些细胞壁中还含有木质素、疏水的角质、木栓质和蜡质等成分。细胞壁分初生壁和次生壁,如图1-11所示。初生壁是细胞生长期间形成的组织结构,厚度约1~3 nm,由纤维素中的微纤丝、果胶质、糖蛋白等物质构成,果胶质和糖蛋白起到交联微纤丝的作用,形成网状结构。果胶质使细胞壁具有很好的伸缩性,使细胞壁随着细胞的生长而扩大。次生壁是细胞停止生长而初生壁不再扩大时,在某些起着支撑作用或输导作用的细胞壁上形成的堆积增厚部分。次生壁主要由纤维素组成,而且排列致密,有一定的方向性,果胶质极少,且不含糖蛋白等物质,因此,次生壁的机械强度很高,伸缩性很小。细胞壁外层是中间层,主要成分是果胶质,其作用是黏结细胞。随着果蔬的成熟,果蔬中释放出果胶酶,果胶酶能够溶解果胶质,使细胞与细胞分离,果蔬质构变软。

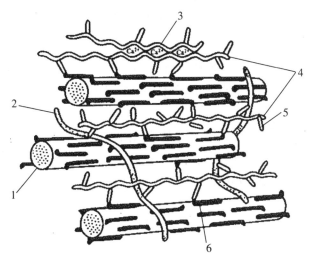

图1-11　初生壁各组分网格结构[5]

1—纤维素微纤丝;2—糖蛋白;3—果胶分子间的钙离子键;
4—酸性果胶分子;5—中性果胶分子;6—半纤维素分子

1.4.2　膨压(turgor)

膨压是指细胞内溶液对细胞壁的压力,其作用方向一般向外,使细胞壁膨胀。膨压与细胞内外溶液的渗透压有关,对于新鲜果蔬产品,细胞中的液泡较大,而液泡中含有大量的糖、氨基酸和离子等物质,使细胞内的水势(溶质势)下降。如果细胞外溶液接近于纯水或高于细胞内水势,细胞将吸水膨胀。由于细胞壁的限制,细胞内溶液对细胞壁产生作用力(膨压),使细胞处于饱满状态。对于脱水种子,细胞内含有大量的淀粉和蛋白质等物质,这些物质具有亲水性,吸水后体积膨胀,水势(衬质势)上升。一般情况下,温带生长的植物叶细胞的溶质势在$-2\sim-1$ MPa之间,夏季午后草本植物叶细胞的膨压在 $0.3\sim0.5$ MPa之间,而干燥的种子衬质势可达-100 MPa。水势越低,说明细胞吸水能力越大,而膨压越大,说明细胞壁对细胞内溶液的限制越强。

在膨压作用下,细胞壁内将产生相应的应力与应变现象,用细胞体积模量 K 来描述:

$$K = V\frac{\mathrm{d}p}{\mathrm{d}V} \tag{1-1}$$

式中,p 为细胞膨压,V 为细胞体积。K 愈大,说明细胞壁愈坚硬,弹性愈小,反之,则说明细胞壁愈柔软,弹性愈大。显然,K 值的大小既可以描述细胞壁的刚性,也可以描述细胞壁的弹性。

由于细胞壁的主要成分是纤维素,而纤维素具有较大的弹性模量,因此,细胞壁的弹性是较小的。为了能有一个定量的了解,我们以丽藻细胞为例估算一下细胞的应变。

假设细胞壁可以用一个圆筒来模拟,如图 1-12 所示。设圆筒的半径为 r,胞壁厚度为 t,胞内流体压力为 p。在图中,胞内液体沿径向作用的压强为 p,它为胞壁中响应于径向压强的径向应力 σ_n 所平衡。设细胞长为 L,则由图 1-12 易见

$$2\sigma_n L t = 2prL$$

由此解出

$$\sigma_n = \frac{rp}{t}$$

如果细胞直径 $d=1$ mm,$t=5$ μm,$p=6\times10^5$ Pa,$\sigma_n=600\times10^5$ Pa,丽藻细胞壁的弹性模量约为 6.86×10^{-6} Pa,其应变由胡克定律可算出,即

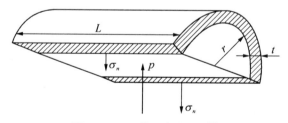

图 1-12　丽藻细胞壁模型[6]

$$\frac{\Delta V}{V} = \frac{\sigma_n}{E} = 0.087$$

　　这说明细胞壁仅发生 8.7% 的形变。由于 $p = 6 \times 10^5 \, \mathrm{Pa}$ 是一个很大的压强，这个结果表明细胞壁是很坚硬的，由此我们自然理解了细胞壁是保持植物形态的骨架，同时，也说明为什么果蔬产品冻结后质量不如肉制品好的原因。

　　在应用上，式（1-1）中的 V 可用细胞中总渗透水的体积来代替。简单的计算表明，当细胞内束缚水体积很小时，细胞体应变 dV/V 可近似用相对含水量（RWC）的变化来代替。这样，式（1-1）就可变为[6]

$$K = \frac{\mathrm{d}p}{\mathrm{d}RWC} \approx \frac{\Delta p}{\Delta RWC}$$

　　当束缚水体积不能忽略时，K 值可通过下式得到

$$K = \frac{\Delta p}{\ln(\Pi_1 / \Pi_2)}$$

式中，Π 为细胞溶液的渗透压。

参考文献

[1]　李云飞，殷涌光，徐树来，等. 食品物性学（第二版）[M]. 北京：中国轻工业出版社，2009，4-39.
[2]　Fennema O R 著. 食品化学（第三版）[M]. 王璋，许时婴，江波，等，译. 北京：中国轻工业出版社，2003，23-29.
[3]　周光宏，徐幸莲. 肉品学[M]. 北京：中国农业科学出版社，1999：147-159.
[4]　李里特. 食品物性学[M]. 北京：中国农业出版社，2004：175-176.
[5]　高信曾. 植物学（形态，解剖部分）（第二版）[M]. 北京：高等教育出版社，2003，12-14.
[6]　习岗，李伟昌. 现代农业和生物学中的物理学[M]. 北京：科学出版社，2002，22-23.

第2章　食品相态与玻璃化问题

食物在冷链环境下,其相态变化是一个非常重要的物理化学现象,关系到食物质量问题、货架期问题和食用安全问题。水是新鲜食物中最主要的成分,在冷链温度下水可能是液态、结晶态或者玻璃态;蛋白质、多糖、脂肪等物质在冷链温度下可能是结晶态、液晶态、玻璃态和黏弹态。将食物控制在最佳相态下是保障食品营养与安全的关键因素之一。

玻璃化理论是继水分活度概念之后,在食品科学界得到重视的又一个理论问题。围绕水的状态与食品稳定性和加工性问题,人们从最初的用食品中的含水量衡量,发展到用食品中的水分活度衡量。水分活度在评价食品中微生物生长状况、脂肪氧化、非酶褐变、酶活性以及质构口感方面有重要作用。但是水分活度在评价食品质量方面也存在一定的局限性。水分活度是一个平衡状态下的参数,然而,食品在冷藏和加工过程中往往处于非平衡状态,食品质量在不断地变化。从20世纪60年代,人们开始探索食品和生物材料中的玻璃化问题,其中重点围绕冷冻、冷冻干燥和干燥食品的玻璃化问题。认为食品材料的某些物理变化和化学变化与分子的扩散能力有关,当某种组分的分子失去扩散能力时,其相关的化学反应将被抑制。水不但是各种物理化学反应的重要组分,同时也是有利于其他组分扩散的塑性剂。在食品冷藏和加工领域,在微观尺度内对水的物理化学性质和水分子的状态研究越来越深入[1~3],例如,利用核磁共振(NMR)技术揭示水分子的移动能力与化学反应之间的关系[4]。

玻璃态是一种近程有序、远程无序的分子分布状态,与一般液态相比,其分子分布的无序性非常相似,因此,玻璃体也被视为液体或者过冷液体。从宏观物理性质看,玻璃体与液体相比具有较高的硬度和脆性,玻璃体的黏度远远大于液体,其黏度在 $10^{13} \sim 10^{14}$ Pa·s 范围内,而常温下液态水的黏度仅有 1.005×10^{-3} Pa·s。巨大的黏度使玻璃体具有抵抗自身重力能力,因而有坚硬的形态。如果过冷液体达到 10^{14} Pa·s,其流动速度仅 10^{-14} m/s,或者说一个世纪仅能流动 30 μm[5]。从流动速度上看,食品在玻璃态下是非常稳定的,它不但抑制了微生物的繁殖,也控制了食品的各种生物化学反应,是一种最佳的生物活体保存技术。如何实现食品的玻璃态,哪些因素影响玻璃态的转变,这是食品科学界研究的热点之一。

2.1 相图

相图是食品质量稳定性的标示图(见图 2 - 1)[6],图中 ABC 为冻结线,BD 为溶解度线,EFS 为玻璃化转变温度线。水溶液从 A 点开始冻结,在未达到 B 点前是冰晶与剩余溶液的混合体。当降温至 B 点时,剩余溶液中的固形物开始结晶,形成冰晶、剩余溶液和固形物晶体。当达到 C 点后,剩余溶液中能够结晶的水分已全部结晶,剩余溶液呈橡胶态。C 点称为最大冷冻浓缩点,C 点所对应的水分含量被视为不可冻结水 $(1-X'_s)$,它包括没有结晶的自由水和被固形物所吸附的束缚水,C 点所对应的温度 T'_m 为最大冷冻浓缩温度。从 C 点到 F 点没有新的晶体析出,而仅使剩余溶液从橡胶态转变为玻璃态,因此,F 点称为玻璃化转变点,所对应的温度 T'_g 称为玻璃化转变温度。Q 点是冻结线与玻璃化线的交点,对应的温度和浓度分别为 T''_g 和 X''_g。如果 C 点与 Q 点重合,则最大冷冻浓缩温度T'_m 与玻璃化转变温度 T'_g 相同。R 点是冻结食品中固形交织结构的玻璃化转变温度 T'''_g(或者 T_g),其值可由 DSC 检测到。LNO 线为 BET -单分子层水分含量线,其值由水的等温吸附曲线确定,是温度的函数,也是用水分活度评价食品稳定性的理论基础。从图 2 - 1 可知,BET -单分子层水分含量总是低于不可冻结水分含量。

早期的相图仅含有冻结曲线和玻璃化转变曲线,近期人们提出的相图信息更丰富,它包含材料结构变化与玻璃化线、冻结曲线和溶解度线之间的关系。从相图中可以粗略地预判食品稳定性如何,货架期如何等信息。

在研究食品材料方面,人们从单一组分的水溶液相图开始,进而对已知组分适当配比的模拟食品材料进行研究,得到了关于蔗糖、果糖、麦芽糖、淀粉、明胶等多种单一物质或者一定比例的混合物的水溶液相图[7, 8]。近年来,对具有组织结构的动植物食品的相图的研究也出现陆续报道,较早一点的是冷冻干燥草莓和甘蓝这样实际食品的玻璃化转变温度报道[9],随后有红枣[10]、苹果[11]、金枪鱼肉[12](见图 2 - 2)和猕猴桃[13]等这样实际食品的相图报道。由于实际食品组分和结构的复杂性,研究报道仍然较少,而且报道的玻璃化转变温度以及最大冷冻浓缩温度也有较大的差异[8]。

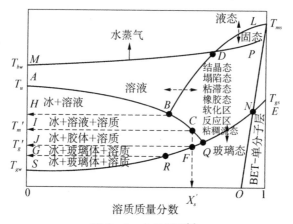

图2-1 食品相图[6]

T_{bw}—沸点；T_u—共晶点；T'_m—冻结结束点；T'_g—冻结束时的玻璃化转变点；T_{gw}—水的玻璃化转变点；T_{ms}—干物质融化点；T_{gs}—干物质玻璃化转变点

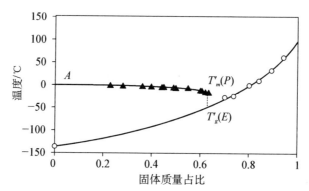

图2-2 金枪鱼肉冻结温度与玻璃化转变温度相图[12]

○和▲为实测值

2.2 最大冷冻浓缩温度的确定

1. 冻结曲线法

冻结曲线法是一种简单可行的试验方法，试验系统由样品室、热电偶、冷源和数据采集系统组成。通过改变不同的降温速率和样品浓度，可获得相图中的冻结线和最大冷冻浓缩温度。图2-3和图2-4分别是淀粉溶液和蔗糖溶液的冷冻曲线，将该曲线转换为曲线的斜率与冷冻时间的关系（见图2-5和图2-6），由斜率最大峰或者最大平台开始下降的点（图中 c 点）所对应的温度作为最大冷冻浓缩温度[14]。

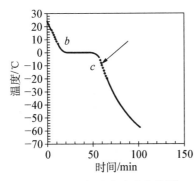

图 2-3　淀粉溶液冷冻曲线[14]

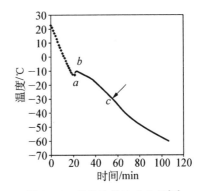

图 2-4　蔗糖溶液冷冻曲线[14]

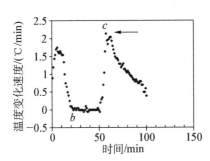

图 2-5　淀粉溶液冷冻曲线斜率[14]

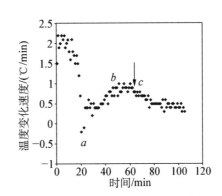

图 2-6　蔗糖溶液冷冻曲线斜率[14]

2. 模型计算法

式(2-1)是预测理想溶液(充分稀的溶液)冻结点下降的 Clausius-Clapeyron 公式,由于该公式不适用于实际食品,因此做必要的修正式(2-2),修正系数 B 考虑了食品中的不可冻结水分,其值为 $B=$ 不冻结水/全部溶质。

$$\Delta = -\frac{\beta}{\lambda_W}\ln\left(\frac{1-X_s}{1-X_s+EX_s}\right) \qquad (2-1)$$

式中,$\Delta = T_W - T_F$,T_W 是水的冻结点,T_F 是食品冻结点,β 是水的摩尔冻结点常数$[1\,860\,\text{kg} \cdot \text{K}/(\text{kg} \cdot \text{mol})]$,$\lambda_W$ 是水的分子量,X_s 是溶质质量分数,E 是水与溶质的分子量之比(λ_W/λ_S)。

$$\Delta = -\frac{\beta}{\lambda_W}\ln\left(\frac{1-X_s-BX_s}{1-X_s-BX_s+EX_s}\right) \qquad (2-2)$$

Rahman 等(2003 年)用金枪鱼做试验,比较了式(2-1)、式(2-2)的预测值与实际测量值,发现式(2-2)比式(2-1)更接近实际测量值[12]。但是试验发现 B

值可能是正值,也可能是负值。由于冻结点下降是溶质与水之间复杂作用的结果,当 B 值为负值时,可视为部分溶质表现出溶剂的作用。此外,大量试验发现用其他方法检测到的不冻结水与式(2-2)所确定的值不符,B 值在表达式中缺乏明确的物理意义。Rahman 等(2005 年)用冷冻干燥的蒜粉进一步对式(2-2)进行修正,得到式(2-3)。用融点负向偏离浓度 C 代替 B 值,对于非理想溶液,$C<0$,对于理想溶液,C 趋于 0。

$$\Delta = -\frac{\beta}{\lambda_w} \ln\left(\frac{1 - X_s/C}{1 - X_s/C + EX_s}\right) \qquad (2-3)$$

利用 SAS 非线性分析软件,将冻结点试验数据与式(2-1)或者式(2-2)或者式(2-3)进行拟合,可确定式中 E、B、C 参数[15]。

2.3 玻璃化转变温度的确定

玻璃化转变不但具有热力学二级相变的特征,又具有动力学上的松弛特征。在玻璃化转变阶段,体系尚未达到平衡状态,材料的物理性质、机械性质、电学性质、热学性质等都发生不连续的变化,因此,玻璃化转变温度的检测方法就有热学、电学、力学和光学等方法。此外,根据热力学和动力学理论推导出玻璃化转变温度经验或者半经验表达式。下面介绍食品冷冻冷藏领域内常用的方法。

1. 差示扫描量热法(differential scanning calorimetry,DSC)

DSC 方法根据样品在升温或者降温过程中热容量的变化信息确定玻璃化转变温度,是一种最常用的方法。在选择升温或者降温模式中,常见的是由升温过程中的热容量信息确定玻璃化转变温度。图 2-7 是典型的 DSC 热分析过程。当降温速率较慢时,样品中的水分有充分的时间发生结晶,在 F 点出现放热峰[见图 2-7(a)]。当降温速率较快,或者样品可冻结水分较少时,降温过程没有放热峰,可冻结水分没有充分的时间结晶或者被固形物所束缚未能充分结晶[见图 2-7(b)],但是在升温的过程中,在 E 点出现一个放热峰[见图 2-7(b)],表明被固形物束缚的可冻结水分在升温过程中由玻璃态转变成结晶态。这个转变也称为反玻璃化转变。E 点处的反玻璃化现象对确定最大冷冻浓缩温度有很大的影响,也就是说,样品体系还没有达到平衡状态时的最大冷冻浓缩点是不稳定的。为了准确确定最大冷冻浓缩点,目前常采用等温缓苏处理(或者称为退火处理),消除 E 点的反玻璃化现象。

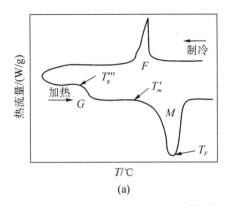 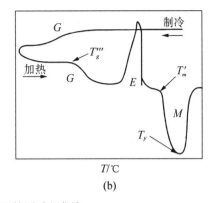

图 2-7　典型的 DSC 检测过程曲线

（a）慢速冷冻　（b）快速冷冻

　　DSC 曲线形状和玻璃化转变温度与试验过程密切相关，不同的冷却速率、加热速率、样品大小和退火条件等都影响检测结果的准确性。目前，对玻璃化转变温度的研究报道均要说明试验条件，否则，研究结果没有可比性。

　　从相关研究报道和图 2-1、图 2-7 可知，玻璃化转变温度 T_g' 常常位于 T_g''' 与 T_m' 之间，是一个较宽的温度区，是以转变开始点作为玻璃化转变温度，还是以中间点或者结束点作为玻璃化转变温度，目前还没有确定的统一标准。早期常根据发生玻璃化转变前后的两条基线和转变过程线，取中点作为玻璃化转变温度（见图 2-8）[16]。近几年人们倾向于采用玻璃化转变开始、中间和结束三个温度表示（见图 2-9）[6,9]。

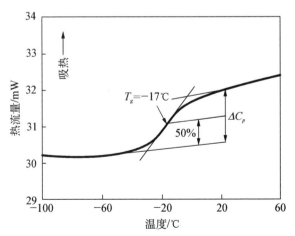

图 2-8　玻璃化转变温度中点温度确定方法[16]

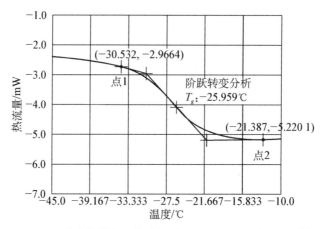

图2-9　玻璃化转变温度始点、中点和终点温度确定方法[9]

　　20 世纪 90 年代初，一种改进的 DSC 开始投入商业应用——Modulated Temperature DSC(MTDSC 或者 MDSC)。该技术与常规 DSC 相比，两种仪器的基本原理相同，而 MTDSC 在软件方面的改进使检测仪器具有更好的性能。热流量基本表达式为

$$dQ/dt = C_p dT/dt + f(t, T) \qquad (2-4)$$

式中，C_p 为材料的定压热容，Q 为热量，T 为热力学温度，t 为时间，$f(t, T)$ 为与时间和温度有关的由动力学决定的热流量。在常规 DSC 检测中，加热温度与时间呈线性关系。而在 MTDSC 检测中，温度增加了正弦分量(见图 2-10)[17]：

$$T = T_0 + bt + B\sin \omega t \qquad (2-5)$$

式中，T_0 为初始温度，b 为线性加热速率(即图 2-10 中的倾斜虚线)。将式(2-5)代入式(2-4)得

$$dQ/dt = C_p(b + B\omega\cos \omega t) + f(t, T) + C\sin \omega t \qquad (2-6)$$

许多情况下，$C \to 0$[18]，因此，上式为

$$dQ/dt = C_p(b + B\omega\cos \omega t) + f(t, T) \qquad (2-7)$$

　　利用离散傅里叶变换，可将调制温度产生的热流量 $C_p B\omega\cos \omega t$ 和基准热流量 $C_p b$ 分离，$C_p(b + B\omega\cos \omega t)$ 称为可逆热流量，它与材料分子的振动、转动和平动有关，反映材料的玻璃化转变和融化现象，与材料的热容有关。而 $f(t, T)$ 称为不可逆热流量，它与材料的物理化学现象有关，反映聚合物的陈化、结晶、晶体

重组、材料降解等热熔松弛现象,是一个与温度和时间有关的动力学控制问题。常规的 DSC 只能检测出总的热流量,而 MTDSC 可将总热流量与可逆热流量、不可逆热流量分开(见图 2-11)[18]。MTDSC 不但能够提供更多的热学信息,也特别适合检测玻璃化转变现象不明显的材料。当然,该技术也存在一定的不足,由于用调制温度模式代替常规 DSC 的线性加热温度模式,所以需要确定合适的调制温度频率和幅值,此外,对热流量信息的解析还不十分完善[19, 20]。

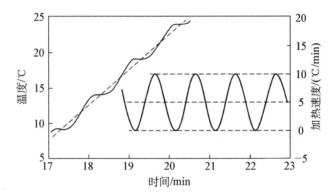

图 2-10　MTDSC 与常规 DSC 加热温度和热流量比较[17]

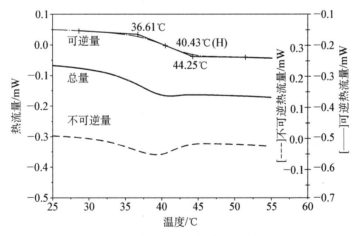

图 2-11　MTDSC 热流量曲线和玻璃化转变温度的确定[18]

2. 动态机械热分析法(dynamic mechanical thermal analysis,DMTA)

　　用该方法确定食品材料的玻璃化转变温度是近几年基于材料流变学的一种新方法,与 DSC 方法比较,在某种情况下它有更高的灵敏度。这种方法包括热机械分析法(thermal mechanical analysis,TMA)、动态机械分析法(dynamic mechanical analysis，DMA)等。它的基本原理是根据样品在一定频率(或者温度)和一定应变量(或者应力)作用下，由其力学性能(蠕变或者松弛)随温度(或者频率)变化的信息确定玻璃化转变温度，称为流变学玻璃化转变温度或者网络结构玻璃化转变温度(rheological glass transition temperature，network glass transition temperature)。结构力学性能主要指材料的黏弹性，用贮存模量 G'(storage module)、损耗模量 G''(loss module)、损耗因子 δ(tanδ＝G''/G')和复黏度 η^* 表示。图 2-12 是不定形(即非结晶态，包括玻璃态、橡胶态、黏弹态等)聚合物力学性能随温度、作用频率、分子量、浓度的变化情况，其中可分为四个典型的区域，Ⅰ区为黏性主导区，呈分子流状态；Ⅱ区为弹性主导区，材料内部形成相对稳定的弹性网络结构(如常温下的橡皮糖)；Ⅲ区为玻璃化转变区；Ⅳ区为玻璃化区，在Ⅳ区域，生化反应和微生物生长均受到显著地抑止(见图 2-12)[21]。

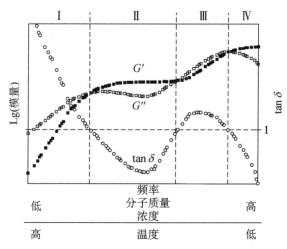

图 2-12 不定形聚合物力学性能与温度、频率的关系[21]

目前，由流变学确定玻璃化转变温度还没有严格的统一定义，常见几种方法是[6, 21]：①温度增加过程中贮存模量突然下降所对应的温度；②损耗模量最大时所对应的温度；③损耗因子最大时所对应的温度；④贮存模量和损耗模量交叉点所对应的温度；⑤贮存模量突然下降至结束下降两点对应的温度(见图 2-13)；⑥利用贮存模量对温度的一阶导数来提高识别的准确性(见图 2-14)[11]。在图2-14中，B 点是玻璃化转变起始点，而 C 点是玻璃化转变结束与玻璃化区的分界点。由流变学确定的玻璃化转变温度往往低于 DSC 确定的玻璃化转变温度[18]。

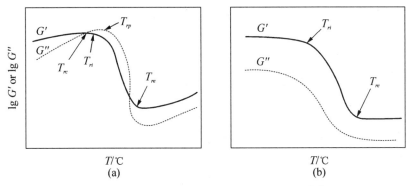

图 2-13　由流变学确定的玻璃化转变温度[11]

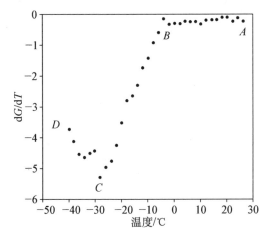

图 2-14　利用贮存模量对温度的一阶导数确定玻
璃化转变温度[11]

　　有文献报道[21]，由贮存模量下降确定的玻璃化转变温度＞损耗模量最大时确定的玻璃化转变温度＞损耗因子最大时确定的玻璃化转变温度。但是，这种温度顺序完全相反的报道也常见报道[22]。

　　3. **核磁共振法**（nuclear magnetic resonance）

　　某些原子核能绕轴做自旋运动，其自旋角动量 M 与自旋量子数 I 有关，

$$M = \frac{h}{2\pi} \sqrt{I(I+1)} \qquad (2-8)$$

式中，h 为普朗克常数。

　　自旋量子数 I 与原子核质量数和原子序数有关，如果原子核的原子序数和质量数均为偶数时，$I = 0$，原子核无自旋，如 ^{12}C 原子和 ^{16}O 原子。如果原子序数为

奇数或者偶数，而质量数为奇数时，自旋量子数为半整数，$I = 0.5, 1.5, 2.5$，如 ^{1}H，^{13}C，^{15}N，^{19}F，^{31}P。如果原子核序数为奇数，质量数为偶数，$I = 1, 3$，如 ^{2}D，^{10}B 原子。

由于原子核带有电荷，在自旋运动中沿核轴方向产生一个磁场，相当于一个具有 N 极和 S 极的小条形磁铁（见图 2-15），其磁矩 μ 为

$$\mu = \gamma \cdot M \tag{2-9}$$

式中，γ 是磁旋比，是核的特征常数。

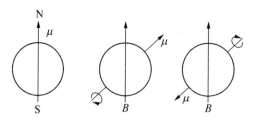

图 2-15 核磁矩与外磁场关系

在没有外界磁场作用时，自旋的核磁矩可任意取向，当施加一个磁场 B 时，原子核还将绕 B 运动。在核磁矩和外磁场相互作用下，核磁矩的取向增加，设 m 为磁量子数 $[m = I, I-1, I-2, \cdots, -(I-1), -I]$，则核磁矩在外磁场方向上的分量为

$$\mu_B = \gamma \cdot m \cdot \frac{h}{2\pi} \tag{2-10}$$

自旋核在外磁场中的能级为

$$E = -\mu_B B = -\gamma \cdot m \cdot \frac{h}{2\pi} \cdot B \tag{2-11}$$

根据量子力学选率，只有 $\Delta m = \pm 1$，原子核能级之间的跃迁才是允许的。相邻能级之间跃迁的能级差为

$$\Delta E = \gamma \cdot \Delta m \cdot \frac{h}{2\pi} \cdot B \tag{2-12}$$

原子核在外磁场中有 $(2I+1)$ 个能级，而通常趋于低能级状态。如果用一个电磁波照射原子核，当电磁波的能量等于原子核相邻能级间的能量差时，该原子核吸收电磁波能量并改变磁矩取向，即该原子核发生了能级跃迁，此现象称为核

磁共振。能够产生共振的电磁波频率称为拉莫尔(Larmor)频率 f,形成核磁共振的条件为

$$f = \frac{\Delta E}{h} = \frac{\gamma \cdot B}{2\pi} \qquad (2-13)$$

由式可知,共振频率与原子核性质和外磁场强度有关。为了满足共振条件,有如下方法:

(1) 扫频法。在磁场恒定情况下,连续不断地改变频率,当频率满足某类自旋核的共振条件时发生共振。这种方法类似于半导体收音机旋钮调台的方法。

(2) 扫场法。在频率不变情况下,不断改变磁场的强度,以满足共振条件。扫频法和扫场法都是连续波法,样品自旋原子核是逐个被激活的。

(3) 脉冲法。在磁场恒定情况下,对样品施加一个全频率范围内的强脉冲,样品中所有的自旋原子核被同时激活。脉冲结束后,产生共振的原子核将释放能量返回低能级状态,从而获得能量随时间的衰减信号,称为自由感应衰减信号 [free induction decay (FID) signal]。由于共振同时发生,不同自旋原子核的信号叠加在一起,无法解读。采用数学方法傅里叶变换(FT),将时间函数信号转换为频率函数信号,从而获得有用信息。

产生共振的原子核将从高能级状态返回到低能级状态,并通过非辐射途径将能量释放掉,这种能量释放过程称为"松弛过程"或者"弛豫过程",是判断材料微观"恢复"难易程度的依据,有两种松弛方式。

a. 自旋-晶格弛豫(spin-lattice relaxation),也称为纵向弛豫,是高能级的自旋原子核将能量传递给周围物质,以热能形式释放掉。自旋-晶格弛豫所需要的时间(半衰期)以 T_1 表示,与核的种类、样品状态和温度有关。液体样品弛豫时间短,可小于 1 s,固体样品弛豫时间长,可大于数小时。

b. 自旋-自旋弛豫(spin-spin relaxation),也称为横向弛豫,是高能级的自旋原子核将能量传递给同类低能级的自旋原子核,即高能级的变为低能级,而低能级变为高能级。高、低能级的自旋原子核数量不变,总能量也不变。自旋-自旋弛豫所需要的时间以 T_2 表示。由于固体样品分子排列紧密,自旋-自旋弛豫显著,即 T_2 很小。

从上述自旋原子核、外加磁场以及弛豫等概念中可以看出,食品材料中大量的 ^{12}C 原子和 ^{16}O 原子都不产生核磁共振现象,而 ^1H 是有机材料的重要组分,尤其是能反映食品中的水分分布和状态,这是核磁共振技术对生物体无损检测时的

主要内容。当组织结构发生变化(损伤、空隙、结节、结晶等)时,水分分布发生变化,从弛豫时间、弛豫强度和弛豫成像等方面即可显现。核磁共振定量分析的基础是弛豫强度与被测样品中所含核自旋数目成正比,从弛豫两种方式可知,弛豫强度与弛豫时间也与被测物质的微观结构、分子流动性密切相关。

邵小龙[23]利用低场[磁感应强度低于 0.5 T(特斯拉)]核磁共振技术对甜玉米热烫、干燥和冷冻后的水分状态进行了研究,认为用 CONTIN 算法和多指数拟合法相结合是一种比较稳定而准确的解谱反演法,即先用 CONTIN 算法得到连续解和组分个数,之后通过多指数拟合方法得到准确的弛豫时间和弛豫强度(峰面积占总面积比)。用这种组合的反演法获得甜玉米粒和甜玉米汁的弛豫信号(见图 2-16,图 2-17),甜玉米粒有 4 个弛豫峰,各峰弛豫时间为 529.7 ms,207.5 ms,48.6 ms 和 6.8 ms;强度比例为 0.30∶0.43∶0.19∶0.08;甜玉米汁只有一个弛豫峰,其弛豫时间为 166.1 ms,弛豫强度为 0.98。

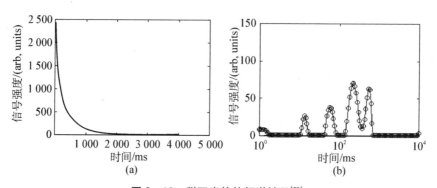

图 2-16　甜玉米粒的解谱结果[23]

(a) 测量的原始弛豫信号　(b) 反演后的结果

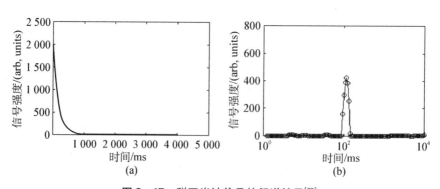

图 2-17　甜玉米汁信号的解谱结果[23]

(a) 测量的原始弛豫信号　(b) 反演后的结果

　　根据 Sibgatullin 和 Snaar 等对苹果细胞的假设模型[24, 25]，认为 p_1 峰值是细胞壁质子的弛豫信号，p_2、p_3 和 p_4 分别对应细胞质水溶液、细胞间隙水溶液和液泡内的水溶液的弛豫信号[见图 2-18(a)，(b)]。信号峰对应的时间为弛豫时间，信号峰对应的面积占总面积之比为弛豫强度。如前所述，弛豫时间与样品中分子的流动性有关，而弛豫强度与材料中的自旋原子核数量成正比，淀粉、脂肪、蛋白质等物质中都含有 ^1H，它们同样会产生弛豫信号。由于在甜玉米中这些物质含量与水比较相对较少，产生的信号也较弱，在某些情况下可被忽略。此外，还有仪器噪音产生的信号，如图 2-18 弛豫时间 0.1～1 ms 的信号峰可能是噪音信号。

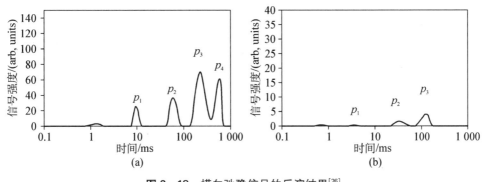

图 2-18　横向弛豫信号的反演结果[26]

(a) 新鲜甜玉米(含水量 78.1%)　(b) 干燥甜玉米(80℃，24 h，含水量 8.0%)

　　从利于信息数据分析，常用 T_{2i} 代表信号峰的位置，用 M_{2i} 代表信号峰的强度。研究表明，弛豫信号峰值与横向弛豫时间 T_2 有很好的对应关系，Sibgatullin 和 Snaar 等[24, 25]提出，用 T_{21} 表示液泡内的水的弛豫时间(550～650 ms)，T_{22} 表示细胞质水溶液的弛豫时间(200～250 ms)，T_{23} 表示细胞间隙水溶液的弛豫时间(50～60 ms)，T_{24} 表示细胞壁质子的弛豫时间(5～10 ms)。与之对应的弛豫强度分别用 M_{21} 至 M_{24} 表示。

　　表 2-1 和图 2-19 是甜玉米在 100℃条件下烫漂处理，其弛豫时间和弛豫强度随时间的变化情况。从图表可以看出，M_{21}，M_{23} 烫漂后发生明显改变，M_{21} 下降而 M_{23} 对应地增加。这表明烫漂使弛豫时间为 T_{21} 的自由水转变成弛豫时间为 T_{23} 的结合水。

　　温度范围 50～80℃为典型的淀粉糊化温度区域，淀粉颗粒在此温度下吸水膨胀，从卷曲的螺旋结构开始转变成伸展状态，越来越多的羟基暴露在外面，于是自由水与该羟基以氢键结合形成结合水,造成 M_{21} 减少,M_{23} 增加。用 DSC 检测,在 $70\sim77℃$ 之间出现一个吸热峰,这进一步说明淀粉糊化与水分状态的关系(见图 2 - 20)。

表 2 - 1　甜玉米 100℃ 热处理弛豫时间[27]

烫漂时间 /min	弛豫时间/ms			
	T_{21}	T_{22}	T_{23}	T_{24}
0	622 ± 35	221 ± 6	56 ± 1	6 ± 0.2
2	453 ± 61	155 ± 21	51 ± 7	11 ± 2.2
4	579 ± 37	195 ± 9	60 ± 3	16 ± 0.1
6	559 ± 144	185 ± 29	57 ± 7	15 ± 3.0
8	554 ± 121	188 ± 13	61 ± 10	15 ± 2.3
10	746 ± 107	211 ± 22	67 ± 6	17 ± 1.8

注:$T_{21}(450\sim750 \text{ ms})$,$T_{22}(150\sim250 \text{ ms})$,$T_{23}(50\sim70 \text{ ms})$,$T_{24}(5\sim20 \text{ ms})$。

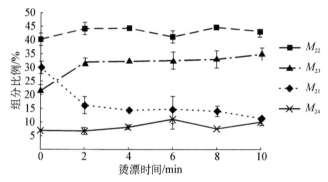

图 2 - 19　甜玉米热烫弛豫强度[27]

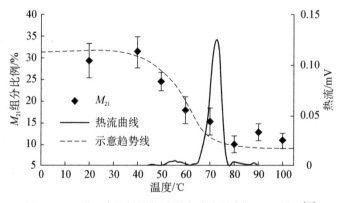

图 2 - 20　甜玉米淀粉糊化过程中弛豫强度与 DSC 关系[27]

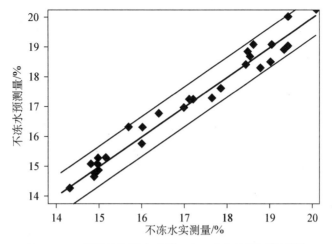

图 2-21　利用弛豫强度对甜玉米不冻水的预测结果[27]

在不冻结水分预测和胡萝卜玻璃化转变温度检测等方面,许丛丛等[28, 29]利用核磁共振技术与 DSC 技术、机械热分析技术等分析方法,在获得弛豫时间 T_{2i}、弛豫强度 M_{2i}、玻璃化转变温度 T'_g 以及弹性模量 G'、损耗模量 G'' 等有关分子松弛数据进行对比研究,从不同角度进一步说明分子流动性与微观结构、食品稳定性之间的关系。

4. Gordon-Taylor 经验公式法

该方法认为,不定形共聚物的玻璃化转变温度介于两种单体组分的玻璃化转变温度之间,随着两种组分比例的变化,共聚物的玻璃化转变温度将随之作线性或者非线性改变。Gordon-Taylor 经验公式仍然是目前生物聚合物玻璃化转变温度常用的预测模型,即

$$T_g = \frac{w_1 T_{g1} + k w_2 T_{g2}}{w_1 + k w_2} \tag{2-14}$$

式中,T_g 是生物聚合物玻璃化转变温度,w_1 和 w_2 分别是溶质和水的质量分数,T_{g1} 和 T_{g2} 分别是溶质和水的玻璃化转变温度。水的玻璃化转变温度已公认为 $-135℃$,而溶质的玻璃化转变温度一般由试验获得的 T_g 值与溶质质量分数,对式(2-14)进行非线性回归确定。目前关于单一物质的玻璃化转变温度有许多报道,其 T_{g1} 分布在一定温度范围内(取决于试验方法和玻璃化转变温度的确定方法),而对于生物聚合物的玻璃化转变温度 T_{g1} 报道较少。k 是 Gordon-Taylor 常数,确定方法同 T_{g1}。

表 2-2 是几种实际食品干物质的玻璃化转变温度和 Gordon-Taylor 常数 k，他们在研究中均将多组分且组织结构复杂的干物质作为一种材料看待，因此可以应用 Gordon-Taylor 模型预测生物聚合物玻璃化转变温度。Kawal 等对蔗糖-白蛋白混合物(1∶1)、蔗糖-明胶混合物(1∶1)、蔗糖-玉米淀粉混合物(1∶1)、蔗糖-明胶-玉米淀粉混合物(1∶1∶1)的试验发现，这些混合物都仅有一个玻璃化转变温度，说明各组分混和与相容性非常好，可以视为一种物质[8]。但是也有不同的报道，Tromp 等认为生物聚合物的多种组分以及相互作用会产生不同的特性，因而对玻璃化转变温度有不同的影响[30]。此外，Rahman 等认为[15]，实际食品之间的玻璃化转变温度很难做出有意义的比较，例如，红枣成熟时，其果糖与葡萄糖的比例为 43∶52，而果糖的 T_{g1} 为 4℃，葡萄糖的 T_{g1} 为 30℃，但是红枣的 T_{g1} 却是 57.4℃，高于其主要组分，这种差异可能是果胶的抗塑性作用的结果。因此，他们认为将玻璃化转变温度与组分以及组分间的相互作用联系起来，对深入了解材料特性才会有更大的价值。

表 2-2　部分食品玻璃化转变温度 T_{g1} 与 k

名　称	T_{g1}/℃	k	资料来源
蒜粉	40.1	3.7	Rahman(2005)
红枣(Khalsa 品种)	57.4	3.2	Rahman(2004)
金枪鱼	95.1	2.89	Rahman(2003)
红枣(Barni 品种)	63.8	4.0	Kasapis(2000)
葡萄	20.0	3.3	Sereno(1995)
圆葱	50.0	4.0	Sereno(1995)
草莓	35.0	4.3	Sereno(1995)

5. WLF 半经验公式法

WLF 半经验公式是基于自由体积理论推导出来的，该理论认为，液体或者固体的体积由两部分组成，一部分是被分子占据的体积，称为已占体积；另一部分是未被占据的体积，称为自由体积。当材料温度高于其玻璃化温度时，分子链段有足够的能量和自由体积用于调整构象甚至移动。当材料温度达到玻璃化转变温度时，自由体积显著减少，分子链段运动受到极大的限制。当材料温度低于玻璃化转变温度时，自由体积降至最低程度，分子链段被冻结，自由体积不再变化，此时材料处于玻璃态。因此，自由体积理论认为，聚合物发生玻璃化转变时，其自由体积份数都等于 2.5%。式(2-15)是 WLF 半经验公式形式之一：

$$\lg a_T = -\frac{C_1^0(T-T_0)}{C_2^0+T-T_0} \tag{2-15}$$

式中，a_T 为移到因子，是温度为 T 时的松弛时间 τ 与温度为 T_0 时的松弛时间 τ_0 之比；C_1^0 和 C_2^0 为 WLF 经验参数，与参考温度 T_0 选择有关；T 为材料温度。当参考温度 $T_0 = T_g$ 时，$C_1^0 = 17.44$，$C_2^0 = 51.6$；当参考温度选择 $T_0 \approx T_g \pm 50$ 时，$C_1^0 = 8.86$，$C_2^0 = 101.6$。由于生物聚合物 T_g 存在较大差异，因此，两个参数 $C_1^0 = 17.44$，$C_2^0 = 51.6$ 并不是通用的准确数值，只能作为参考使用。当 $T_0 \approx T_g \pm 50℃$ 时，两个参数 $C_1^0 = 8.86$，$C_2^0 = 101.6$ 对所有的不定形聚合物有较好的适用性。式(2-15)适用温度范围为 $T_g < T < T_g + 100℃$，当温度超过此范围时，阿累尼乌斯方程有较好的适用性[21,31,32]。

6. 其他预测模型[33]

该模型基于纯溶质和纯水的玻璃化转变温度和定压热容(俗称比热容)变化理论，利用水分子簇模型表达不冻水的热力学性质。如果水分子簇可视为线性聚合链(即有限长度 Bernal-Fowler 丝)，则质子将在一维方向上延着氢键连接的不冻水分子链进行迁移。对水分子簇的估算可获得玻璃化转变温度和不冻水份数的信息。式(2-16)～式(2-20)是预测公式。

$$T_{gW}/T_g' = 1 - 0.145f(y) \tag{2-16}$$

$$C_g' = 0.55z(2.645-y)^{0.5} \tag{2-17}$$

$$6.896K_2(z-1)z = (zK_2-1)zf(y) + \varphi(y) \tag{2-18}$$

$$f(y) = \ln\{2y^{1.5}[(1.55y^{0.5}-1)^3 + 1/3]\} \tag{2-19}$$

$$\varphi(y) = 1.819f(y)(2.645-y)^{-0.5} \tag{2-20}$$

式中，$z = T_{gs}/T_{gW}$，$K_2 = \Delta C_{ps}/\Delta C_{pW}$，$T_{gW}$ 为水的玻璃化转变温度，T_{gs} 为溶质的玻璃化转变温度，T_g' 为溶液的玻璃化转变温度(注：文献[33]认为最大冷冻浓缩温度 $T_m' = T_g'$)，C_g' 为最大冷冻浓缩浓度，y 是与组成水分子簇的分子数有关的一个函数，ΔC_{ps} 和 ΔC_{pW} 是溶质和水分别在各自的玻璃化转变温度下的比热容变化量。在已知水和溶质的玻璃化转变温度和此温度下的比热容变量，利用式(2-16)～式(2-20)即可解出该溶质水溶液的玻璃化转变温度和最大冷冻浓缩浓度。表2-3是计算所用的数据和计算结果，这里水的玻璃化转变温度取 134 K，水在此温度下的比热容变量取 1.83 J/(g·K)。

表 2-3　玻璃化转变温度 T_g' 和最大冷冻浓缩浓度 C_g' 计算值与实测值比较[33]

材料	$C_g'/(\text{wt}\%)$		$T_g'/℃$		ΔC_{ps} /(J/g · ℃)	T_{gs} /℃
	实测值	计算值	实测值	计算值		
甘油	80.0[a]	80.5	−95[a]	−95.6	1.05[i]	−78[a]
核糖	81.4[b]	82.3	−62[b]	−61.3	0.67[b]	−13[b]
山梨醇	81.7[b], 81.3[c]	77.8	−57[b], −43[c]	−52.1	0.96[b]	−4[b]
果糖	82.5[b], 79[d]	79.1	−53[b], −48[d]	−49.3	0.75[b]	10[b]
葡萄糖	80.0[b], 74.7[e]	78.8	−53[b], −42.4[e]	−41.6	0.63[b]	36[b]
蔗糖	81.2[a], 81.7[b]	77.2	−40[a], −41[b]	−33.6	0.60[b]	67[b]
麦芽糖	81.6[b], 76.7[e]	72.8	−37[b], −29.7[c]	−26.5	0.61[b]	93[b]
麦芽三糖	81.0[f], 75[g]	73.9	−29[f], −23.5[g]	−22.3	0.53[j]	134[j]
麦芽四糖	75.5[g]	74.1	−19.3[e]	−21.3	0.54[j]	147[j]
麦芽七糖	78.0[f]	75.1	−18[f]	−20.2	0.48[j]	164[j]
麦芽六糖	75[h]	74.5	−14.5[h]	−19.2	0.49[j]	173[j]
短梗霉多糖	74.0[f]	73.9	−10[f]	−15.9	0.33[k]	215[k]

注:上标 a:Ablett et al., 1992a;b:Roos, 1993;c:Franks, 1985;d:Ablett et al., 1993b;e:Schenz et al., 1993;f:Ablett et al., 1993a;g:Kawai et al., 1992;h:Van den berg, 1992;i:Moynihan et al., 1991;j:Orford et al., 1990;k:Bizot et al., 1997。

　　Matveev[34]对表 2-3 实测值和计算值对比分析后认为,两者出现偏差的主要原因是溶质的比热容变量有误差。因此,在计算模型中应该尽量降低参数。

　　设 $K_2 = f(z, B)$,而 B 是糖分子或者重复单位化学结构的函数,利用溶质的化学结构理论即可计算出 B 值,从而舍去比热容变量这个参数,仅根据已知的溶质玻璃化转变温度即可计算出其水溶液的玻璃化转变温度,计算值准确程度取决于溶质玻璃化转变温度的准确性。式(2-21)~式(2-23)为修正后的表达式,通过与实测值对比,对实际食品有较好的适用性,尤其是对蛋白质食品。

$$f(y) = 6.896(1 - B - 1/z) \qquad (2-21)$$

$$B_{\text{exp}} = 0.086\,8z - 0.061\,9 \qquad (2-22)$$

$$B = \frac{0.086\,8z - 0.061\,9}{1 + 0.063(z - 1/k)} \qquad (2-23)$$

式中,糖物质 $k = 0.366$,蛋白质 $k = 0.282$,B_{exp} 由试验已知的 T_g' 确定。由式(2-22)和式(2-23)确定式(2-21),结合式(2-16)和式(2-17),即可计算出玻璃化转变温度 T_g' 和最大冷冻浓缩浓度 C_g'。表 2-4、表 2-5 是修正后的计算值与实测值的比较。

表 2 - 4　修正模型计算值与实测值比较[34]

材料	实测值			z	B_{exp}	计算值	
	T'_g/℃	C'_g/(wt%)	T_{gs}/℃			T'_g/℃	C'_g/(wt%)
甘油	−95	80.0	−78	1.455	0.07	−96	80.4
核糖	−62	81.4	−13	1.940	0.112	−59.5	81.1
山梨醇	−57	81.3	−4	2.007	0.118	−55.4	80.7
果糖	−48	79	10	2.112	0.126	−50	80.9
葡萄糖	−42.4	74.7	36	2.306	0.142	−40.3	77
蔗糖	−32[a]	75[b]	67	2.537	0.16	−31.3	74
麦芽糖	−29.7	76.7	70[c]	2.56	0.162	−31	74.2
麦芽三糖	−23[a]	69[a]	134	3.037	0.198	−19	67.8
麦芽四糖	−19.3	75.5	147	3.134	0.205	−17	74.4
麦芽七糖	−18	78.0	164	3.261	0.214	−16	66
麦芽六糖	−14.5	66.7[d]	173	3.328	0.219	−15	67.3
短梗霉多糖	−10	74.0	215	3.642	0.24	−13	72.8

注：上标 a：Franks，1985；b：Kawai et al.，1992；c：Green and Angell，1989；d：Levine and Slade，1988。

表 2 - 5　对实际食品 T'_g 的预测值[34]

材　料	T'_g/℃	T_{gs}/℃
乳类食品：		
奶酪、奶油、全脂乳	−23～−21[a, b]	
乳蛋白：		
α-、β-、κ-酪蛋白	−21	164～165[c]
α-乳白蛋白	−22	151[c]
β-乳球蛋白	−22	155[c]
肉蛋白：		
L-肌球蛋白	−22	151[c]
T-肌球蛋白	−22	156[c]
肌动蛋白	−21	162[c]
明胶	−20	200[c]
谷物蛋白：		
小麦谷蛋白	−20	175[c]
小麦醇溶蛋白	−20	186[c]
水果与果汁：		
苹果、苹果汁、蓝梅	−42～−40.5[a, b]	
桃、香蕉、橙汁	−37.5～−35[a, b]	

（续表）

材　料	$T'_g/℃$	$T_{gs}/℃$
单糖和双糖：		
葡萄糖	−42.4[d]	36[d]
蔗糖	−32[c]	67[d]
蔬菜：		
马铃薯	−16～−11[a, b]	
淀粉：		
支链淀粉	−13	294[f]
直链淀粉	−13	302[f]

注：上标 a：Roos, 1995；b：Slade and Levine, 1991；c：Matveev, 1997；d：Matveev and Ablett, 2002；e：Franks, 1985；f：Matveev et al. , 2000。

2.4　相图绘制与应用

于华宁等[35, 36]对不同配方的牛初乳粉进行相态研究，其中包括初乳粉、初乳乳清粉（colostral whey，CW）、添加麦芽糊精（maltodextrin）的初乳乳清粉（CWM）和添加蔗糖（sucrose）的初乳乳清粉（CWS），下面重点以初乳乳清粉（CW）为例进行介绍。

从图 2-1 所示可知，相图由冻结线 ABC、溶解度线 BD、玻璃化转变温度线 EFS、单分子层水分含量线 LNO 等构成，从食品冷冻冷藏角度考虑，冻结曲线、玻璃化转变温度曲线以及与单分子层水分相关的等温吸附曲线是相图中的主要曲线。

改变混合液浓度，其玻璃化转变温度和冰点等参数都将发生变化，冰点随固形物含量的增加而下降，而玻璃化转变温度随固形物含量的增加而上升。这些热物性参数可由差示扫描量热仪（differential scanning calorimeter，DSC）的热流量曲线确定，如图 2-22 所示，乳清样品在升温过程中伴随着玻璃化转变、松弛和相变，从 DSC 热流量曲线上可以确定出对应的温度，即玻璃化转变温度 T'_g、最大冷冻浓缩温度 T'_m 和冰点。玻璃化转变温度取玻璃化转变起始温度（T_{gi}）或者变化前后两条基线中点温度（T_{gm}），冰点温度取热流曲线最大斜率点对应温度 T_F^b[37, 38]，而最大冷冻浓缩温度 T'_m 取融化开始的温度[39]。改变样品固形物含量，就可以得到玻璃化转变温度、冰点等一组数据（见表 2-6），从表中数据可以看出，冰点温度随固形物含量增加而明显下降，其关系可由式（2-2）描述。而最大冷冻

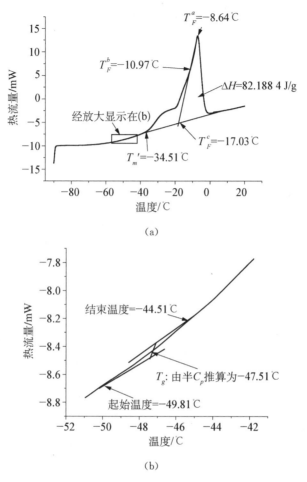

图 2‑22　初乳乳清(CW)(X_s = 59.0%,湿基)的升温
　　　　　　DSC 曲线[35]

（a）整体流量图　（b）部分放大图(退火 30 min)

T_F^a,T_F^b 和 T_F^c 分别表示融化热流曲线的峰值温度,最大斜
率点温度和初始温度,T_m'表示最大冷冻浓缩温度

浓缩温度 T_m' 和玻璃化转变温度 T_g' 与固形物含量关系很小,可能仅仅取决于样品的物性[40],在由温度与固形物浓度构成的坐标图中可近似为一条直线,即 $T_m' \approx -35.20℃$, $T_g' \approx -56.23℃$。

利用 SAS 非线性软件对表 2‑6 中的固形物含量 X_s 与对应的 T_F^b 进行方程拟合,得到拟合参数 E 和 B 分别为 0.047 3 和 0.166 5,并通过 E 值,可估算出牛初乳乳清的摩尔质量约为 $\lambda_s = 380.55$ g/mol。

表 2-6　不同水分含量下的牛初乳乳清(CW)的冻结特性参数[35]

$X_s/\%$, 湿基	$T_F^a/℃$	$T_F^b/℃$	$T_F/℃$	$T_m'/℃$	$T_g'/℃$	$\Delta H_m/(kJ/kg)$
20.1	0.51(0.25)n	-2.41(0.35)	-4.07(0.32)	-33.50(1.26)	-45.00(1.56)	247.04(5.24)
29.3	-0.84(0.51)	-4.98(1.11)	-7.16(1.03)	-35.50(0.95)	-46.26(2.14)	198.31(4.36)
38.4	-3.11(0.74)	-5.26(0.53)	-8.33(0.23)	-34.00(1.15)	-47.06(1.34)	161.50(3.85)
48.9	-4.79(1.12)	-6.02(0.38)	-11.24(3.11)	-34.83(2.12)	-48.00(0.75)	104.53(8.52)
59.0	-7.99(2.42)	-9.67(1.84)	-17.27(4.02)	-37.00(2.52)	-49.07(2.16)	72.85(13.59)
67.4	-12.04(0.76)	-19.70(0.33)	-23.21(0.06)	-36.37(0.90)	-51.59(1.36)	38.36(6.37)

注:( )内为3次测量值的标准偏差。

水分活度是反映食品中固形物对水分的束缚程度,而玻璃化转变是反映食品微观结构由相对"固定"转变为可相对"微调"。水分对微观结构调整的参与程度影响着玻璃化转变温度,一般情况下水分活度越高,说明食品中的固形物对水分束缚能力越小,水分参与组织结构调整的能力越大,致玻璃化转变温度越低。研究两者之间的关系对预测食品货架期具有重要意义。在测定水分活度时,往往将样品置于一个恒定温度和恒定湿度的容器内,当样品蒸气压与容器内的空气达到平衡时,容器内空气的相对湿度即是样品在该温度下的水分活度,样品的水分含量即是该条件下的平衡水分。由于样品与环境之间的水分交换取决于两者的蒸气压差,因此,在趋于平衡的过程中,样品水分变化越来越小,直至在一定时间内不再变化,这时认为样品与空气达到了平衡。这种静态重力法是一种比较耗时的传统标准方法(与现代的水分活度仪比较)。

将样品(1±0.01)g置于8个已知相对饱和湿度(0.082~0.753)(见表2-7)的玻璃干燥器中,然后将玻璃干燥器放入25℃恒温培养箱中平衡21~25 d。每隔72 h称取样品的质量,当连续2次测量的质量相差不大于0.005 g,认为吸附达到平衡。达到平衡的样品放入102±2℃的烘箱中干燥48 h,测定样品的平衡水分含量。

按照图2-22的实验方法获得25℃条件下水分活度与玻璃化转变温度的关系(见表2-8)。利用式(2-8)的 Gordon-Taylor 模型对表2-8中的 T_{gi} 进行非线性拟合,得到模型参数 $T_g = 103.5℃$,$k = 7.169(R^2 = 0.985)$。

图2-23是由上述实验数据和相关的预测模型构成的相图,具体包括冻结曲线 ABD 及其冰点下降预测模型[见式(2-2)],玻璃化转变温度曲线 CDE 及其预测 Gordon-Taylor 模型[见式(2-8)],最大冻结浓缩温度 T_m' 与对应的玻璃化转变温度 T_g'。

表 2－7　不同温度下饱和盐溶液的水分活度值[41]

饱和盐溶液	温度/℃		
	15	25	35
LiCl	0.112 9	0.113 0	0.112 5
CH₃COOK	0.234 0	0.225 1	0.22
MgCl₂	0.333 0	0.327 8	0.320 5
K₂CO₃	0.431 5	0.431 6	0.43
Mg(NO₃)₂	0.558 7	0.528 9	0.499 1
NaCl	0.756 1	0.752 9	0.748 7
KCl	0.859 2	0.843 4	0.829 5
KNO₃	0.954 1	0.935 8	0.907 9

表 2－8　不同水分活度下的牛初乳乳清粉(CW)的玻璃化转变温度[35]

水分活度(25℃)	玻璃化转变温度/℃		
	T_{gi}	T_{gm}	T_{ge}
0.082(KOH)	58.31(5.95)ᵃ	63.89(0.28)	66.02(2.83)
0.113(LiCl)	32.39(4.39)	37.15(2.41)	38.95(2.48)
0.225(CH₃COOK)	28.21(1.50)	28.8(0.64)	29.8(2.12)
0.328(MgCl₂)	6.52(6.11)	8.62(7.79)	13.60(2.47)
0.432(K₂CO₃)	−6.33(4.12)	−0.90(0.85)	6.29(1.88)
0.529(Mg(NO₃)₂)	−20.42(3.81)	−15.81(3.08)	−4.19(1.68)
0.650(NaNO₂)	−30.96(1.34)	−24.41(1.15)	−19.36(2.57)
0.753(NaCl)	−47.63(0.61)	−44.26(0.56)	−33.73(5.13)

注：( )内为 3 次测量值的标准偏差。

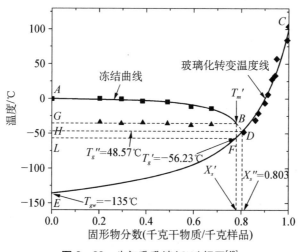

图 2－23　牛初乳乳清(CW)相图[42]

  水分活度与玻璃化转变温度之间的关系示于图 2 - 25。水分活度用等温吸附曲线形式表示(水分活度与其平衡水分之间的关系曲线称为等温吸附曲线,为图中的实点实线),玻璃化转变温度曲线(图中空点虚线)用平衡水分替代图 2 - 23 中的固形物含量(水分活度、固形物含量、平衡水分含量三者之间存在对应转换关系)。

  食品中常见的等温吸附曲线是 Ⅱ 型曲线,即反"S"型曲线。常见的模拟模型有 Brunauer-Emmett-Teller(BET)模型和 Guggenheim-Andersen-de Boer(GAB)模型,多数研究认为,BET 模型对低水分活度区拟合更好,而 GAB 模型对高水分活度区拟合更好。

BET 模型:

$$M_e = \frac{M_b B a_w}{(1-a_w)\left[1+(B-1)a_w\right]} \tag{2-24}$$

  线性化处理后,纵坐标为 $a_w/(1-a_w)M_e$,横坐标为 a_w,由式(2 - 25)的截距和斜率即可确定模型参数 M_b 和 B 值。也可以利用 SAS 软件对实验数据进行非线性拟合,得到如图 2 - 24 的结果。

$$\frac{a_w}{(1-a_w)M_e} = \frac{1}{M_b B} + \frac{B-1}{M_b B}a_w \tag{2-25}$$

GAB 模型:

$$M_e = \frac{M_g C K a_w}{(1-K a_w)(1-K a_w + C K a_w)} \tag{2-26}$$

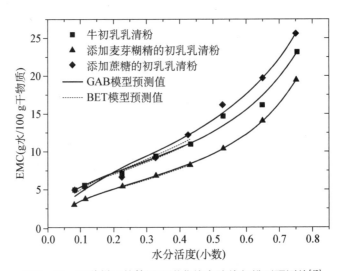

图 2 - 24　三种样品的等温吸附曲线实验值与模型预测值[42]

对 GAB 模型进一步整理，得

$$\frac{1}{M_e} = \frac{1}{M_g}\left(\frac{1}{CKa_w} - \frac{1}{C}\right)(1 - Ka_w + CKa_w) \qquad (2-27)$$

$$\frac{a_w}{M_e} = \left(\frac{K}{M_gC}\right)(1-C)a_w^2 + \left(\frac{C-2}{M_gC}\right)a_w + \frac{1}{M_gCK} \qquad (2-28)$$

$$\frac{a_w}{M_e} = \alpha \cdot a_w^2 + \beta \cdot a_w + \gamma \qquad (2-29)$$

式中，M_e 为平衡水分含量（%，干基）；a_w 为水分活度（小数）；M_b、M_g 分别为 BET 和 GAB 模型中的单分子层水分含量（%，干基）；B、C、K 为与单分子层吸附热相关的模型参数。对于牛初乳乳清粉，$M_b = 6.651$，$B = 23.693$；$M_g = 7.258$，$C = 19.908$，$K = 0.917$（本部分内容在原文中均有显著性分析，这里从略）。

根据水分活度理论，食品在单层水分含量时比较稳定；而根据玻璃化转变理论，食品在其处于玻璃态时相对稳定。由此，假设牛初乳乳清粉的贮藏温度为室温（25℃），将初乳乳清粉的玻璃化转变线和等温吸附线绘制在同一图中（见图 2-25）。从图中，由玻璃化转变理论可以得出牛初乳粉的临界水分含量 M_{oc} 为 6.844%（干基），其对应的水分活度 a_{wc} 为 0.183，意味着当初乳乳清粉的水分含量超过 6.844%（干基）时，乳清粉末很容易从玻璃态转变成橡胶态，或当其贮藏环境的相对湿度超过 18.3% 时，乳清粉很容易从周围环境吸附水分，从而由玻璃态转变成

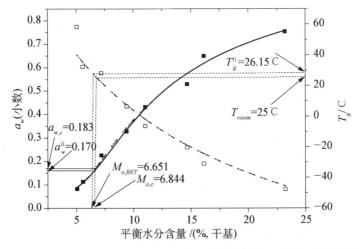

图 2-25　初乳乳清粉（CW）水分活度与玻璃化转变温度之间的关系[42]

橡胶态。在初乳乳清粉干燥过程中，M_{oc}通常作为干燥终点允许的最高水分含量。根据乳清粉的等温吸附拟合方程，可以计算出室温下其单层水分含量 $M_{o,BET}$ 为 6.651%（干基），对应的临界水分活度 a_w^0 为 0.170，对应从 G-T 方程中计算出其对应的 $T_{g,0}$ 为 26.15℃，表明当乳清粉的水分含量为 $M_{o,BET}$ 时，根据玻璃化转变理论，其安全的贮藏温度要低于 $T_{g,0}$，从而可以有效地抑制乳清粉的结构坍塌和结块的出现。对比两个理论的预测值，可以看出玻璃化转变理论的 M_{oc} 略高于 $M_{o,BET}$，说明玻璃化转变温度与水分活度相比高估了乳清粉的贮藏稳定性。

2.5 压力与冰晶大小及分布问题

食品冻结时冰晶大小与分布是一个非常复杂的问题，受许多因素的影响，如：温度、冷却速率、材料大小、材料性质、容器类型等。一般认为，材料过冷度越均匀、过冷度越大，成核越快，冰晶分布越均匀。因此，为了获得均匀的过冷度，对于冻结体积较大的材料，往往采用慢速冷却，使材料内外温度均接近于初始冻结点，之后再快速冻结。近十年，人们对高压下的冻结技术研究非常多，主要有高压冻结与解冻方法，高压冻结容器设计，高压冻结理论与模拟研究，高压冻结食品的质量问题等。

2.5.1 高压冻结与解冻方法

高压冻结方法可概况为三种[43]：高压辅助冻结法（high pressure assisted freezing，HPAF），高压切换冻结法（high pressure shift freezing，HPSF），高压诱发冻结法（high pressure induced freezing，HPIF）。

1. 高压辅助冻结法

高压辅助冻结法如图 2-26 所示[44]，首先对容器内的材料加压（1—2），材料温度略有上升。当达到某一压力下，开始预冷和冻结（2—3），材料在点 3 处开始结晶并释放潜热，形成相变平台。当相变结束后在恒压下进行降温（3—4），达到预定温度后释放压力（4—5）。高压辅助冻结法与常规冻结法的差异仅在于相变压力不同，一个是高压下完成相变；一个是常压下完成相变，初始冻结点由此也不同。Levy 等[45]曾用高压辅助冻结法对水包油乳化液进行试验研究，发现该方法冰晶大小与分布和常规冻结形成的冰晶相似，晶核仅在与低温介质接触的表面形成，形成的冰晶呈辐射棒状，从材料表面到中心，冰晶大小有明显的差异（见图 2-27）。

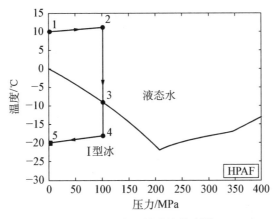

图 2-26　高压辅助冻结法[44]

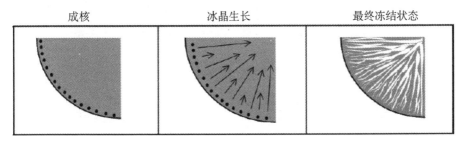

图 2-27　高压辅助冻结法冰晶形成与分布示意图[45]

高压辅助冻结法的另一种形式是利用不同压力和温度下的不同冰晶类型,获得大小、形状和密度不同的冰晶,从而提高冻结食品的质量。常规压力下的冰晶都是 I 型,而高压下的晶型有许多种。除了 I 型外,其他晶型的密度均大于其所对应的水,可避免或者减少冰晶对生物材料的机械破坏。图 2-28 中 ABC 高压辅助冻结获得的冰晶为 I 型,而 AGH 高压辅助冻结获得的冰晶属于 III 型。Fuchigami 等[46]研究报道了高压辅助冻结法在 VI 型区内,海藻糖对冻豆腐质构的影响,Antonio 等[47]研究高压辅助冻结获得的 VI 型冰晶对冻猪肉微观结构的影响,证明 VI 型冰晶对豆腐和猪肉都有明显的保鲜或者改善效果。VI 型区较大,其温度范围为 273.31～355 K,压力范围为 632.4～2 216 MPa,在常温或者 0℃ 左右即可获得 VI 型冰晶(见图 2-28A～J)。此外,从图 2-29 可以看出,新鲜猪肉、VI 型冰晶和 700 MPa、25℃ 未冻结猪肉之间显微结构非常相似,细胞形态变化很小,细胞间无冰晶形成,而常规冻结的猪肉,细胞形态明显变化,细胞间的冰晶也很大,有明显的机械损伤现象。

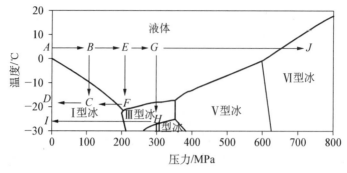

图 2 - 28　高压辅助冻结法[46]

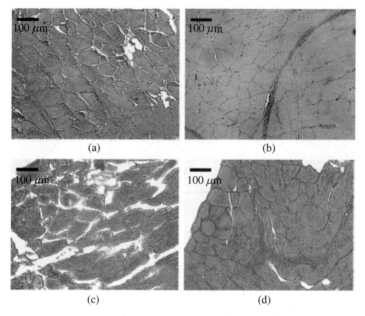

图 2 - 29　高压辅助冻结法冻结猪肉[47]

（a）新鲜猪肉　（b）700 MPa，0℃下冻结的猪肉，Ⅵ型冰晶　（c）常规冻结
的猪肉 0.1 MPa，－18℃　（d）700 MPa，25℃下冻结的猪肉，无冰晶形成

2. 高压切换冻结法

高压切换冻结法如图 2 - 30 所示[44]，首先对容器内的材料进行加压（1—2），当
达到预定压力时开始预冷（2—3），当达到预定温度时释放压力，预定温度点 3 必须
高于该压力下的初始冻结点。压力突然释放至大气压（3—4），使容器内的材料处于
很大的过冷度状态，水分开始结晶并释放潜热，相变平台处于大气压下的初始冻结
点（4—5），相变结束后达到冻结温度（5—6）。由于整个材料均处于等压状态，各点
均有相同的过冷度，因此晶核分布均匀，形成的冰晶呈球形（见图 2 - 31）[45]。

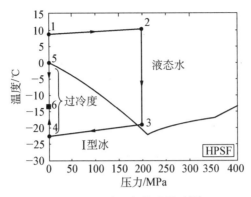

图 2‑30　高压切换冻结法[44]

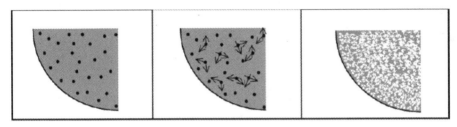

图 2‑31　高压切换冻结法冰晶形成与分布示意图[45]

从实际操作方便角度考虑,高压切换冻结法一般都是在大气压下完成相变,当然也可在某一压力下完成相变。图 2‑32(4—5—6)既是在 100 MPa 下完成相变过程,当冻结结束后将压力完全释放(6—7)。

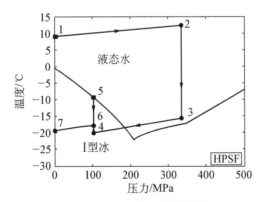

图 2‑32　高压切换冻结法[44]

从以上内容可知,在 I 型冰晶区,高压切换冻结法比高压辅助冻结法有更均匀的冰晶分布和更小的冰晶尺寸。用明胶做试验,在材料相同、冷却环境相同、相变压力相同(0.1,50,100 MPa)情况下,发现高压切换冻结法比高压辅助冻结法仍然具有明显的优势,相变时间短,冰晶分布均匀[43]。当然,与常规冻结法相比,两者均具有优势,因为压力越高,过冷度越大,冻结时间会越短。

3. 高压诱发冻结法

高压诱发冻结法如图2-33所示[48],该冻结法包含两个方面,一方面如图中虚线所示,实际上是高压解冻法,也就是说,大气压下冻结,之后再加压,其过程是一种低温解冻;另一方面如图实线所示,对于已冻结的食品,施加压力后晶型将发生变化,一般是由Ⅰ型转变为Ⅲ型或者Ⅴ型,是固相间的转变。该种冻结法目前研究报道非常少。

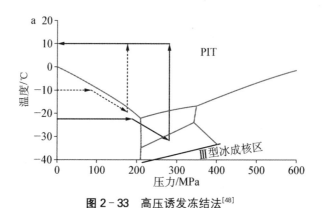

图2-33　高压诱发冻结法[48]

2.5.2　高压冻结法研究状况

对高压冻结法研究主要有以下几个方面:①高压冻结效果与工艺参数的优化。通过观察与分析食品材料内冰晶大小与分布、组织结构、蛋白质稳定性、质构、微生物生长状况等物理化学指标,建立最佳的高压冻结工艺。②高压冻结协同作用机理。③高压状态下材料的热物性以及加工过程模拟研究。④高压冻结设备的开发与控制技术研究。从文献报道看,多数研究都集中在高压冻结工艺优化方面[49]。

表2-9是近年高压冻结与解冻研究概况,从冰晶大小与分布、汁液流失与组织结构的完整性、质构与蛋白质变性、抑止微生物生长状况等方面入手,比较了高压辅助冻结法、高压切换冻结法以及常规快速冻结法间的差异。试验条件基本在0.1~700 MPa、-30~0℃范围内,涉及的晶型主要有Ⅰ型、Ⅲ型、Ⅴ型和Ⅵ型。目前,高压冻结法对减少汁液流失、降低组织结构破坏或者抑制微生物生长、改善解冻食品质量已被大家所认可,但是对肉类蛋白质结构的影响却存在一定差异。高

压长时间作用会导致具有交织结构材料的断裂,许多研究者认为,当压力达到
200 MPa,温度−20℃时,用透射电镜和 DSC 等多种方法观察,发现肌原纤维以
及肌原纤维节均发生破坏或者断裂、肌动蛋白和肌浆球蛋白发生变性,蛋白质构
象也将发生变化,高压冻结或者高压辅助解冻的肌肉不如常规冷冻的肌肉好。还
有研究者认为,适度的高压和温度有助于肉类冻结保存,试验表明在 140 MPa,
−14℃下冻结的鲑鱼质量优于常规冻结的鲑鱼。在 140 MPa,4℃下大比目鱼
(脂肪氧化、蛋白质稳定性、色泽)质量均比高压 180～200 MPa 时好。还有研究
者认为,高压冻结肉类产品时,蛋白质适度变性不一定是坏事[50~52]。高压低温对
于某些微生物有明显的致死效果,发现高压可降低鼠伤寒沙门菌、肠炎沙门菌、单
核细胞增多性李斯特杆菌、金黄色葡萄球菌、副溶血弧菌 5 个数量级[53]。

表 2−9　高压冻结食品

食品及其 主要组分	冻结方法	研究内容	基本参数	参考文献
明胶(10wt%)	HPSF 与 HPAF	冰晶大小与分布	0.1 MPa,50 MPa, 100 MPa	Fernández[43]
大比目鱼	HP(高压)4℃	脂肪氧化、蛋白 质稳定性、色泽	100 MPa,140 MPa, 180 MPa,200 MPa, 4℃	Chevalier[50]
结冷凝胶	HPSF	蔗糖对结构、质 构的影响	0.1 MPa,100 MPa, 600 ～ 686 MPa, −20℃	Fuchigami[54]
马铃薯	HPSF	组织结构与冰晶	250 MPa,Ⅲ型冰晶	Luscher[55]
苹果与花椰菜 混和汁	HP	微生物致死率	500 MPa,10 min	Houška[56]
酿酒酵母和植 物乳杆菌	HP	低温高压对微生 物致死率的协同 作用	100～350 MPa, −20～25℃	Perrier- Cornet[57]
β-乳球蛋白,酪 蛋白胶束	HPSF	微观结构	0.1～300 MPa,0℃	Dumay[58]
琼脂凝胶	HPSF	蔗糖对结构、质 构、冰晶的影响	0.1 MPa,200 MPa, 600 MPa,686 MPa, −20℃	Fuchigami[59]
猪肉	HPSF	温度分布与计算 机模拟	0.1 MPa,100 MPa, 150 MPa,200 MPa, 0～15℃	Chen[60]

（续表）

食品及其主要组分	冻结方法	研究内容	基本参数	参考文献
熏制鲑鱼糜	HPSF冻结,HPAF解冻	无害李斯特菌	0.1～207 MPa	Picart[61]
猪肉与水	HPSF与压力快速释放	冰晶大小与分布	62 MPa, 115 MPa, 157 MPa, 199 MPa	Zhu[62]
水包油乳化液（含一定量的果糖、海藻酸钠）	HPSF与快速释放	冰晶大小与分布	0.1～200 MPa	Thiebaud[63]
柱形明胶	HPSF	冰晶大小与分布	100 MPa, 150 MPa, 200 MPa	Chevalier[64]
100 g 包装的大比目鱼片	HPSF与速冻比较	蛋白质稳定性、脂肪酸含量、硫代巴比妥酸(TBA)值、色泽(贮藏)	140 MPa, $-14℃$	Chevalier[65]
大比目鱼片	HPSF与速冻比较	冰晶大小与汁液流失	140 MPa, $-14℃$	Chevalier[66]
豆腐	HPSF	冰晶与微观结构	200 MPa, $-18℃$	Kanda[67]
豆腐	HPSF与HPAF	冰晶与微观结构,Ⅰ、Ⅲ、Ⅴ、Ⅵ型冰晶	0.1～700 MPa, $-19℃$	Fuchigami[68]
胡萝卜与热烫处理的胡萝卜	HPSF与HPAF	质构、微观结构、果胶含量	0.1～700 MPa, $-20℃$	Fuchigami[69]
胡萝卜	HPSF与HPAF	微观结构	0.1～700 MPa, $-20℃$	Fuchigami[70]
大白菜	HPSF与HPAF	微观结构、果胶含量	100～700 MPa, $-18℃$～$-20℃$	Fuchigami[71]
马铃薯	HPSF	质构、色泽、微观结构	400 MPa, $-15℃$	Koch[72]
茄子	HPSF	微观结构、质构、汁液流失		Otero[73]
蛋白质凝胶	HPSF与HPAF	质构、微观结构、汁液流失	200 MPa, $-33℃$	Barry[74]
猪肉	HPSF	微观结构	200 MPa, $-20℃$	Martino[75]
挪威龙虾	HPSF	蛋白质稳定性、微观结构	200 MPa, $-18℃$	Chevalier D[76]

2.5.3　高压冻结法应用展望

高压力技术已经在食品工业中开始应用,虽然规模不大,但是已有近十年的历史,其中主要是利用高压在低温或者常温下对酶活性和微生物的抑制作用,生产具有新鲜产品特征的果蔬汁饮料、果酱和奶酪制品等[77, 78]。高压冻结在商业生产中应用还很少,主要处于实验室研究阶段。

在商业应用中,高压设备投资较大,主要用于保障高压液泵和高压容器的强度。根据目前的制造技术和材料性能,对于压力大于 400 MPa 的容器,其容积不能大于 25 L。但由于生产量的提高需要更大的容器,目前,多采用容器外缠绕金属丝的方法解决容器容积问题。图 2-34 是高压容器强度强化方法,通过这种强化方法,Avomex 公司于 2000 年投入一台半连续性的高压容器,加工压力约为610 MPa(90 000 psi),容器容积为 215 L[78]。

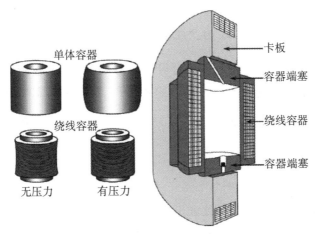

图 2-34　高压容器器壁和端面的强化方法[78]

图 2-35 是高压液泵示意图。高压液泵由主活塞和高压液体活塞组成,主活塞两侧是交替作用的高压油(约 20 MPa),使主活塞往复移动。高压液体活塞在主活塞推动下也往复移动,并压缩高压液体(约 600 MPa),使其压力达到加工所需要的压力。主活塞与高压液体活塞面积之比为 30∶1,高压液体应该是食用级的液体,一般是纯净水。

由于高压装备投资较大,为了使其产品具有市场竞争力,除了产品具有安全优质外,在生产运行中应该尽量使装备处于常年满负荷工作状态,同时选择合理的压力范围,以降低设备成本和生产成本。图 2-36 是从高压装备制造成本角度

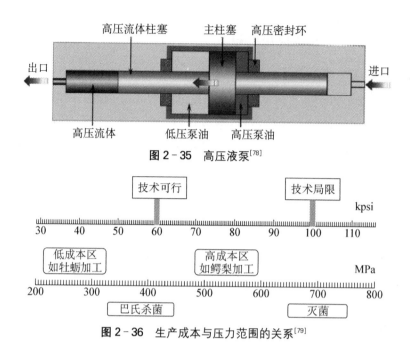

图 2-35　高压液泵[78]

图 2-36　生产成本与压力范围的关系[79]

划分的高成本和低成本两个范围,其分界压力为 420 MPa。在相对低压范围内,压力可使蛋白质变性,能得到巴氏杀菌的效果[79],而在相对高的压力范围内,能得到高温灭菌的效果[80]。

2.6　冰晶形态问题

在食品冷冻研究领域,关于冰晶形态的研究相对较少,有关成核和冰晶生长理论的研究则更少。在低温生物医学领域,利用倒置式光学显微镜观察研究冰晶生长形态早有应用报道[81],关于成核和冰晶生长理论也有较系统的论述[81],这些对食品冷冻研究都有很大的帮助。

目前,研究食品冻结过程中的冰晶形态,可概况为直接观察法和间接观察法。间接观察法有低温置换法、低温固定法和冷冻干燥法,低温置换法是将冻结食品置于−70～−80℃的水溶性的溶液中,使食品中的冰晶融化;低温固定法是将冻结食品置于戊二醛水溶液中,这种二醛与氨基团形成共价氢键,使固形物颜色发生变化,结构强度增大(适合于蛋白质含量高的材料);冷冻干燥法在真空低温下升华冰晶,形成多孔的固形物结构(不适合溶质浓度低的材料)。间接观察法看到的不是冰晶,而是多孔结构的固形物,认为孔的形态即是冰晶的形态。间接观察法样品制备比较复杂,在制备和保存中要避免固形物孔隙形态的变化,例如,冷冻干燥过程中以及干燥后的样品,必须置于其玻璃化转变温度以下,否则多孔结构的塌陷或者变形将影响对冰晶形态的确定。随着显微图像技术和图像处理软件功能的不断提高,这种间接观察法的应用面也在不断拓宽。Mousavi 等[82]利用 X 光微型 CT 断面扫描图像技术(X-ray micro-computed tomography)对三种冻干的菌蛋白产品进行冰晶研究,获得二维和三维的冰晶形态图像,其最大优点是可在任何观察角度和任何位置获得冻干制品的内部孔隙形态,对深入研究冷冻条件对冰晶大小和分布有独到之处。

　　直接观察法看到的是冰晶,可用扫描电镜、共聚焦激光扫描显微镜和光学显微镜直接观察。扫描电镜结合低温断裂技术可观察到非常细微的冰晶结构,但是成本高,操作复杂[83]。共聚焦激光扫描显微镜可对冷冻过程实时观察冰晶形成过程,但也是成本比较高的仪器,Baier-Schenk 等利用此仪器获得面团冷冻过程中冰晶形成的图像[84]。光学显微镜虽然分辨率不如电镜,但是成本低、操作相对简单,对于冷冻食品需要大量的重复性的研究有一定优势。Andrieu 等利用冷冻切片技术和同轴光线反射技术,在光学显微镜下观察到试材不同截面的冰晶形态,从而建立冰晶形态(粒径或平均粒径)与相变界面移动速率、相变层温度梯度间的函数关系,对提高冻结食品质量(尤其是冰淇淋)有一定参考价值[85~87]。式(2-30)~式(2-33)的试验材料为 2% 明胶体系,热量传递方向为一维轴向[85]。

$$d_p \approx L = s \sqrt{\frac{16\Delta T_y D_a}{k(T_m - T_I)}} = s \times 常数 \qquad (2-30)$$

$$d_p = s \sqrt{\frac{16 D_a^2}{k a_2} \cdot \frac{T_{II} - T_m}{T_m - T_I} \cdot \frac{F[\sqrt{k}/(2\gamma\sqrt{D_a})]}{F[\sqrt{k}/(2\gamma\sqrt{a_2})]}} \qquad (2-31)$$

式中,d_p 为冰晶粒径(m),L 为两相邻枝晶的间隔距离(m),s 为相变锋初始位置(m),ΔT_y 为枝晶间隔内液体的过冷度(℃),D_a 为溶质(氯化钠)扩散系数($m^2 \cdot s^{-1}$),k 为相变锋移动速率常数($m^2 \cdot s^{-1}$),T_m 初始冻结温度(℃),T_I 为冷却介质温度(℃),T_{II} 为材料初始温度(℃),a_2 为未冻结材料的热扩散系数($m^2 \cdot s^{-1}$),γ 为未冻结层与冻结层的密度比,$F(x) = \sqrt{\pi} x \exp(x^2) \mathrm{erfc}(x)$。

　　式(2-30)适用于溶质浓度比较低的材料,从表达式可以看出,枝晶大小近似等于枝晶的间隔,而且随着相变锋远离初始相变层,冰晶尺寸线性增大。式(2-31)表明,如果材料初始温度接近于初始冻结温度,冰晶尺寸减小,从理论上说明了试验中观察到的当材料内外温度均接近于初始冻结点后,再进行快速冻结,形成的冰晶小且分布均匀这一现象。式(2-32)和式(2-33)的试验材料为冰淇淋[86]。

$$d_p^* = cR^aG_{si}^b \qquad (2-32)$$

$$d_p^* = c'\delta^{a'}h^{b'} \qquad (2-33)$$

式中，d_p^* 为冰晶平均粒径(μm)，$a = 0.434$，$b = -0.0073$，$c = 0.044$，$a' = -1.06$，$b' = 0.51$，$c' = 0.54$，R 为相变锋移到速率(m·s^{-1})，G_{si} 相变层温度梯度(℃·m^{-1})，δ 为 Neumann 模型参数，与相变层移到速率正相关，h 为与初始相变层的距离(m)。

Chevalier 等[88]也用 2% 的明胶柱做试验，通过冷冻干燥和体视显微镜观察统计，发现径向传热冰晶生长由外向内指形发展(平行于传热方向)，但是冰晶大小却是由外向内逐渐减小(垂直于传热方向)，这与平板和一维轴向传热形成的冰晶完全不同(见图 2-37)。根据该文者定义的局部冷冻速率，胶柱表皮层冷冻速率低，而中心冷冻速率高，其原因可能是在相同径向间距内，越近中心，材料质量越少，所含热量也少，因此，在一定换热条件下具有较高的冷冻速率。粒径与局部冷冻速率的关系式为

$$\overline{d}_p = au^b \qquad (2-34)$$

式中，$\overline{d}_p$ 为算数平均粒径(m)，u 为局部冷冻速率(m·s^{-1})，其定义为径向两个相邻热电偶的距离与两点相变平台结束的时间差之比。$a = 2.89 \times 10^{-7}$(m^2·s^{-1})，$b = -0.45$。

 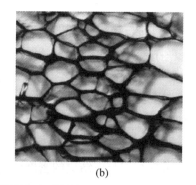

(a)   (b)

图 2-37　2% 明胶柱冰晶形态[88]

(a) 平行于传热方向冰晶形态，图上边为外表层，下边为中心层　(b) 垂直于传热方向冰晶形态

图中亮色为冰晶，深色为明胶

表 2 - 10 是用光学显微镜观察冻干 2% 明胶柱中的冰晶形态，CAF 为常规冷冻方式，LIF 为液体浸没冷冻方式，HPSF 为高压切换冻结方式，n 为数据个数。

表 2 - 10　几种冷冻方式冰晶形态比较[89]

冷冻方式	面积/μm^2	当量直径/μm	圆度	椭圆度
CAF(-20℃，$n=98$)	$19\,800\pm18\,100$a	145 ± 66a	0.62 ± 0.10ab	1.81 ± 0.54ab
LIF(-20℃，$n=77$)	$6\,070\pm3\,580$bc	84 ± 26b	0.61 ± 0.15ab	2.00 ± 1.11b
HPSF(100 MPa，-8.4℃，$n=53$)	$7\,270\pm4\,480$b	91 ± 30b	0.64 ± 0.11c	1.65 ± 0.44c
HPSF(150 MPa，-14℃，$n=64$)	$4\,860\pm3\,470$c	73 ± 29c	0.60 ± 0.10a	1.70 ± 0.53ac
HPSF(200 MPa，-20℃，$n=122$)	$1\,750\pm1\,220$d	44 ± 16d	0.63 ± 0.10bc	1.84 ± 0.56ab

注：数据为平均数±标准差，同一列内 a，b，c，d 表示平均数之间存在显著差异（$P<0.05$）。

参考文献

[1] Sablani S S, Kasapis S, Rahman M S. Evaluating water activity and glass transition concepts for food stability [J]. Journal of Food Engineering, 2007,78(1):266 - 271.

[2] Foster K D, Bronlund J E, Paterson (Tony) A H J. Glass transition related cohesion of amorphous sugar powders [J]. Journal of Food Engineering, 2006,77(4):997 - 1006.

[3] Ahmed J, Ramaswamy H S, Khan A R. Effect of water activity on glass transitions of date pastes [J]. Journal of Food Engineering, 2005,66(2):253 - 258.

[4] Bell L N, Bell H M, Glass T E. Water mobility in glassy and rubbery solids as determined by oxygen-17 nuclear magnetic resonance: Impact on chemical stability [J]. Lebensmittel-Wissenschaft und-Technologie, 2002,35(2):108 - 113.

[5] Buitink J, Leprince O. Glass formation in plant anhydrobiotes: Survival in the dry state [J]. Cryobiology, 2004,48(3):215 - 228.

[6] Rahman M S. State diagram of foods: Its potential use in food processing and product stability [J]. Trends in Food Science & Technology, 2006,17(3):129 - 141.

[7] Inoue C, Ishikawa M. Glass transition of tuna flesh at low temperature and effects of salt and moisture [J]. Journal of Food Science, 1997,62(3):496 - 499.

[8] Singh K J, Roos Y H. Frozen state transitions of sucrose-protein-cornstarch mixtures [J]. Journal of Food Science, 2005,70(3):E198 - E204.

[9] Roos Y H. Effect of moisture on the thermal behavior of strawberries studies using differential scanning calorimetry [J]. Journal of Food Science, 1987,52:146 - 149.

[10] Kasapis S, Rahman M S, Guizani N, et al. State diagram of temperature vs. date solids

obtained from the mature fruit [J]. Journal of Agricultural and Food Chemistry, 2000,48: 3779 - 3784.

[11] Bai Y, Rahman M S, Perera C O, et al. State diagram of apple slices: Glass transition and freezing curves [J]. Food Research International, 2001,34(2 - 3):89 - 95.

[12] Rahman M S, Kasapis S, Guizani N, et al. State diagram of tuna meat: Freezing curve and glass transition [J]. Journal of Food Engineering, 2003,57(4):321 - 326.

[13] Moraga G, Martínez-Navarrete N, Chiralt A. Water sorption isotherms and phase transitions in kiwifruit [J]. Journal of Food Engineering, 2006,72(2):147 - 156.

[14] Rahman M S, Guizani N, Al-Khaseibi M, et al. Analysis of cooling curve to determine the end point of freezing [J]. Food Hydrocolloids, 2002,16(6):653 - 659.

[15] Rahman M S, Sablani S S, Al-Habsi N, et al. State diagram of freeze-dried garlic powder by differential scanning calorimetry and cooling curve methods [J]. Journal of Food Science, 2005,70(2):E135 - E141.

[16] Fonseca F, Obert J P, Béal C, et al. State diagrams and sorption isotherms of bacterial suspensions and fermented medium [J]. Thermochimica Acta, 2001,366(2):167 - 182.

[17] Cuq B, Icard-Vernière C. Characterisation of glass transition of durum wheat semolina using modulated differential scanning calorimetry [J]. Journal of Cereal Science, 2001,33(2):213 - 221.

[18] Royall P G, Craig D Q M, Doherty C. Characterisation of moisture uptake effects on the glass transitional behaviour of an amorphous drug using modulated temperature DSC [J]. International Journal of Pharmaceutics, 1999,192(1):39 - 46.

[19] Verdonck E, Schaap K, Thomas L C. A discussion of the principles and applications of modulated temperature DSC (MTDSC)[J]. International Journal of Pharmaceutics, 1999, 19(1):3 - 20.

[20] Chang L, Milton N, Rigsbee D, et al. Using modulated DSC to investigate the origin of multiple thermal transitions in frozen 10% sucrose solutions [J]. Thermochimica Acta, 2006,444(2):141 - 147.

[21] Kasapis S, Mitchell J, Abeysekera R, et al. Rubber-to-glass transitions in high sugar/biopolymer mixtures [J]. Trends in Food Science & Technology, 2004,15(6):298 - 304.

[22] Kasapis S, Al-Marhoobi I M, Mitchell J R. Testing the validity of comparisons between the rheological and the calorimetric glass transition temperatures [J]. Carbohydrate Research, 2003,338(8):787 - 794.

[23] 邵小龙. 低场核磁检测技术在甜玉米加工与冷藏中的应用研究[D]. 上海:上海交通大学,2011.

[24] Sibgatullin T A, Jager P A, Vergeldt F J, et al. Combined analysis of diffusion and relaxation behavior of water in apple parenchyma cells [J]. Biophysics, 2007,52(2):196 - 203.

[25] Snaar J E M, van As H. Probing water compartments and membrane permeability in plant cells by 1H NMR relaxation measurements [J]. Biophysical Journal, 1992,63(6):1654 - 1658.

[26] Shao Xiaolong, Li Yunfei. Application of low-field NMR to analyze water characteristics and predict unfrozen water in blanched sweet corn [J]. Food Bioprocess Technol, 2013,6:

1593 – 1599.

[27] 邵小龙,李云飞. 用低场核磁研究烫漂对甜玉米水分布和状态影响[J]. 农业工程学报, 2009,25(10):302 – 306.

[28] Xu Congcong, Li Yunfei. Development of carrot parenchyma softening during heating detected in vivo by dynamic mechanical analysis [J]. Food Control, 2014,44:214 – 219.

[29] Xu Congcong, Li Yunfei, Yu Huaning. Effect of far-infrared drying on the water state and glass transition temperature in carrots [J]. Journal of Food Engineering, 2014, in press.

[30] Tromp R H, van de Velde F, van Riel J, et al. Confocal scanning light microscopy (CSLM) on mixtures of gelatine and polysaccharides [J]. Food Research International, 2001,34(10):931 – 938.

[31] 何平笙. WLF 方程-链段运动的特殊温度依赖关系[J]. 高分子通报,2002,4:75 – 78.

[32] Kasapis S. Advanced topics in the application of the WLF/free volume theory to high sugar/biopolymer mixtures: A review [J]. Food Hydrocolloids, 2001,15(4 – 6):631 – 641.

[33] Matveev Y I, Ablett S. Calculation of the C'_g and T'_g intersection point in the state diagram of frozen solutions [J]. Food Hydrocolloids, 2002,16(5):419 – 422.

[34] Matveev Y I. Modification of the method for calculation of the C'_g and T'_g intersection point in state diagrams of frozen solutions [J]. Food Hydrocolloids, 2004,18(3):363 – 366.

[35] 于华宁. 牛初乳粉的干燥特性和贮藏稳定性研究[D]. 上海:上海交通大学,2012,60 – 66.

[36] 于华宁,李云飞. 调制初乳清粉的状态图研究[J]. 上海交通大学学报,2012,46(3):487 – 492.

[37] Rahman M S, Al-Saidi G, Guizani N, et al. Development of state diagram of bovine gelatin by measuring thermal characteristics using differential scanning calorimetry (DSC) and cooling curve method [J]. Thermochimica Acta, 2010,509(1 – 2):111 – 119.

[38] Rahman M S, Senadeera W, Al-Alawi A, et al. Thermal transition properties of spaghetti measured by differential scanning calorimetry (DSC) and thermal mechanical compression test (TMCT)[J]. Food and Bioprocess Technology, 2011:1 – 10.

[39] Wang H, Zhang S, Chen G. Glass transition and state diagram for fresh and freeze-dried Chinese gooseberry [J]. Journal of Food Engineering, 2008,84(2):307 – 312.

[40] Jouppila K, Roos Y H. Glass transitions and crystallization in milk powders [J]. Journal of Dairy Science, 1994,77(10):2907 – 2915.

[41] Greenspan L. Humidity fixed points of binary saturated aqueous solutions [J]. Journal of Research of the National Bureau of Standards, 1977,(81a):89 – 112.

[42] Huaning Yu, Yunfei Li. State diagrams of freeze dried colostral whey powders: Effects of additives on the stability of colostral whey powders [J]. Journal of Food Engineering, 2012,110:117 – 126.

[43] Fernández P P, Otero L, Guignon B, et al. High-pressure shift freezing versus high-pressure assisted freezing: Effects on the microstructure of a food model [J]. Food Hydrocolloids, 2006,20(4):510 – 522.

[44] Fernández P P, Martino M N, Zaritzky N E, et al. Effects of locust bean, xanthan and guar gums on the ice crystals of a sucrose solution frozen at high pressure [J]. Food Hydrocolloids, 2007,21(4):507 – 515.

[45] Lévy J, Dumay E, Kolodziejczyk E, et al. Freezing kinetics of a model oil-in-water emulsion under high pressure or by pressure release. Impact on ice crystals and oil droplets [J]. Lebensmittel-Wissenschaft und-Technologie, 1999,32(7):396 – 405.

[46] Fuchigami M, Ogawa N, Teramoto A. Trehalose and hydrostatic pressure effects on the structure and sensory properties of frozen tofu (soybean curd)[J]. Innovative Food Science & Emerging Technologies, 2002,3(2):139 – 147.

[47] Molina-García A D, Otero L, Martino M N, et al. Ice VI freezing of meat: Supercooling and ultrastructural studies [J]. Meat Science, 2004,66(3):709 – 718.

[48] Benet G U, Schlüter O, Knorr D. High pressure-low temperature processing. Suggested definitions and terminology [J]. Innovative Food Science & Emerging Technologies, 2004, 5(4):413 – 427.

[49] Kowalczyk W, Hartmann C, Luscher C. Determination of thermophysical properties of foods under high hydrostatic pressure in combined experimental and theoretical approach [J]. Innovative Food Science & Emerging Technologies, 2005,6(3):318 – 326.

[50] Chevalier D, Le Bail A, Ghoul M. Effects of high pressure treatment (100 – 200 MPa) at low temperature on turbot (scophthalmus maximus) muscle [J]. Food Research International, 2001,34(5):425 – 429.

[51] Fernández-Martín F. Comments to the article: 'High pressure freezing and thawing of foods: A review': By A. LeBail, D. Chevalier, D. M. Mussa, M. Ghoul. Int. J. Refrigeration 25 (2002) 504 – 513 correspondence [J]. International Journal of Refrigeration, 2004,27(5):567 – 568.

[52] LeBail A, Chevalier D, Mussa D M, et al. Reply to the 'Letter to the Editor': By the corresponding author A. LeBail of the Article: 'High pressure freezing and thawing of foods: A review'[J]. International Journal of Refrigeration, 2004,27(5):569.

[53] An H, He C H, Adams H, et al. Use of high hydrostatic pressure to control pathogens in raw oysters [J]. Journal of Shellfish Research, 2000,19:655 – 656.

[54] Fuchigami M, Teramoto A. Texture and structure of high-pressure-frozen gellan gum gel [J]. Food Hydrocolloids, 2003,17(6):895 – 899.

[55] Luscher C, Schlüter O, Knorr D. High pressure-low temperature processing of foods: Impact on cell membranes, texture, color and visual appearance of potato tissue [J]. Innovative Food Science & Emerging Technologies, 2005,6(1):59 – 71.

[56] Houška M, Strohalm J, Kocurová K. High pressure and foods—Fruit/vegetable juices [J]. Journal of Food Engineering, 2006,77(3):386 – 398.

[57] Perrier-Cornet J M, Tapin S, Gaeta S. High-pressure inactivation of Saccharomyces cerevisiae and Lactobacillus plantarum at subzero temperatures [J]. Journal of Biotechnology, 2005,115(4):405 – 412.

[58] Dumay E, Picart L, Regnault S, et al. High pressure-low temperature processing of food proteins [J]. Biochimica et Biophysica Acta (BBA)—Proteins & Proteomics, 2006,1764 (3):599 – 618.

[59] Fuchigami M, Teramoto A, Jibu Y. Texture and structure of pressure-shift-frozen agar gel with high visco-elasticity [J]. Food Hydrocolloids, 2006,20(2 – 3):160 – 169.

[60] Chen C R, Zhu S M, Ramaswamy H S, et al. Computer simulation of high pressure

cooling of pork [J]. Journal of Food Engineering, 2007,79(2):401 - 409.

[61] Picart L, Dumay E, Guiraud J P, et al. Combined high pressure-sub-zero temperature processing of smoked salmon mince: Phase transition phenomena and inactivation of Listeria innocua [J]. Journal of Food Engineering, 2005,68(1):43 - 56.

[62] Zhu S, Ramaswamy H S, Bail A L. High-pressure calorimetric evaluation of ice crystal ratio formed by rapid depressurization during pressure-shift freezing of water and pork muscle [J]. Food Research International, 2005,38(2):193 - 201.

[63] Thiebaud M, Dumay E M, Cheftel J C. Pressure-shift freezing of o/w emulsions: Influence of fructose and sodium alginate on undercooling, nucleation, freezing kinetics and ice crystal size distribution [J]. Food Hydrocolloids, 2002,16(6):527 - 545.

[64] Chevalier D, Bail A L, Ghoul M. Freezing and ice crystals formed in a cylindrical food model: part II. Comparison between freezing at atmospheric pressure and pressure-shift freezing [J]. Journal of Food Engineering, 2000,46(4):287 - 293.

[65] Chevalier D, Sequeira-Munoz A, Bail A L. Effect of pressure shift freezing, air-blast freezing and storage on some biochemical and physical properties of turbot (Scophthalmus maximus)[J]. Lebensmittel-Wissenschaft und-Technologie, 2000,33(8):570 - 577.

[66] Chevalier D, Sequeira-Munoz A, Bail A L. Effect of freezing conditions and storage on ice crystal and drip volume in turbot (Scophthalmus maximus): Evaluation of pressure shift freezing vs. air-blast freezing [J]. Innovative Food Science & Emerging Technologies, 2000,1(3):193 - 201.

[67] Kanda Y, Aoki M, Kosugi T. Freezing of tofu (soybean curd) by pressure-shift: Freezing and its structure [J]. Journal of Japan Society of Food Science and Technology, 1992,39(7):608 - 614.

[68] Fuchigami M, Teramoto A. Structural and textural changes in kinu-tofu due to high pressure freezing [J]. Journal of Food Science, 1997,62(4):822 - 828.

[69] Fuchigami M, Kato N, Teramoto A. High pressure freezing effects on textural quality of carrots [J]. Journal of Food Science, 1997,62(4):804 - 808.

[70] Fuchigami M, Miyazaki K, Kato N, et al. Histological changes in high pressure frozen carrots [J]. Journal of Food Science, 1997,62(4):809 - 812.

[71] Fuchigami M, Kato N, Teramoto A. High pressure freezing effects on textural quality of Chinese cabbage [J]. Journal of Food Science, 1998,63(1):122 - 125.

[72] Koch H, Seyderhelm I, Wille P, et al. Pressure-shift-freezing and its influence on texture, colour, microstructure and rehydration behaviour of potato cubes [J]. Nahrung, 1996,40:125 - 131.

[73] Otero L, Solas M T, Sanz P D, et al. Contrasting effects of high pressure assisted freezing and conventional air freezing on eggplant microstructure [J]. Z Lebens Unters Forsch, 1998,206:338 - 342.

[74] Barry H, Dumay E M, Cheftel J C, et al. Influence of pressure assisted freezing on the structure, hydration and mechanical properties of a protein gel, In: Isaacs N. S. editor High pressure food science, bioscience and chemistry [M]. London: Royal Society of Chemistry, 1998,343 - 353.

[75] Martino M N, Otero L, Sanz P D, et al. Size and location of ice crystals in pork frozen by

high pressure assisted freezing as compared to classical methods [J]. Meat Science, 1998, 50(3):303 - 313.

[76] Chevalier D, Sentissi M, Havet M, et al. Comparison between air blast freezing and pressure shift freezing of lobsters [J]. Journal of Food Science, 2000,65(2):329 - 333.

[77] LeBail A, Chevalier D, Mussa D M, et al. High pressure freezing and thawing of foods: A review [J]. International Journal of Refrigeration, 2002,25(5):504 - 513.

[78] Torres J A, Velazquez G. Commercial opportunities and research challenges in the high pressure processing of foods [J]. Journal of Food Engineering, 2005,67(1 - 2):95 - 112.

[79] Morrissey M. Interviewed published December 1 by FSNET, 2003,Director of Oregon's Seafood Laboratory, Astoria, OR.

[80] Shellhammer T H, Aleman G D, McDaniel M R, et al. A comparison of the sensory and chemical properties of orange and apple juices treated with and without high pressure [C]// In IFT Annual Meeting, 2003, Chicago, IL.

[81] 华泽钊,任禾盛著. 低温生物医学技术[M]. 北京:科学出版社,1994,20 - 30.

[82] Mousavi R, Miri T, Cox P W, et al. A novel technique for ice crystal visualization in frozen solids using X-ray micro-computed tomography [J]. Journal of Food Science, 2005, 70(7):E437 - E442.

[83] Faydi E, Andrieu J, Laurent P. Experimental study and modeling of the ice crystal morphology of model standard ice cream. Part I: Direct characterization method and experimental data [J]. Journal of Food Engineering, 2001,48:283 - 291.

[84] Baier-Schenk A, Handschin S, von Schonau M, et al. In situ observation of the freezing process in wheat dough by confocal laser scanning microscopy (CLSM):Formation of ice and changes in the gluten network [J]. Journal of Cereal Science, 2005,42:255 - 260.

[85] Woinet B, Andrieu J, Laurent M, et al. Experimental and theoretical study of model food freezing. Part II. Characterization and modeling of the ice crystal size [J]. Journal of Food Engineering, 1998,35(4):395 - 407.

[86] Faydi E, Andrieu J, Laurent P, et al. Experimental study and modeling of the ice crystal morphology of model standard ice cream. Part II: Heat transfer data and texture modeling [J]. Journal of Food Engineering, 2001,48:293 - 300.

[87] Caillet A, Cogne C, Andrieu J, et al. Characterization of ice cream structure by direct optical microscopy. Influence of freezing parameters [J]. LWT, 2003,36:743 - 749.

[88] Chevalier D, Bail A L, Ghoul M. Freezing and ice crystals formed in a cylindrical food model: Part I. Freezing at atmospheric pressure [J]. Journal of Food Engineering, 2000, 46:277 - 285.

[89] Zhu S M, Ramaswamy H S, Bail A L. Ice-crystal formation in gelatin gel during pressure shift versus conventional freezing [J]. Journal of Food Engineering, 2005,66:69 - 76.

第3章 冷藏技术

食品冷藏技术主要包括制冷技术、冷库设计技术以及食品在冷库内存放的管理技术。为此,本章将分三个部分论述,其中重点介绍食品在冷藏中的质量变化与安全问题,以及国内外最新研究动态。

3.1 制冷技术[1, 2]

从低于环境温度的物体(如冰箱、冷库)中吸取热量,并将其转移给环境介质的过程称为制冷。实现制冷所必需的机器称为制冷机。制冷技术就是利用制冷机,以消耗机械功或其他能量来维持某一空间的温度低于周围自然环境的温度。常用两个参数评价制冷系统的性能。

1. 制冷量

制冷量也称制冷能力,是任何制冷系统和制冷剂产生的冷效应,即在一定的操作条件(一定的制冷剂蒸发温度、冷凝温度、过冷温度)下,单位时间内制冷剂从被冷冻物体取出的热量,以 Q 表示之,单位为 W。由于制冷量用 W 作为单位表示时,其数值甚高,故常用 kW 为单位来表示。在国外,制冷量经常有用冷冻吨(简称冷吨,refrigeration ton, R. T.)来表示,1 冷吨相当于 24 小时内将 1 吨 0℃的水冷冻成同温度冰所放出的热量,但必须注意其国别,如 1 美国冷吨 = 12 660 kJ/h = 3.52 kW,1 日本冷吨 = 13 900 kJ/h = 3.86 kW。

2. 制冷系数

制冷系数是评价制冷机循环性能优劣的一项重要技术经济指标。它表示制冷循环中的制冷量 Q 与该循环所消耗的功率 P 之比,也就是指当加入单位功时,能从被冷冻物体取出的热量数。理论推导逆卡诺循环的制冷系数为

$$\varepsilon = \frac{T_c}{T_h - T_c} \tag{3-1}$$

式中,ε 为制冷系数,T_h、T_c 分别为高温热源温度(如环境)和低温热源温度(如冰箱或者冷库)。从上式可见,制冷系数只取决于高温热源 T_h 和低温热源 T_c,与工质的性质无关,制冷系数 ε 随热、冷源的温差的减小而提高。

3.1.1　制冷方法

现代食品工业普遍采用人工制冷方法。在人工制冷方法中以蒸气压缩制冷循环法最为常用,此外,低温液化气制冷等非机械压缩制冷法在食品冷冻中也有一定的应用。

1. 蒸气压缩式制冷

蒸气压缩式制冷是用常温或普通低温下可以液化的物质作为制冷工质(例如氨、氟利昂及某些碳氢化合物),工质在循环过程中发生相变(即液态吸热变气态,气态经压缩再变液态),实现工质再利用和热量转移效能。

蒸气压缩式制冷循环的原理如图 3-1 所示。在蒸发器 4 中产生的低压制冷蒸气(状态 1),在压缩机 1 中被压缩至冷凝压力 P_2,消耗了机械功,此过程为绝热压缩,同时,温度不断升高。压缩后的蒸气在饱和状态下(状态 2)进入冷却器 2(常称为冷凝器),因受到冷却介质(水或空气)的冷却而凝结成饱和液体(状态3),并放出热量,其冷凝过程为一等温等压过程。由冷凝器出来的制冷剂液体,经膨胀阀 3(又称节流阀、毛细管)进行绝热膨胀至蒸发压力 P_4,温度降到与之相对应的温度 T_4(状态 4),此时已成为两相状态的气液混合物,然后进入蒸发器 4,进行等温等压的蒸发过程,从冷库或者食品中吸收冷量,并恢复到起始状态,完成一个循环。

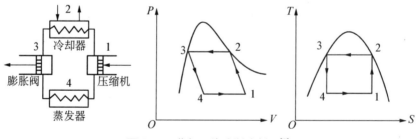

图 3-1　蒸气压缩式制冷循环[2]

由此可见,蒸气压缩式制冷循环的蒸发过程和冷凝过程是在等温情况下进行的,不可逆性小,故循环的制冷系数大。它是利用液体的蒸发过程来制冷,故单位制冷量大;同时在蒸发器和冷凝器中都有相变的传热过程,传热系数较大,因而设备尺寸较小。

2. 吸收式制冷

吸收式制冷循环是靠消耗热能（蒸气、热水等）实现工作。在吸收式制冷机中，使用制冷剂与吸收剂两种工质，这是该机的主要特点。工作原理如图 3-2 所示。

浓度高的制冷剂送入发生器 1 内，在发生器中用蒸气、热水或燃料燃烧的产物等加热，使大部分低沸点组分的制冷剂蒸发。发生器中出来的制冷剂蒸气

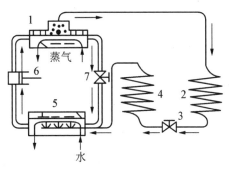

图 3-2　吸收式制冷循环[2]

进入冷凝器 2，由冷却水带走热量，使蒸气冷凝。冷凝后的制冷剂经过节流阀 3 进入蒸发器 4，并从被冷却物质吸取热量。制冷剂的蒸气从蒸发器出来后，进入吸收器 5。在发生器中经过蒸发后剩余的溶液中，其制冷剂的含量已大为降低，称之为吸收液。吸收液经节流阀 7 降到蒸发压力进入吸收器中与从蒸发器来的低压制冷剂蒸气混合，并吸收这些蒸气，于是又形成含制冷剂浓度高的溶液。吸收过程是一个放热过程，需用冷却水来冷却。稀制冷剂又变成浓的制冷剂，经过溶液泵 6 送入发生器，继续循环使用，这样便完成了吸收式制冷机的基本循环。

3. 融解和溶化制冷

固体吸热后变为液体称为融解。固体溶于溶剂称为溶解。这两种物理状态变化都可以被用来制造冷量。例如：1 kg 冰融解成水，可以吸收 334.94 kJ 的热量。但这种制冷方式有局限性，主要是冰的熔点（冰点）限定了用冰融化不能获取低于零度的冷量，其次是冰也必须由另一种制冷操作才能获得。

水与食盐或其他无机盐类混合时，冰的熔点将随盐量增加而降低，并形成 0℃以下的低温，吸收大量潜热而获得特定低温，并使食品冻结。冷冻机发明以前，人们早就利用这种方法来完成如冰淇淋和鱼类的冻结作业。冰盐混合物所得到的最终低温因盐与水的比例不同而异，如表 3-1 所示。食盐与碎冰相混合后，开始是冰吸收熔化热而融化成水，而后是食盐溶于水而吸收溶解热。由表 3-1 可知，冰与食盐的比例为 3:1 时，最低温度可降到-21℃左右。如果需要更低温度，可使用其他盐类，如氯化钙、氯化铵、硝酸钠等与食盐混合成复式混合物，如表 3-2所示。

表 3 - 1 食盐与冰不同混合比的熔点温度[1, 2]

混合物的配比		熔点温度/℃
碎冰	食盐	
100	0	0
95	5	−2.8
90	10	−6.6
85	15	−11.6
80	20	−16.6
75	25	−21.1

表 3 - 2 多种盐类与冰复配混合后的熔点温度[1, 2]

盐与冰的混合比例(质量分数,%)					熔点温度/℃
$CaCl_2$	NH_4Cl	$NaNO_3$	$NaCl$	碎冰	
58.8	—	—	—	41.2	−54.9
—	20	—	—	80.0	−15.4
—	—	20.5	21.8	57.7	−25.5
—	17.6	—	19.7	62.7	−25.0

4. 液化气体制冷

液化气体制冷本质上属于蒸发制冷,是利用低沸点的液化气体物质直接与食品接触,吸取食品中的热量,而自身蒸发成气体。由于液化气体能与食品直接接触,降温速率非常快,可满足高端食品的单体速冻要求。液化气体直接制冷其设备比较简单、动力消耗也很少,但是,由于液化气体是一次性利用,与蒸气压缩式循环使用相比,液化气体消耗很高,因此,在设备低廉和液化气体消耗成本很高之间比较,这种方法不如蒸气压缩式制冷方法。

液氮是该种方法最常用的物质,氮的化学性质相当稳定,且无毒、不爆炸。液氮是无色、透明的,比水稍轻(密度为 810 kg/m³)的低温液体,是生物医药领域广泛使用的安全的低温介质。在大气压下,液氮的蒸发温度为−196℃,可吸收蒸发潜热199.3 kJ/kg。其潜热虽然不大,但其蒸发温度与0℃的温差很大,因此蒸发后气体升温还可吸收相当份量的显热。如取其气体的比热容为 1.005 kJ/(kg・K),则气态氮再升温到0℃还可带走约 196.8 kJ/kg 的热量。因此,1 kg 液氮蒸发后温度升到0℃,可吸收 396.1 kJ/kg 的热量,此热量约可使食品中的 1 kg 水分冻结。

除液氮以外,其他可用来制冷的液化气体还有氟氯烃化合物(如氟里昂- 12、氟里昂- 22 等)和液态 CO_2、液态 N_2O 等。液态 CO_2 一般储存在压力为

2.2 MPa,温度低于－16℃的压力容器内,可以用于喷淋冷却食品,此时一部分成为 CO_2 蒸气,另一部分成为似雪状的干冰。

5. 固体升华制冷

在固体升华制冷中,常用的物质是固态 CO_2,即所谓"干冰"。这种"干冰"在压强 0.52 MPa、温度 56.5℃时,其固态、液态与气态三相共存(即三相状态点)。如果转置于大气中(0.1 MPa),则固体二氧化碳将直接升华为气体,此时温度为－78.9℃,升华潜热为 573.6 kJ/kg。升华后的低温二氧化碳,还可以与高温食品相接触,吸收食品或者环境中的显热量。但是,由于二氧化碳气体与液氮气体比较,其比热容(0.84 kJ/(kg·K))和温度差均比较小,因此,吸收食品中的显热量作用较小。

3.1.2　制冷剂和载冷剂

制冷剂是制冷系统中实现制冷循环的工作介质,也称为制冷工质。制冷剂在制冷系统中循环流动,其状态参数在循环的各个过程中不断发生变化。制冷循环中,如果制冷剂吸热的蒸发器直接与被冷却物体或被冷却物体的周围环境进行换热,这种制冷方式称为直接制冷。

食品工业中,需要进行冷冻加工的场所往往较大或进行冷冻作业的机器台数较多,将制冷剂直接送往各作业场地成本较高,因此常采用间接制冷过程以满足这种需要。所谓间接制冷是用廉价物质作媒介载体实现制冷装置与被冷却物体或空间的热交换,这种媒介载体称载冷剂,也称冷媒。它将从被冷却物体吸取的热量送到制冷装置后再传递给制冷剂,自身降温后循环使用,参见图 3－3。

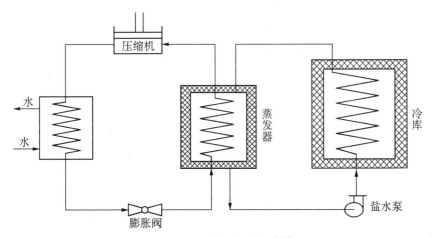

图 3－3　间接制冷示意图[1, 2]

1. 制冷剂

在蒸气压缩式制冷循环中,最初的制冷剂有乙醚(1850 年)、二氧化硫(1874 年)、氨(1870 年)和二氧化碳(1886 年)等。1929~1930 年美国通用电气公司的 Thomas Midgley 首次用 CCl_2F_2 作为制冷工质,取得很好的效果。而生产此工质的杜邦公司,将其标名为氟利昂 12(Freon12)简称 F12。此后,F11、F502、F13 等在制冷上广泛应用,占据了很大的市场份额,有人将由此开始的制冷五十年称为氟利昂的时代。

1974 年美国加州大学的 Rowland 教授和他的博士后 Molina 在《自然》杂志(《Nature》)上发表论文,指出氟利昂在紫外线的作用下会释放出氯离子,而氯离子会消耗地球周围热成层(stratosphere)中的臭氧,使得太阳的紫外线不被 O_3 吸收而直照地面,造成人类的皮肤癌。1987 年,36 国签订了关于禁用和逐步替代消耗臭氧层物质的《蒙特利尔议定书》。要求缔约国中的发达国家在 2000 年完全停止生产含氯氟烃物质的制冷剂,发展中国家可推迟到 2010 年。1992 年,97 国在哥本哈根开会决定加速禁用和替代破坏臭氧层物质的进程。另外对过渡性的含氢氯氟烃的物质提出了 2020 年后的控制日程表,2030 年前实现完全替代的目标。中国是《蒙特利尔议定书》缔约国之一,在制冷剂生产和使用等方面严格按议定书执行。

1997 年 12 月在日本京都,由联合国气候变化框架缔约国制定出一个《京都议定书》,其目标是将大气中的温室气体含量稳定在一个适当的水平,进而防止剧烈的气候改变对人类造成伤害。2005 年 2 月 16 日,《京都议定书》正式生效,签约国的 6 种温室气体(CO_2、CH_4、N_2O、HFC、PFC、SF_6)排放量受到国际法规约束。

《蒙特利尔议定书》关注臭氧层保护问题,提出用臭氧消耗潜能值(ozone depletion potential,ODP)评价制冷剂对臭氧的破坏度。《京都议定书》关注大气温室效应,提出全球变暖潜能值(global warming potential,GWP),用以评价碳排放对温室效应的作用。在《京都议定书》签定之前,以保护大气臭氧层为目的,重点研究氯氟烃(CFCs)和氢氯氟烃(HCFCs)制冷剂的替代物质。《京都议定书》签定之后,人们必须同时注重臭氧保护和减小温室效应两个方面,要求制冷剂不但具有臭氧消耗潜能值 ODP 为 0,全球变暖潜能值 GWP 也应该尽量小。欧盟对零售业及食品业使用的冰箱、冷柜、展示柜等提出严格的禁令措施,到 2017 年,禁止使用 GWP 大于 2 500 的 HFCs 产品进入欧盟市场,到 2020 年,禁止使用 GWP 大于 150 的 HFC 的产品进入欧盟市场。

　　制冷剂的通用符号为"R"，其后字母或者数字与制冷剂主要成分的原子个数、有机物或者无机物、单一物质或者混合物质（共沸或者非共沸）、天然物质或者人工合成物质以及分子结构等形式有关。这里仅介绍食品冷冻冷藏常用的制冷剂。

　　CFCs（chlorofluorocarbons，是含氯氟烃的英文缩写，如氟利昂-11、氟利昂-12），属于《蒙特利尔议定书》禁止生产的制冷剂。我国于 2007 年 7 月 1 日停止生产该种制冷剂，比议定书规定的停止生产日期 2010 年 1 月 1 日提前 2 年半。

　　HCFCs（hydrochlorofluorocarbons，是含氢氯氟烃的英文缩写，如氟利昂-22），属于《蒙特利尔议定书》要求的被逐步替代的制冷剂。

　　HFCs（hydrofluorocarbons，是含氢氟烃的英文缩写，如 R23、R134），曾被认为是 21 世纪绿色环保制冷剂。在全球温室效应日益突出背景下，该制冷剂属于《京都议定书》限制物质。

　　HCs（hydrocarbons，是碳氢化学物的英文缩写，如乙烷（R170）、丁烷（R600）、异丁烷（R600a）、丙烷（R290）等），对大气臭氧层和温室效应几乎无负面效应，是《蒙特利尔议定书》和《京都议定书》允许使用的制冷剂，但是存在易燃易爆问题。

　　1）R12

　　R12 属于 CFCs 型制冷剂，其臭氧消耗潜能值 ODP 定为 1.0，全球变暖潜能值 GWP 约为 9 400，是《蒙特利尔议定书》和《京都议定书》严格禁止的制冷剂。如前所述，我国已于 2007 年停止生产该类制冷剂，但是由于库存和目前仍处于使用期限的该类制冷剂仍占有一定比例，所以这里简单介绍。R12 是一种对人体毒性较低、无色、无臭、不燃烧、无爆炸性制冷剂，在 0.1 MPa 下，其沸点为 −29.8℃，凝固点为 −155℃，常用于食品冷柜、低温冷冻机组和车用空调等系统，是上世纪使用量很大的制冷剂之一。

　　2）R22

　　R22 属于 HCFCs 型制冷剂，其臭氧消耗潜能值 ODP 约为 0.05，全球变暖潜能值 GWP 约为 1 900。从 20 世纪 30 年代开始使用，按《蒙特利尔议定书》规定，发展中国家可使用该制冷剂至 2030 年。在 0.1 MPa 下，R22 沸点为 −40.8℃，凝固点 −160℃；它在常温下的冷凝压力和单位容积制冷量与氨差不多。R22 无色、无味、不燃烧、不爆炸，毒性较小，与润滑油部分互溶，但是与水几乎不溶（其含水量限制在 0.002 5% 以内，以免工作时发生冰塞），是一种安全的制冷剂。常用于中、小型、自动化程度较高的制冷系统和大型（万吨）冷库中。

3) R134a

R134a,四氟乙烷,分子组成为 CH_2FCF_3,属于 HFC 型制冷剂。ODP 值为 0,GWP 值为 1 600。由于 R134a 具有较好的热力性质、物理性质和低毒性,使之成为一种非常有效和安全的 R12、R22 的替代品,曾作为新一代的环保制冷剂,广泛应用于冰箱、空调、冷库、超市冷柜等制冷设备中。但是,从其 GWP 值可以看出,该制冷剂未来仍然受限制于《京都议定书》规则。

4) R410a

R410a 属于近共沸混合型 HFC 制冷剂,是 HFC 型 R32 和 HFC 型 R125 以质量比 1∶1 组成的制冷剂。发生相变时两种组分的比例始终保持恒定,其气相和液相的比热容及动力黏滞系数均优于 R22,因此其传热性能比 R22 更高,换热温差更小,意味着机组制冷效率较高。R410a 臭氧消耗潜能值 ODP 为 0,全球变暖潜能值 GWP 约为 2 100。与 R134a 相似,该制冷剂未来同样会受限制于《京都议定书》规则。

5) R290

R290 属于 HC 碳氢化学物,化学名称丙烷。R290 主要物理性质与 R22 相近,替代 R22 时无需对原机和生产线进行改造。R290 沸点−42.2℃,在相同温度下,饱和比热容比大,在相同蒸发器负荷下,吸排气温度比值低,可以减少压缩机压缩过程气体与汽缸之间的热交换,从而减少不可逆损失,降低能耗。R290 与普通润滑油和机械结构材料具有兼容性,臭氧消耗潜能值 ODP 为 0,全球变暖潜能值 GWP 约为 15。R290 最大弱点是具有可燃性。

6) R717

R717 是天然无机化合物——氨(NH_3),其 ODP 值为 0,GWP 值也为 0,是一种价格低廉的环境友好型中温制冷剂。在 0.1 MPa 下,其沸点−33.4℃,凝固点−77.7℃。氨在常温和普通低温范围内压力比较适中,制冷量大,单位质量制冷量为 4.186×263.6 kJ/kg,单位容积制冷量为 4.186×518 kJ/m³,因此在相同制冷量的情况下,系统中的制冷剂循环量较少。氨黏性小,流动阻力小,传热性能好。氨能以任意比例与水相溶解,若氨中溶有少量水分,即使温度较低,水也不会从溶液中析出而结成冰,所以氨系统中不必设干燥器。但是,如果系统中含有水分,必然使制冷剂相应减少,而且在有水分时会加剧对金属的腐蚀,因此,一般限制氨中含水量小于 0.2%。氨在润滑油中的溶解度很小,故油易沉积在换热器内表面而影响传热系数,故在系统中要设分油器。润滑油的密度比氨大,一般沉积在贮液器的下部,易被放走。

关于氨的毒性和易爆性问题。氨对人体有较大的毒性。氨蒸气无色,具有强烈的刺激性臭味。当空气中氨气浓度达到 0.01%～0.07% 时,人的眼睛和呼吸器官就会有刺激感觉,而人停留在含 0.5%～0.6% 氨气的空气中达半小时即可中毒或死亡。此外,如果空气中氨气浓度达到 11%～14% 时即可引燃,达到 16%～25% 时即会引发爆炸。上述这些缺点使得 NH_3 在过去几十年内被 CFCs 大量取代。但是随着 CFCs 的禁用,以及 HCFCs、HFCs 受温室负面效应影响,人们重新审视天然环保型制冷剂的利弊问题,许多专家,特别是欧洲的专家们,认为 NH_3 的一些缺点在实际上并不形成危险。其理由是,首先氨的强烈刺激臭味极容易被检验出来,从而提高了安全警示作用;其次,现在密封技术已能保证氨不被泄漏,氨系统用的是钢管,用电焊和法兰连接,其可靠性要比 CFCs 系统的铜管、钎焊和扩口连接要强得多。他们认为 NH_3 不仅可用于工业冷冻,还可用于空气调节。

与此相反,CFCs 是无色无味的,泄漏不易被发现。CFCs 也并非完全无毒,在高温下,CFCs 和明火或热表面接触会产生剧毒的碳酸氯(光气,$COCl_2$)。如空气中 CFCs 的含量达 10%～20%,人在其中停留 2 h 也会造成致命后果。

理论上讲,氨作为制冷剂既环保又并非很危险,但是,实际生产中管理或者操作上稍有疏忽,将酿成不可估量的损失。我国近几年发生的多起氨泄漏事故造成的损失足以说明氨制冷存在的隐患,其中最为惨重的是 2013 年 6 月吉林省长春市宝源丰禽业有限公司氨泄漏引起爆炸,造成 120 多人死亡。因此,食品企业选择制冷剂,除了考虑其热力性能、环保性能、经济成本以外,还要考虑现实生产条件(设备制造与安装水平、操作人员业务水平、企业管理水平等)。

2. 载冷剂

在间接冷却的制冷装置中,采用载冷剂的优点是可使制冷系统集中在较小的场所,因而可以减小制冷机系统的容积及制冷剂的充灌量;且因载冷剂的热容量大,被冷却对象的温度易于保持恒定。其缺点是系统比较复杂,且增大了被冷却物和制冷剂间的温差。

载冷剂的种类很多,常用的有水、盐水和有机化合物。选择载冷剂时,应考虑选冰点低、比热容大、黏度小、无金属腐蚀性、化学稳定性好、价格低廉、便于获得等因素。此外,作为食品工业用的载冷剂,往往还需要具备无味、无臭、无色和无毒的条件。

水虽然有比热容大的优点,但是它的冰点高,所以仅能用作制取 0℃ 以上冷量的载冷剂。如果要制取低于 0℃ 的冷量,则可采用盐水或有机溶液作为载冷剂。

氯化钠、氯化钙及氯化镁的水溶液,通常称为冷冻盐水。食品工业中广泛使用的冷冻盐水是氯化钠水溶液。在有机溶液载冷剂中,最有代表性的两种载冷剂是乙二醇和丙二醇的水溶液。表3-3~表3-6是常用载冷剂冰点与质量分数(wt%)的对应关系。

表 3-3　NaCl 水溶液冰点与质量分数的关系[3]

NaCl/(wt%)	冰点/℃	NaCl/(wt%)	冰点/℃	NaCl/(wt%)	冰点/℃
0	0	10	−6.54	20	−16.46
1	−0.58	11	−7.34	21	−17.78
2	−1.13	12	−8.17	22	−19.19
3	−1.72	13	−9.03	23	−20.69
4	−2.35	14	−9.94	23.3E	−21.13
5	−2.97	15	−10.88	24	−17.0
6	−3.63	16	−11.90	25	−10.4
7	−4.32	17	−12.93	26	−2.3
8	−5.03	18	−14.03	26.3	0
9	−5.77	19	−15.21		

注:表中的 E 点为低共熔点。其低共熔温度为−21.13℃,低共熔质量百分浓度(wt%)为23.3%。

表 3-4　CaCl₂ 水溶液冰点与质量分数的关系[3]

CaCl$_2$/(wt%)	冰点/℃	CaCl$_2$/(wt%)	冰点/℃	CaCl$_2$/(wt%)	冰点/℃
0	0	14	−9.2	24	−26.8
5	−2.4	15	−10.3	25	−29.4
6	−2.9	16	−11.6	26	−32.1
7	−3.4	17	−13.0	27	−35.1
8	−4.1	18	−14.5	28	−38.8
9	−4.7	19	−16.2	29	−45.2
10	−5.4	20	−18.0	29.87	−55.0
11	−6.2	21	−19.9	30	−46.0
12	−7.1	22	−22.1	32	−28.6
13	−8.0	23	−24.4	34	−15.4

注:CaCl₂ 水溶液的共熔温度为−55℃,低共熔质量百分浓度(wt%)为29.87 %。

表 3-5　乙二醇($C_2H_6O_2$)水溶液的冰点与质量分数的关系[3]

$C_2H_6O_2$ /(wt%)	冰点/℃	$C_2H_6O_2$ /(wt%)	冰点/℃	$C_2H_6O_2$ /(wt%)	冰点/℃
0	0	35	−17.9	70	<−50
5	−1.4	40	−22.3	75	<−50
10	−3.2	45	−27.5	80	−46.8
15	−5.4	50	−33.8	85	−36.9
20	−7.8	55	−41.1	90	−29.8
25	−10.7	60	−48.3	95	−19.4
30	−14.1	65	<−50		

表 3-6　丙二醇($C_3H_8O_2$)水溶液的冰点与质量分数的关系[3]

$C_3H_8O_2$ /(wt%)	冰点/℃	$C_3H_8O_2$ /(wt%)	冰点/℃	$C_3H_8O_2$ /(wt%)	冰点/℃
0	0	30	−12.7	60	−51.1
5	−1.6	35	−16.4	65	<−51
10	−3.3	40	−21.1	70	<−51
15	−5.1	45	−26.7	95	<−50
20	−7.1	50	−33.5		
25	−9.6	55	−41.6		

3.2　冷藏库结构与布局

食品冷藏库是食品冷藏的主要场所,是用人工制冷的方法对易腐食品进行冷加工和贮藏,以保持食品食用价值的建筑物,是冷藏链的一个重要环节。2010年,国家发展和改革委员会在《农产品冷链物流发展规划》中明确提出:"到 2015年,建成一批效率高、规模大、技术新的跨区域冷链物流配送中心"。该规划推动了冷藏库的快速发展,除了建成若干个大型现代化冷藏库外,在田间地头出现了大量的小冷藏库。截至 2012 年底,我国冷藏库容量总计为 7 608 万立方米,其中,冻结物冷藏库为 5 120 万立方米,冷却物冷藏库为 2 477 万立方米,超低温冷藏库为 11 万立方米[4,5]。

目前,我国冷藏库整体水平与欧美等发达国家差距较大,冷藏库规范性,安全可靠性、系统先进性等性能参差不齐。冷藏库设计建造人员、冷藏库使用管理人员等较杂,这给相关从业人员的人身安全和食品质量安全带来巨大的隐患。为此,近几年,我国在冷藏库设计和建造等方面制定了一系列标准,为提升我国冷藏库整体水平奠定基础。例如,国标 GB 50072—2010《冷库设计规范》、GB 28009—2011《冷库安全规程》、GB/T 24400—2009《食品冷库 HACCP 应用规范》、GB/T 9829—2008《水果和蔬菜冷库中物理条件定义和测量》,行业标准 SBJ 16—2009《气调冷藏库设计规范》、SBJ 17—2009《室外装配冷库设计规范》、SB/T 10797—2012《室内装配式冷库》,以及商业部 1989 年 12 月颁布的《冷库管理规范(试行)》。

结合 GB 50072—2010《冷库设计规范》和相关材料,从食品工业从业人员角度,介绍冷藏库基本组成和相关理论,以提升食品工业人员技术水平。

3.2.1 冷藏库的类型

在实际应用中,冷藏库的类型比较杂乱,有按容积(例如大、中、小型冷藏库)、温度(例如高温冷藏库-2℃以上;低温冷藏库-15℃以下)、建筑结构(例如装配式冷藏库、砖混凝土冷藏库)、使用性质(生产型冷藏库、分配型冷藏库、零售型冷藏库)、制冷介质(氨库或者氟库)、功能与先进程度(气调冷藏库、智能化冷藏库)等等进行分类。下面仅介绍几种常用类型。

1. 按公称容积分类

根据 GB 50072—2010《冷库设计规范》,冷藏库应以"公称容积"标示冷库规模。公称容积是指冷藏间或者冰库室内净面积(不扣除柱、门斗和制冷设备所占用的面积)乘以室内净高值,单位为 m³。用公称容积划分冷藏库规模,冷藏库物理空间直观可测,避免了冷藏库传统分类中用冷藏吨位划分冷藏库规模时需要容积系数折算带来的弊端。根据 GB 50072—2010《冷库设计规范》,我国商物粮行业冷藏库规模分类如表 3-7 所示。

表 3-7 冷藏库规模[6]

规模分类	大型	中型	小型
公称容积/m³	>20 000	5 000~20 000	<5 000

2. 按库体结构分类

按库体结构分类主要有土建式冷库和装配式冷库。

土建式冷库主体一般为钢筋混凝土结构或砖混结构,内部喷涂聚氨酯保温,具有围护结构热惰性大,受外界温度影响小的特点。一般为多层冷库,每层层高

4.5～6 m,货物采用码垛的形式堆放。

装配式冷库采用复合隔热板作为冷库围护结构,钢梁做承重框架。复合隔热板一般为三层结构,两侧多为镀锌钢板,中间填充密度不同的硬质聚苯乙烯泡沫塑料(EPS)或者硬质聚氨酯泡沫塑料(PU)。如果复合隔热板置于钢梁外侧,称为外保温内结构冷库(国内占多数),反之称为内保温外结构冷库(国外占多数)(见图3-4,图3-5)。装配式冷库的主要构件均可在工厂预制,当冷库场地完成土建基础及地面铺设后即可进行钢结构、保温板及制冷设备的安装,相比较土建式冷库而言,建设周期短。

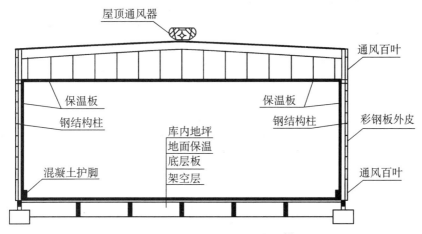

图3-4 内保温外结构示意图[7]

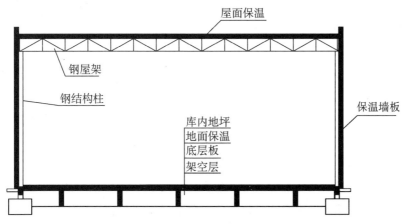

图3-5 外保温内结构示意图[7]

装配式冷库一般为单层,层高从 3～30 m 不等,在我国中小型冷藏库中占比非常高,尤其是小于 100 m³ 的室内冷库和零售商小冷库,可利用复合隔热板具有较高的抗压和抗弯强度特点,直接拼装成冷库(见图 3 - 6)。

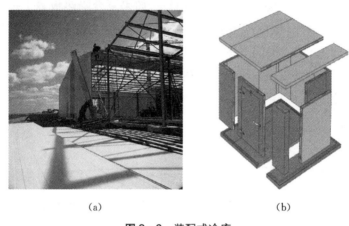

(a) (b)

图 3 - 6 装配式冷库

(a) 有承重钢梁 (b) 小型无承重钢梁

3. 按冷库功能分类

气调贮藏可分为一次气调法(modified atmosphere storage,MA),连续气调法(controlled atmosphere storage,CA)以及混合降氧法等多种。

1) 一次气调法(MA 贮藏)

一次气调法包括自然降氧法和预充气法,自然降氧法是通过果蔬等产品自身呼吸耗氧,同时放出二氧化碳,在气密的库房内或塑料薄膜袋内形成低氧高二氧化碳的特殊组分,达到果蔬保鲜目的。自然降氧法简便易行,但对库房或塑料薄膜袋的气密性有一定要求。此外,由于降氧速度慢,室内或袋内呼吸热的聚积可使微生物和酶活性增加,对果蔬质量有一定的影响。预充气法多用在无呼吸功能的动物性食品上。在产品包装时,首先对产品抽真空,然后充入一定比例成分的气体,如午餐肉罐头内可充入 80％ 的 CO_2 和 20％ 的 N_2;干酪包装时可充入 100％ 的 N_2;鲜禽肉或鲜鱼肉包装时可充入 30％ 的 CO_2 和 70％ 的 N_2。

2) 连续气调法(CA 贮藏)

连续气调法是对产品贮藏环境不断地进行检测与调整,以保证产品在合适的气体成分比例下贮藏。连续气调法包括人工降氧法和硅窗自动气调法。人工降氧法是利用机械在库房外制取人工空气(氧气约占气体总体积的 1％～3％、二氧化碳气体约占气体总体积的 0～10％)冲洗库内气体,或将库内气体经过循环式气体发生器去除部分氧气后再重新回到库内。人工降氧法降氧速度快(也称快速降氧法),同时能及时排除库内的乙烯等挥发性成分,保鲜效果好,对不耐贮藏的果蔬效果更明显。如草莓若以自然降氧法可贮藏 2~3 d,而采用人工降氧法可以贮藏 15 d 以上。目前人工降氧法已成功地应用于苹果和梨的贮藏上,对于莴苣头、抱子甘蓝、菜花等蔬菜贮藏以及在运输车中贮藏运输 5 d 以上的情况,人工降氧法均获得较好效果。

　　人工降氧法对库房的气密性要求虽然低于自然降氧法,但为了提高系统效率,一般情况下应该对库房的气密性进行检验,其检验条件是当库房内的表压力达到 249 Pa 并保持 1 h,如果压力下降不低于 49.8 Pa,这时认为库房的气密性较好。库房内的气体成分要严格控制在一定范围内(见表 3-8),氧气含量不能过低,否则也会造成食品的厌氧呼吸。

表 3-8　部分果蔬 CA 贮藏条件[1]

产　　品	$CO_2/\%$	$O_2/\%$
苹果	2~5	3
芦笋	5~10	2.9
抱子甘蓝	2.5~5	2.5~5
青豆或食荚菜豆	5	2
嫩茎花椰菜	10	2.5
卷心菜	2.5~5	2.5~5
莴苣(头或叶)	5~10	2
梨	5	1
菠菜	11	1
西红柿(绿)	0	3

注:表中气体含量为体积百分比,其余成分为 N_2。

　　硅窗自动气调法是利用硅窗(即在塑料薄膜棚上镶嵌一定比例面积的硅橡胶薄膜)对气体透过性的选择作用来调节产品的贮藏环境。在常压下透过二氧化碳量与透过氧的量之比为 1:6,因此,果蔬呼吸使库内的二氧化碳量远远大于库外环境中的二氧化碳量,而大气中的含氧量又远远高于库内,使库内空气与库外的空气自动平衡在氧 3%~4% 和二氧化碳 4%~5% 之间。该方法在一般冷库和简易冷库内均可采用。

　　3) 混合降氧法

　　也称半自然降氧法,是上述自然降氧法和人工降氧法的组合。冷藏初期用人工降氧法可在较短的时间内快速达到某一含氧量(约 10%),然后,靠果蔬的呼吸作用消耗掉剩余的部分氧,同时放出二氧化碳。该方法可降低一定运行成本。

　　由于气调库在库体强度和气密性等方面要求较高,加上气体检测、发生与调
节等系统(见图3-7,图3-8),气调库造价远高于普通冷库。

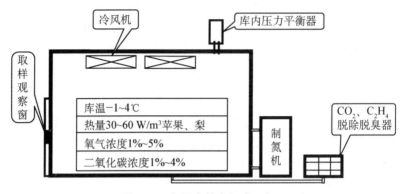

图3-7　气调库基本组成示意图

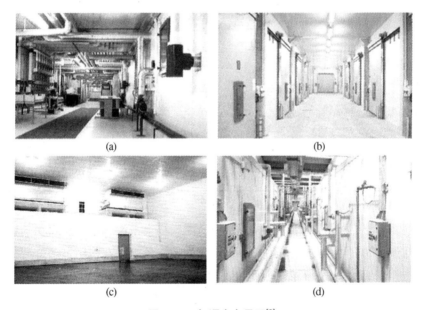

图3-8　气调库实景图[8]

　　(a)气体调节装置　(b)气调库隔间和中间过道　(c)气调库隔间内部冷风机组
(d)温度、湿度、压力和气体成分检测系统

4. 按冷库自动化程度分类

　　智能型冷库[4]是目前自动化程度最高的冷库,主要包含4个方面:一是制冷
系统自动化,主要针对库内温度检测、控制,压缩机能量调节等方面;二是安全防
护自动化,主要包括事故报警、自动喷淋灭火以及与消防部门的联网等;三是自动

信息追溯及检索系统,主要包括对冷库所存产品的种类、时间、位置、费用等信息的跟踪记录以及与仓储的财务收支、冷库管理系统、出库系统的联合(见图3-9);四是自动传输系统,主要指货物从库内到运输车之间的自动传送系统。智能型冷库不需要人进入库房内操作,从进货、分拣、换包装、储存、出货等过程全部由机器自动完成。郑州三全食品有限公司是国内拥有智能型冷库较早的企业之一,产品入库、出库等过程全部智能化,如图3-10所示。

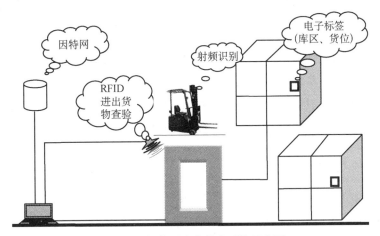

图3-9 智能型冷库信息系统示意图

图3-10 产品自动入库过程

当然,我国在智能型冷库总体发展水平上,无论是数量还是先进程度均远低于发达国家,除了设备的自动化程度和可靠性不如发达国家外,经济成本因素也是非常重要的方面,如对智能识别系统的投资、电价峰谷差别等问题是企业无法回避的成本问题。

3.2.2 冷藏库总体布局

冷藏库总体布局除了满足交通便利和消防要求外,从食品物流业角度出发还应该注意下列问题。

(1)冷藏库应该位于周围集中居住区夏季最大频率风向的下风侧。如果是氨库,冷藏库与其下风侧居住区的防护距离不宜小于 300 m,与其他方位居住区的卫生防护距离不宜小于 150 m。

(2)肉类、水产类等加工厂的冷藏库应布置在该加工厂洁净区内,并应在其污染区夏季最大频率风向的上风侧。

(3)食品批发市场的冷藏库应布置在该市场仓储区内,并应与交易区分开布置。

(4)地势较高、工程地质条件良好、周边无有害气体、灰沙、烟雾、粉尘等污染源。

3.2.3 冷藏库的组成

冷藏库是建筑群,主要由主体建筑和辅助建筑两大部分组成。按照构成建筑物的用途不同,主要分为冷加工间及冷藏间、生产辅助用房、生活辅助用房和生产附属用房四大部分(见图 3-11)[4]。冷加工间及冷藏间应满足生产工艺流程要

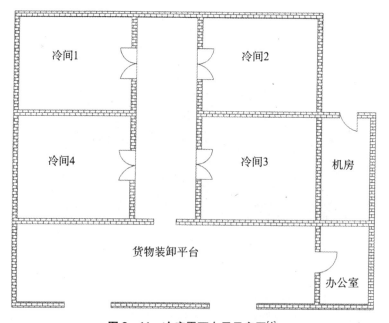

图 3-11 冷库平面布局示意图[4]

求,运输线路宜短,避免迂回和交叉。

1. 冷加工间及冷藏间

1) 冷却间

用于对进库冷藏或需先预冷后冻结的常温食品进行冷却或预冷。产品预冷后温度一般为 4℃左右。

2) 冻结间

是用来将需要冻结的食品由常温或冷却状态快速降至要求温度(如−18℃或−23℃)。为了便于冻结间的维修、扩建和定型配套以及延长主库的寿命,通常将冻结间移出主库而单独建造,中间用穿堂连接。

3) 冷却物冷藏间

也称高温冷藏间(高温库),主要用于贮藏鲜蛋、果蔬等食品。由于生鲜食品呼吸较强,对于有异味或者易串味的食品应设置单间。

4) 冻结物冷藏间

又称低温冷藏间或冻藏间(低温库),主要用于长期贮藏经冻结加工过的食品,如冻肉、冻果蔬、冻鱼等。在多层冷藏库结构中,冻结物冷藏间往往布置在一层或一层以上的库房内,冷却物冷藏间布置在地下室,则地坪不需采取防冻措施;在单层冷藏库结构中,冻结物冷藏间与其他温度区的建筑应合理分开,使冷区、热区界限分明。

5) 冰库

用以储存人造冰以解决需冰旺季和制冰能力不足的矛盾。在多层冷藏库结构中,把制冰间布置在顶层,有利于冰的入库和输出,制冰间的下层为储冰库,冰可通过螺旋滑道进入储冰库。

冷加工间及冷藏间(冷间)的设计温度和相对湿度,应根据各类食品冷加工或冷藏工艺要求确定,一般按 GB 50072—2010《冷库设计规范》推荐值选取,如表 3 - 9 所示。

表 3 - 9　冷间的设计温度和相对湿度[6]

冷间名称	温度/℃	相对湿度/%	适用食品范围
冷却间	0~4	—	肉、蛋等
冻结间	−18~−23	—	肉、禽、冰蛋、蔬菜、冰淇淋等
	−23~−30	—	鱼、虾等

（续表）

冷间名称	温度/℃	相对湿度/%	适用食品范围
冷却物冷藏间	0	85～90	冷却后的肉、禽
	−2～0	80～85	鲜蛋
	−1～1	90～95	冰鲜鱼、大白菜、蒜薹、葱头、胡萝卜、甘蓝、香菜、芹菜、莴苣、菠菜等
	0～2	85～90	苹果、梨等
	2～4	85～90	土豆、橘子、荔枝等
	7～13	85～95	柿子椒、菜豆、黄瓜、番茄、菠萝、柑等
	11～16	85～90	香蕉等
冻结物冷藏间	−15～−20	85～90	冻肉、禽、副产品、冰蛋、冻果蔬、冰棒等
	−18～−25	90～95	冻鱼、虾、冷冻饮品等
冰库	−4～−6		盐水制冰的块冰等

2. 生产辅助用房

1）装卸站台

分公路站台和铁路站台两种，供装卸货物用。公路站台高出回车场地面0.9～1.1 m，与进出最多的汽车高度相一致。它的长度按每1 000 t冷藏容量约7～10 m设置，其宽度由货物周转量的大小、搬运方法不同而定，一般公路站台宽度不宜小于5 m，而铁路站台宽度不宜小于7 m。为了遮阳和避雨，站台应设置罩棚。对于公路站台，罩棚前沿应超出站台边缘1 m，高度应满足冷藏车辆出入。对于封闭式站台，门洞数量应与货物吞吐量相适应，并应设置相应的冷藏门和连接冷藏车的密闭软门套。

2）穿堂

是运输作业和库房间联系的通道，一般分常温穿堂和低温穿堂两种，分属高、低温库房使用。目前，冷藏库中较多采用库外常温穿堂，将穿堂布置在常温环境中，通风条件好，改善了工人的操作条件，也能延长穿堂使用年限。

3）楼梯和电梯间

楼梯是生产工作人员上下的通道，电梯是冷藏库内垂直运输货物的设施。多层冷藏库均设有电梯，其大小、数量及设置位置视吞吐量及工艺要求而定，一般5 t型电梯运载能力，可按34 t/h；3 t型电梯运载能力，可按20 t/h；2 t型电梯运载能力，可按13 t/h计算。

4）过磅间

是专供货物进出库时工作人员司磅记数使用的房间。

3. 生活辅助用房

主要有生产管理人员的办公室或管理室,生产人员的工间休息室和更衣室,以及卫生间等。

4. 生产附属用房

主要指与冷藏库主体建筑有密切关系的生产用房。包括制冷机房、变配电间、水泵房、制冰间、整理间、氨库等。

3.2.4　冷藏库的隔热和防潮

为了减少外界热量侵入冷藏库,保证库内温度均衡,减少冷量损失,冷藏库外围的建筑结构必须敷设一定厚度的隔热材料。隔热保温是冷库建筑中一项十分重要的措施,冷库的外墙、屋面、地面等围护结构,以及有温差存在的相邻库房的隔墙、楼面等,均要作隔热处理。

实践证明,防潮层的有无及质量好坏对于围护结构的隔热性能起着决定性的作用,而且隔热防潮层设置得不合理,同样会对围护结构造成严重的后果。如果防潮层处理不当,那么不管隔热层采用什么材料或者厚度多大,都难以取得良好的隔热效果。若隔热层的性能差,还可以采取增加制冷装置的容量加以弥补;但若防潮层设计和施工不良,外界空气中的水蒸气就会不断侵入隔热层以至冷库内,最终将导致围护结构的损坏,甚至整个冷库建筑报废。

1. 隔热防潮的方法

当冷藏库建筑结构中热导率较大的构件(如柱、梁、板、管道等)穿过或嵌入冷库围护结构的隔热层时,形成冷桥。冷桥在构造上破坏了隔热层和隔气层的完整性与严密性,容易使隔热材料受潮失效。若墙、柱所形成的冷桥跑冷严重,还会引起地基、内隔墙墙基冻胀,危及冷库建筑安全。

在布置隔热防潮层时(主要是土建冷库),应注意以下因素:

(1) 合理布置围护结构的各层材料。把密实的材料层(材料的蒸气渗透系数小)布置在高温侧,热阻和蒸气渗透系数大的材料布置在低温侧,使水蒸气"难进易出"。

(2) 合理布置隔气层。对于能保证常年库温均低于室外温度的冷库,将隔气层布置在温度高的一侧;对于时停时开的高温库,则双面都设隔气层。

(3) 要保持隔气层的完整性,处理好接头。装配式冷库注意复合隔热板的缝隙拼接处。

(4) 做好相应的防水处理。

2. 常用的隔热材料与防潮材料

通常对低温隔热材料有以下要求:热导率小;吸湿性小;密度小,且含有均匀的微小气泡;不易腐烂变质;耐火性、耐冻性好;无臭、无毒;在一定的温度范围内具有良好的热稳定性;价格低廉,资源丰富。

低温隔热材料种类很多,按其组成可分为有机和无机两大类。表 3-10 列出一些常见低温隔热材料的物性。选用时应根据使用要求、围护结构的构造、材料的技术性能及其来源和价格等具体情况进行比较确定。

表 3-10　常见低温隔热材料的物性[1, 2]

材料名称	密度 ρ /(kg/m³)	热导率 λ/[W/(m·K)]	防火性能	蒸气渗透系数 μ/[g/(m·h·Pa)]	抗压强度 /Pa	设计计算时采用的热导率 λ'/[W/(m·K)]
聚苯乙烯泡沫塑料	20~50	0.029~0.046	易燃,耐热70℃	0.000 06	17.64×10⁴	0.046 5
聚氯乙烯泡沫塑料	45	0.043	离火即灭,耐热80℃		17.64×10⁴	0.046 5
聚氨酯泡沫塑料	40~50	0.023~0.029	离火即灭,耐热140℃		(1.96~14.7)×10⁴	0.029~0.035
沥青矿渣棉毡	<120	0.044~0.047	可燃	0.000 49		0.081
矿渣棉(一级)	100	0.044	可燃	0.000 49		0.081
矿渣棉(二级)	150	0.047	可燃	0.000 49		0.081
沥青膨胀珍珠岩块	300	0.081	难燃	0.000 08	1.96×10⁴	0.093
泡沫混凝土	<400	0.151	不燃	0.000 2		0.244
加汽混凝土	400	0.093	不燃	0.000 23	147×10⁴	0.163

3.3　冷藏库容量设计

3.3.1　冷藏库生产能力

1. 决定冷间容量的因素

冷却间或冻结间(生产性库房)的容量取决于:

(1) 每月最大的进货量,并应考虑到进货的不均衡情况;

（2）货物堆放形式；

（3）货物冷冻所需时间及货物装卸所需时间。

冷藏间或冻藏间（贮藏性库房）的容量取决于：

（1）冷却间或冻结间的生产能力；

（2）货物堆放形式；

（3）贮藏时间。

2. 冷却间、冻结间生产能力计算

1）设有吊轨的冷却间和冻结间

$$G = Lgn = Lg\frac{24}{t} \tag{3-2}$$

式中，G 为冷却间、冻结间每昼夜生产能力，单位为 kg；L 为吊轨有效载货长度，单位为 m；g 为吊轨单位长度净载货量，单位为 kg/m；n 为一昼夜内冷加工周转次数，一般取 1，1.5，2，…；t 为周转一次所需的时间，单位为 h。

吊轨单位长度净载货量 g 参考表 3-11 取值[6, 1]。

表 3-11　吊轨单位长度净载荷货物

货物名称	输送方式	单位长度净载荷/(kg/m)
猪胴体[6]	人工推送	200～265
	机械传送	170～210
牛胴体[6]	人工推送(1/2 胴体)	195～400
	人工推送(1/4 胴体)	130～265
羊胴体[6]	人工推送	170～240
鱼类[1]		(15 kg 盘装)400
		(20 kg 盘装)540
虾类[1]		270

2）设有搁架的冷却间、冻结间

$$G = Fgn = Fg\frac{24}{t} \tag{3-3}$$

式中，G 为冷却间、冻结间每昼夜生产能力，单位为 kg；F 为搁架有效载货面积，单位为 m²；g 为搁架每平方米载货量，以盘子规格 600×400×120 mm³ 装货 15～20 kg 计算，搁架载货量为 60～80 kg/m²；n 为一昼夜内冷加工周转次数，一般取 1，1.5，2，…；t 为周转一次所需的时间，单位为 h。

3.3.2 冷藏库的贮藏吨位

冷藏库内所有冷藏间、冻藏间的容量总和(有的也包括储冰间的容量),称为冷藏库贮藏吨位数。

随着贮藏食品的计算密度和所采用的包装物的不同,同等容积冷藏库的贮藏吨位也不一样。冷藏库贮藏吨位可用式(3-4)计算。

$$G = \frac{\sum V_i \rho \eta}{1\,000} = \frac{V \rho \eta}{1\,000} \qquad (3-4)$$

式中,G 为冷藏库贮藏吨位,单位为 t;V_i 为冷藏间公称容积,单位为 m^3;ρ 为食品的计算密度,单位为 kg/m^3;η 为容积利用系数。

食品的计算密度和容积利用系数可分别参考表 3-12、表 3-13 所示的值。

表 3-12　食品的计算密度[6]

食品名称	计算密度/(kg/m³)	食品名称	计算密度/(kg/m³)
冻肉	400	鲜蔬菜	230
冻分割肉	650	篓装、箱装鲜水果	350
冻鱼	470	冰蛋	700
篓装、箱装鲜蛋	260	机制冰	750

注:同一冷库如果同时存放猪、牛、羊肉(包括禽兔)时,密度可按 400 kg/m³ 确定;当只存放冻羊腔时,密度应按 250 kg/m³ 确定;只存放冻牛、羊肉时,密度应按 330 kg/m³ 确定;其他按实际密度取值。

表 3-13　冷藏间、储冰间容积利用系数[6]

冷藏间公称容积/m³	容积利用系数 η	储冰间净高/m	容积利用系数 η
500~1 000	0.40	≤4.2	0.40
1 001~2 000	0.50	4.21~5.00	0.50
2 001~10 000	0.55	5.01~6.00	0.60
10 001~15 000	0.60	>6.00	0.65
>15 000	0.62		

3.4　冷藏库冷负荷计算

3.4.1　冷负荷计算[6, 1, 2]

根据热量进入冷间的不同途径,可将冷负荷分为 5 个部分:

$$Q = Q_1 + pQ_2 + Q_3 + Q_4 + Q_5 \qquad (3-5)$$

式中,Q 为库房冷却设备负荷,单位为 W;Q_1 为围护结构热量,单位为 W;Q_2 为货物热量,单位为 W;Q_3 为库房内通风换气热量,单位为 W;Q_4 为库房内电动机运转热量,单位为 W;Q_5 为操作热量(操作工人、库内照明用电、叉式堆垛机以及开门损失等),单位为 W;p 为负荷系数,冷却间、冻结间和货物不经过冷却直接进入冷藏间的货物,负荷系数取 1.3,其他取 1.0。

1. 围护结构传热量 Q_1

通过围护结构的热量主要指通过墙壁、楼板、屋顶及地坪的传热量和太阳辐射引起的热量。

$$Q_1 = AK(T_w - T_n)n \qquad (3-6)$$

式中,A 为围护结构的传热面积,m^2;K 为围护结构的传热系数,$W/(m^2 \cdot K)$;T_w,T_n 为围护结构外、内侧的计算温度(包括地坪),K;n 为围护结构内外温度差的修正系数,其值主要取决于维护结构外侧的环境条件,围护结构的热特性指标以及库房的特性等。

关于 T_w,T_n,n 的取值及 K 的计算,可查阅 GB 50072—2010《冷库设计规范》。

2. 货物热量 Q_2

货物热量的计算包括 4 项内容:食品放热量;食品包装材料和承载工具的放热量;食品冷加工过程的呼吸热;食品冷藏过程中的呼吸热。在工程设计时,一般均以食品冷加工或贮藏前后的焓差、温度差或果蔬的呼吸热平均值作为计算基础。

$$Q_2 = Q_{2a} + Q_{2b} + Q_{2c} + Q_{2d}$$
$$= \frac{1}{3.6}\left[\frac{G(h_1 - h_2)}{t} + G\xi\frac{(T_1 - T_2)C_p}{t}\right] + \frac{G(q_1 + q_2)}{2} + (G_s - G)q_2$$
$$(3-7)$$

式中,Q_{2a} 为食品放热量,W;Q_{2b} 为包装材料和运载工具热量,W;Q_{2c} 为食品冷却时的呼吸热,W;Q_{2d} 为食品冷藏期间的呼吸热,W;G 为冷间每天进货量,kg;h_1、h_2 为食品进出冷间的焓值 kJ/kg,可根据食品的品种和初、终温度查本书第 5 章的食品焓值表 5-3;t 为食品冷加工时间,h;ξ 为食品包装材料和运载工具的重量系数,如表 3-14 所示;C_p 为包装材料或运载工具的比热容,kJ/kg·K,如表 3-15所示;T_1 为包装材料或运载工具进入冷间时的温度,K;T_2 为包装材料或运载工具在冷间内降温终止时的温度，一般为库房设计温度，K；q_1，q_2 为鲜果、蔬菜冷却初始、终止温度时的呼吸热，W/kg，如表 3 - 16 所示；G_s 为冷却物冷藏间的冷藏量，kg。

表 3 - 14　食品包装材料或运载工具的重量系数[9]

食品包装运载方式	重量系数 ξ	食品包装运载方式	重量系数 ξ
肉、鱼类冷藏	0.1	肉类、鱼类、冻蛋类（吊笼式）	0.6
猪肉冷却和冻结（单轨叉挡式）	0.1	鲜蛋类	0.25
猪肉冷却和冻结（双轨叉挡式）	0.3	鲜水果	0.25
肉类、鱼类、冻蛋类（搁架式）	0.3	鲜蔬菜	0.25

表 3 - 15　食品包装材料的比热容[1]

包装材料名称	木板类	铁皮类	玻璃容器类	纸类	竹器类	布类
C_p/(kJ/(kg·K))	2.51	0.42	0.84	1.47	1.51	1.21

表 3 - 16　部分水果、蔬菜呼吸热[9]

名称	温度/℃	呼吸热/(W/kg)	名称	温度/℃	呼吸热/(W/kg)
苹果	0	0.008～0.010 7	香蕉（青）	10.2	0.042 9
	4.4	0.013 3～0.021 2	香蕉（熟）	20	0.039 1
	15.6	0.053 1～0.078 9	香蕉（已熟）	20	0.112
	29.4	0.078 9～0.185 6			
梨	0	0.008～0.010 7	刀豆	0	0.079 5～0.084 1
	15.6	0.106～0.160		4.44	0.124 7～0.155 7
				15.6	0.438 8～0.604 1
桃	1.7	0.018 6～0.023 7	花菜	0	0.043 5
	15.6	0.053 1～0.160		4.44	0.158 6
	26.7	0.185 6～0.266		15.6	0.462 0
橘子	1.7	0.005 3	胡萝卜	0	
	15.6	0.021 2		4.44	0.016 9
	26.7	0.039 9		15.6	
土豆	0	0.005 3～0.013 3	芹菜	0	0.022 0
	10	0.010 7～0.021 2		4.44	0.033 1
	21.1	0.026 6～0.042 6		15.6	0.053 1
洋葱	0	0.008～0.013 3	玉米	0	0.088 7
	10	0.021 2～0.024 4		4.44	0.128 1
	21.1	0.037 2～0.050 5		15.6	0.524 3

名称	温度/℃	呼吸热/(W/kg)	名称	温度/℃	呼吸热/(W/kg)
黄瓜	0	0.023 1	豌豆	0	0.111 4
	4.44	0.034 8		4.44	0.179 8
	15.6	0.193 7		15.6	0.537 1
番茄	0	0.013 9	莴苣	0	0.154 3
	4.44	0.017 2		4.44	0.218 1
	15.6	0.076 9		15.6	0.628 7
蘑菇	0	0.084 1	草莓	0	0.045 2
	4.44	0.3		4.44	0.094 0
	15.6	0.780 7		15.6	0.182 1

3. 库房内通风换气的热量 Q_3

贮藏水果和蔬菜的冷却物贮藏间，为排除果蔬呼吸过程放出的 CO_2、乙烯等气体和贮藏异味，必须适当地进行通风换气。对有人工作的低温车间，为保证工作环境的空气质量，也要进行通风换气。在换气过程中，外界空气会引起冷间内温湿度的变化，此换热量可按下式计算：

$$Q_3 = Q_{3a} + Q_{3b}$$
$$= \frac{1}{3.6}\left[\frac{(h_w - h_n)nV\rho_n}{24} + 30N\rho_n(h_w - h_n)\right] \tag{3-8}$$

式中，Q_{3a} 为冷间换气热量，W；Q_{3b} 为工作人员需要新鲜空气热量，W；h_w、h_n 为室内、外空气的焓值，kJ/kg；n 为每日换气次数，一般取 2～3 次；V 为冷间的内净容积，m^3；ρ_n 为冷间空气的密度，kg/m^3；30 为工作人员每人每小时需要补充的新鲜空气量，m^3/h；N 为冷间的工作人员数，可按具体要求而定。

4. 电机运行热量 Q_4

$$Q_4 = \sum N\xi\phi \times 10^3 \tag{3-9}$$

式中，N 为电动机的额定功率，kW；ξ 为热转化系数，冷库内的电动机 $\xi = 1$；冷库外的电动机 $\xi = 0.75$；ϕ 为电机运转时间系数，冷风机配用的电动机取 1，冷间其他设备配用的电动机按实际情况而定，一般可按每昼夜运行 8 小时，即 $\phi = 8/24 = 0.33$。

5. 操作管理冷负荷

这部分热量主要包括：库房内照明热量，出入库房时开启冷藏门冷负荷以及

操作人员散发热量等 3 部分,即

$$Q_5 = Q_{5a} + Q_{5b} + Q_{5c}$$

$$= q_a F + 0.277\,8\,\frac{Vn(h_w - h_n)M\rho_n}{24} + \frac{3}{24}Nq_r \qquad (3-10)$$

式中,Q_{5a} 为照明热量,W;Q_{5b} 为开门热量,W;Q_{5c} 为工作人员热量,W;q_a 为冷间每平方米地板面积照明热量,W/m²,冷藏间可取 $q_a = 1.7 \sim 2.3\,W/m^2$,加工间、包装间可取 $q_a = 5.8\,W/m^2$;F 为冷间地板面积,m²;V 为冷间内净容积,m³;n 为每日开门换气次数,与库内容积有关,可从图 3-12 查取;M 为空气幕效率修正系数,可取 0.5,不设空气幕时 $M = 1$,若既有空气幕又有塑料帘,M 应取更小值;3/24 为工人每日工作时间系数;N 为工作人员数量,一般按冷库公称容积每 250 m³ 增加一人计;q_r 为每个工作人员每小时的放热量,库温高于或等于 $-5\,℃$时,取 $q_r = 280\,W$;库温低于 $-5\,℃$时,取 $q_r = 395\,W$。

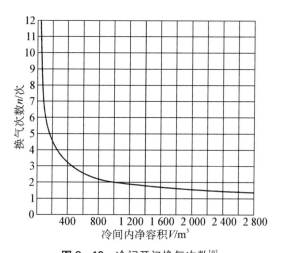

图 3-12　冷间开门换气次数[9]

3.4.2　冷间设备负荷与机械负荷

在获得冷库各项耗冷量的基础上,可分别根据式(3-5)和式(3-11)计算库房冷却设备负荷 Q_q 和机械负荷 Q_j,冷却设备负荷和机械负荷是冷却设备和压缩机选型的依据。

$$Q_j = R\left(n_1 \sum Q_1 + n_2 \sum Q_2 + n_3 \sum Q_3 + n_4 \sum Q_4 + n_5 \sum Q_5\right) \quad (3-11)$$

式中，R 为制冷装置的管道和设备等冷量损耗补偿系数，一般直接冷却系统取 1.07；间接冷却系统取 1.12；n_1 为围护结构传热量的季节修正系数，如表 3-17 所示，当冷库全年生产无淡旺季区别时，该系数取 1；n_2 为机械负荷折减系数。一般情况下，冷却物冷藏间取 0.3～0.6；冻结物冷藏间取 0.5～0.8；冷加工间和其他冷间取 1.0；n_3 为同期换气系数，一般取 0.5～1.0；n_4 为冷间内电动机同期运转系数，如表 3-18 所示；n_5 为冷间同期操作系数，如表 3-18 所示。以上系数详细取值可参照《冷库设计规范》。

表 3-17 1～12 月冷库季节修正系数 n_1 值[6]

北纬度	库温/℃	1	2	3	4	5	6	7	8	9	10	11	12
≥40	0	−0.70	−0.50	−0.10	0.40	0.70	0.90	1.00	1.00	0.70	0.30	−0.10	−0.50
	−18	−0.02	0.10	0.33	0.64	0.82	0.93	1.00	1.00	0.82	0.58	0.33	0.10
35～40	0	−0.30	−0.20	0.20	0.50	0.80	0.90	1.00	1.00	0.70	0.50	0.10	−0.20
	−18	0.22	0.29	0.51	0.71	0.89	0.93	1.00	1.00	0.82	0.71	0.38	0.29
30～35	0	0.10	0.15	0.33	0.53	0.72	0.86	1.00	1.00	0.83	0.62	0.41	0.20
	−18	0.42	0.46	0.56	0.70	0.82	0.90	1.00	1.00	0.88	0.76	0.62	0.48
25～30	0	0.18	0.23	0.42	0.60	0.82	0.88	1.00	1.00	0.87	0.65	0.45	0.26
	−18	0.49	0.51	0.63	0.76	0.88	0.92	1.00	1.00	0.92	0.78	0.65	0.53
≤25	0	0.44	0.48	0.63	0.79	0.94	0.97	1.00	1.00	0.93	0.81	0.65	0.40
	−18	0.65	0.67	0.77	0.88	0.96	0.98	1.00	1.00	0.96	0.88	0.79	0.69

注：纬度区间含下限纬度。

表 3-18 冷间内电动机同期运转系数和冷间同期操作系数[6]

冷间总间数	n_4 或 n_5
1	1
2～4	0.5
≥5	0.4

注：(1) 冷却间、冷却物冷藏间、冻结间 n_4 取 1.0，其他冷间按本表取值。
(2) 冷间总间数应按同一蒸发温度且用途相同的冷间间数计算。

3.4.3 小型服务性冷库冷间设备负荷与机械负荷

小型服务性冷库主要指机关、学校、工厂、宾馆、商店等非物流企业用于食品或者半加工产品临时存放或者周转的冷库。这类冷库容积小、存放物品杂、人员和货物进出频繁，因此，冷库温度波动较大。由于库内较少有工作人员（或者短时间停留）和操作设备，且库门频繁开启，一般不需要通风换气。

1. 小型服务性冷库冷间冷却设备负荷 Q_s

$$Q_s = Q_1 + pQ_2 + Q_4 + Q_{5a} + Q_{5b} \qquad (3-12)$$

式中，Q_s 为小型服务性冷库冷间冷却设备负荷，W；Q_1 为围护结构热量，W，如果小型服务性冷库建在室内，注意修正环境参数与一般室外冷库的差别（例如，可不计太阳辐射热）；Q_2 为货物热量，W；Q_4 为库房内电动机运转热量，W；Q_{5a} 为照明热量，W；Q_{5b} 为开门热量，W；p 为负荷系数，冷却间、冻结间和货物不经过冷却直接进入冷藏间的货物，负荷系数取 1.3，其他取 1.0。

2. 小型服务性冷库冷间机械负荷 Q_{sj}

$$Q_{sj} = \left(\sum Q_1 + n_2 \sum Q_2 + n_4 \sum Q_4 + n_5 \sum Q_{5a} + n_5 \sum Q_{5b} \right) 24R/t$$

$$(3-13)$$

式中，R 为制冷装置的管道和设备等冷量损耗补偿系数；n_2 为机械负荷折减系数，一般情况下，冷却物冷藏间取 0.6；冻结物冷藏间取 0.5；其他冷间取 1.0；n_4 为冷间内电动机同期运转系数，如表 3-18 所示；n_5 为冷间同期操作系数，如表 3-18 所示；t 为制冷机组每日工作时间，一般取 12~16 h。

3.4.4　小型冷藏库冷负荷估算方法

表 3-19　小型冷藏库单位容量制冷负荷估算表[9]

冷藏间容量/t	冷间温度/℃	单位容量制冷负荷/（W/t）	
		冷却设备负荷	机械负荷
肉、禽、水产品			
<50		390	320
50~100	−15~−18	300	260
100~200		240	190
200~300		164	140
水果、蔬菜			
<100	0~2	390	350
100~300	0~2	360	320
鲜　蛋			
<100	0~2	320	290
100~300	0~2	280	250

注：(1) 本表内机械负荷，已包括管道等冷损耗补偿系数 7%；

(2) −15~−18℃冷藏间进货温度−5℃，进货量按 10% 计。

3.5 冷间冷却装置

3.5.1 冷却间

食品种类不同,冷却间内的冷却方式也不同。屠宰后的牲畜胴体是食品行业主要冷却对象,一般要求在 20 h 左右从 35～37℃降到 0～5℃,以保证肉品质量。一般采用落地式冷风机,配大口径的出风口送风,冷风机可按 1 kW 冷负荷配 0.143～0.167 m³/s 的风量。冷风气流沿吊轨上面吹向房间末端,再折向吊轨下面,从悬挂的胴体间流过而使其冷却。经热交换后的空气又回到冷风机下面的进风口,完成一次循环。冷却间的空气循环次数为 50～60 次/小时,胴体间的空气流速达 1～2 m/s,加大胴体间的风速,虽能提高冷却速度,但干耗会相应地增加。据测定,在相同的温度下,将胴体后腿间的风速从 1.9 m/s 提高到 3 m/s,会引起附加的重量损失约 25%,同时由于风速的增加,也增大了空气流动的阻力,增加了电耗,因此,过度地增加冷却间的空气循环量是不经济的。图 3‑13 所示为冷却间设备布置示意图。

某些冷藏库的冷却间已试用低温快速冷却的方法。冷却室内温度采用

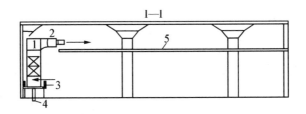

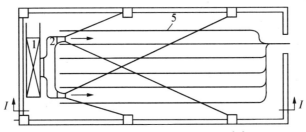

图 3‑13 冷却间设备布置示意图[10]

1—翅片管冷风机(带淋水装置);2—吹风口;3—水盘;
4—排水管;5—吊轨

−10℃,胴体在低温下冷却时,表面很快形成一个"冰壳",大大减少了冷却过程中的干耗,同时由于冰的热导率大约为水的 4 倍,从而加速了冷却速度,提高了冷却效果。

对于贮藏果蔬、鲜蛋的冷却间,应采用冷风机(电动机为双速)和风道两侧送风,使冷间气流均匀,不让食品发生冻结。为了避免风量过大引起食品干耗严重和耗电过大,风速宜保持在 0.75 m/s 为好。

3.5.2　冻结间

为了提高冻结速率,冻结间广泛采用了强制空气循环方式,与自然空气对流相比,这种方法大大地缩短了冻结时间,国际上对冻结间工艺的要求趋向低温快速,冻结间温度采用−40～−35℃,空气流速采用 2～4 m/s,有的甚至采用更大的气流速度,但流速也不能过大,否则会加大干耗和电耗,达不到经济性运行的标准。

根据冻结方式的不同,冻结间可以分为以下几种不同的形式。

1. 空气自然对流冻结间

如图 3-14 所示,这种冻结间建筑面积一般为 75～160 m²,净高 4.5～5 m,每间容量 14.5～33.5 t,冻结间温度为−23～−18℃。冷间内制冷用的光滑墙管和光滑顶管用无缝钢管制作。顶管固定在吊轨梁上或楼板上,墙管沿外墙布置,也有在两吊轨中间的下部安装排管,排管的表面积根据冷负荷计算求得。

图 3-14　空气自然对流冻结间示意图

2. 空气强制循环冻结间

按照空气流向和冷风机型式分为纵向吹风、横向吹风和吊顶式冷风机 3 种。

1) 纵向吹风冻结间

在冻结间一端装置冷风机,吊轨上面铺设吊顶,吊顶与平顶间形成风道供空气流通。吊顶有两种不同的开孔形式(见图 3-15):一种是在端头留孔,空气沿吊顶吹到房间的另一端。这种形式空气流通距离长,前后食品冻结不均匀,所以房

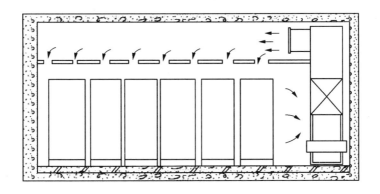

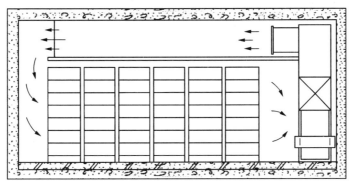

图 3-15 纵向吹风冻结间[10]

间长度不能太长,一般为 12～15 m;另一种是在吊顶上沿吊轨方向开长孔,这种形式被冻结的食品都能吹到冷风,出口孔的宽度一般为 30～50 mm,靠近冷风机的孔要大一些,为 60～70 mm。

这种冻结间的房间宽度一般为 6 m,长度为 12～18 m,冻结能力 15～20 t/24 h,室温 −23℃,冻结时间 20 h。

该冻结间的优点:冷风机台数少,耗电少,系统简单,投资少。缺点:空气流通距离长,室内温度不均匀,不宜冻结吊装或小车装的盘装食品。

2) 横向吹风冻结间

在冻结间一侧装置冷风机,吊轨上面铺设吊顶,吊顶上沿轨道方向开长孔(见图 3-16),开孔方法同纵向吹风冻结间。

这种冻结间宽度为 3～7 m,长度不受限制,室温−23～−30℃,冻结时间为 10～20 h,房间宽度为 3 m 时适合冻鱼和家禽,宽度为 6～7 m 时适合冻结猪、羊、牛白条肉。

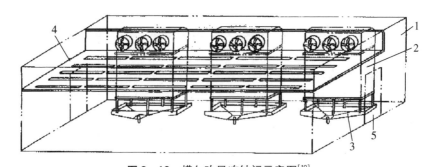

图 3-16　横向吹风冻结间示意图[10]

1—冻结间；2—冷风机；3—冷风机水盘；4—吊顶；5—门

该冻结间的优点:空气流通距离短,库内温度均匀,冻结速度快,便于冷风机定型。缺点:冷风机台数多,耗电量较大,系统较复杂,投资增加。

3) 吊顶式冷风机冻结间

在冻结间的顶部装设吊顶式冷风机,房间宽度一般为 3~6 m,长度不受限制,既适于冻结盘装鱼、家禽等块状食品,也可冻结白条肉。室温-23~-30℃,冻结时间为 10~20 h。该装置如图 3-17 所示。

该冻结间的优点:节省建筑面积,库温均匀。缺点:冷风机台数多,系统复杂,维修不方便。

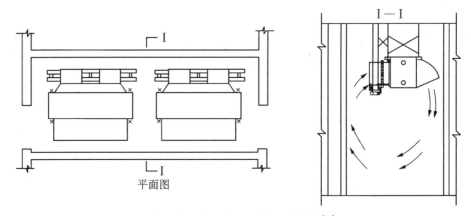

图 3-17　吊顶式吹风冻结间示意图[10]

3. 搁架式冻结间

冷却设备采用搁架排管(可在每层盘管上加铺 0.6~1.0 mm 厚的薄钢板,并保持钢板表面的平整和与盘管贴合紧密),食品放入盘内置于搁架上,让食品与蒸发器直接接触,加强换热强度,加快冻结速度,所以也叫做半接触式冻结间。根据生产能力的大小和冻结食品的工艺要求,可采用空气自然循环和空气强制循环两种空气冷却方式。如果冷间内搁架排管的冷却面积不足时,还需增设顶排管,如图3-18所示。

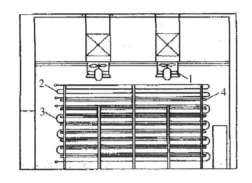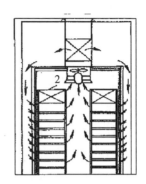

图3-18 吹风式搁架排管冻结间示意图[10]

1—轴流通风机;2—顶管;3—搁架式排管;4—出风口

搁架式排管一般设置于冻结间或小型冷藏库的冷藏间内,对鱼类、家禽、野味和小水产以及冰棒、冰淇淋等食品进行冻结和硬化。冻结时间视水平厚度和包装形式而变化,如果库温-18~-23℃,无吹风的一般为36~72 h,吹风式的一般为20~48 h。

搁架式排管冻结间的优点:容易制作,节省用电,不需要维修。缺点是劳动强度大。

3.5.3 冷却物冷藏间

冷却物冷藏间(常称为高温库)贮存的绝大部分都是新鲜的蛋品、果蔬以及冷鲜肉,要求库内各区域的温度差应尽可能小,以免食品冻坏;同时由于食品在冻结点以上,对于果蔬产品,其呼吸过程并未停止,热湿交换比低温时大,因此要采用强制空气循环才能使冷空气比较均匀地分布于食品货堆之间。但气流速度不能太大,一般在 0.3~0.5 m/s 之间,过大的风速将增加食品的干耗。

由于到货的不均匀性或在食品上市旺季,有的食品可能不经冷却而直接送入冷却物冷藏间,为了防止库温波动过大,不经冷却直接进库的食品量一般按库容量的 5% 操作。

冷藏果蔬时,须考虑通风换气,以排除库内的 CO_2 和有害气体。换气时要尽量避免进入的外界空气在食品表面上结露。吸风口和排风口要布置得当,一般情况下,冷间的排风口距地面约 0.5 m,排风口应有保温和关闭装置。吸风口要设置在冷间外面洁净的地方,高出地面 2 m 以上。若吸、排风口位于冷间的同一侧,吸风口应高出排风口 1 m 以上,吸风口布置在全年主导风向的上侧,吸排风口的水平距离不能小于 4 m,排风管应坡向室外,冷间内的进风管应坡向冷风机进行降温除湿,风管最低点应有排水设施。

由于空气冷却器的运行,冷间的空气被除湿,如果贮藏需要湿度较高的果蔬时,为防止果蔬干缩萎蔫,冷间必须设计加湿装置。加湿装置一般布置在送风道的末端,悬于高处,其类型有蒸气加湿和水加湿两种,后者利用高压空气流将水雾化后喷入冷间进行加湿,不可直接将水洒在食品上,以防食品腐烂。

肉类冷却后如果不进一步冻结,应迅速放入冷藏间,可进行短期贮藏或运输,也可完成肉的成熟作用。冷藏间温度一般在 -1~$+1$℃之间,相对湿度在 85%~90% 之间为宜(具体参数可参照表 3-24,2014 年 12 月 1 日开始实施的 GB/T 30134—2013《冷库管理规范》)。如果温度低,湿度可以增大一些以减少干耗。表 3-20 是国际制冷学会第四委员会对冷却肉冷藏的推荐条件,此冷藏期是在严格执行卫生条件下的时间,在实际冷藏中,放置 5 d 后即应每天对肉进行质量检测。

表 3-20　肉类冷藏条件和贮藏期[3, 8]

品名	温度/℃	相对湿度/%	冷藏期
牛肉	-1.5~0	90	4~5 周
小牛肉	-1~0	90	1~3 周
羊肉	-1~1	85~90	1~2 周
猪肉	-1.5~0	85~90	1~2 周
内脏	-1~0	75~80	3 日
兔肉	-1~0	85	5 日

3.5.4 冻结物冷藏间

冻结物冷藏间用来贮藏已冻结的食品,要求贮藏温度不高于-18℃,相对湿度维持在95%左右。表3-21是1990年1月1日开始实施的《冷库管理规范(试行)》(商业部(89)商副字第153号)中部分冻结食品的冷藏温度与保质期,与GB/T 30134—2013规范比较,具体的保质期不再列入规范内容,而是应该根据食品质量与卫生要求确定保质期,表3-21内容仅供读者参考。

对于无包装材料的食品,为了降低干耗,冷藏间内只允许微弱的空气自然循环。为此,在冻结物冷藏间内一般采用墙排管和顶排管,由于冷空气密度较大,经排管冷却后的空气不断下降,与食品进行热交换后,密度变小而不断上升,形成空气的自然对流,使库内温度比较均匀。

顶排管布置要求顶管上层管中心线离平顶的间距,光滑管不小于250 mm,翅片管不小于300 mm,单层和多层冷藏库的顶层,可将顶管铺开布置,多层冷藏库顶层以外的库房,为了便于将冲霜时的水集中在走道上,可将顶管布置在走道上面。墙排管应设置在靠外墙一边,离地面较高处,墙管的中心线与墙壁的间距,光滑管应不小于150 mm,翅片管不小于200 m(见表3-22)。

表3-21 商品储藏保质期[11]

商品名称	库房温度/℃	保质期/月
带皮冻猪白条肉	-18	12
无皮冻猪白条肉	-18	10
冻分割肉	-18	12
冻牛羊肉	-18	11
冻禽、冻兔	-18	8
冻畜禽副产品	-18	10
冻鱼	-18	9
鲜蛋	-1.5~-2.5 (相对湿度80%~85%)	6~8
冰蛋(听装)	-18 (相对湿度80%~85%)	15

注:超期商品经检验后才能出库。

对于有包装材料的食品,冷藏间可采用冷风机,设或不设风道,冷空气在冷间内强制循环,使室内温度均匀,可及时将外界传入冷间的热量排除。这种设计便于安装和操作维修,融霜十分方便,是目前冷藏库常用的形式。

3.6　冷藏库管理

1989 年 12 月 21 日由商业部颁发《冷库管理规范（试行）》，于 1990 年 1 月 1 日开始实施（以下简称试行规范）。2013 年 12 月 17 日由国家质量监督检验检疫总局、国家标准化管理委员会联合发布《冷库管理规范》（GB/T 30134—2013），并于 2014 年 12 月 1 日开始实施（以下简称正式规范）。从试行到正式规范，在内容方面有较大调整。《试行规范》更多地从食品工艺角度强调库房内的管理，在操作与质量评价等方面有比较具体的指标。《正式规范》突出了制冷系统、给排水系统和电气系统的维护与管理（类似于制冷工操作细则），突出了信息记录和管理，在库房与食品管理方面很少有具体的约束指标，而是以国家有关食品质量与安全标准为准绳。这种调整是基于 20 余年《试行规范》的实践经验以及现代化冷库在我国快速发展的需求背景，也是基于我国冷库近些年发生的一些重特大安全事故的经验和教训。

下面对《试行规范》和《正式规范》从食品管理角度做简要讨论。

3.6.1　冷库管理的一般要求[12]

在冷库管理一般要求中，《正式规范》更明确突出特种工的持证上岗和事故应急预案与演练问题。例如：

（1）冷库管理人员，应具备一定的专业知识和技能；特种作业人员（电梯工、制冷工、叉车工、电工、压力容器操作工等）应根据《特种设备安全监察条例》和国家相关规定持证上岗；库房作业人员，应具有健康合格证，经培训合格后，方能上岗。

（2）冷库生产经营企业，应建立安全生产制度、岗位责任制度、各项操作规程；应建立事故应急救援预案，并定期演练。

（3）冷库生产经营企业，宜建立食品质量管理体系、HACCP 体系、职业健康安全管理体系、环境管理体系和库存管理信息系统。

3.6.2　商品与库房使用管理

关于该部分内容，《正式规范》与《试行规范》差别较大，《正式规范》制订的要求更具有一般性，试行中许多具有约束性的参数不再出现，这一点可从以下内容得到体现。

（1）冷库是用隔热材料建成的，具有怕水、怕潮、怕热气、怕跑冷的特性，要把好冰、霜、水、门、灯五关。冷库内严禁多水性作业[11]。《正式规范》要求，严禁带水作业，并增加了"注意防止制冷剂泄漏"[12]。

（2）穿堂和库房的墙、地、门、顶等都不得有冰、霜、水，如有则要及时清除[11, 12]。

（3）库内排管和冷风机要及时扫霜、冲霜，以提高制冷效能。冲霜时必须按规程操作，冻结间至少要做到出清一次库，冲一次霜。冷风机水盘内和库内不得有积水[11]。

（4）没有经过冻结的货物，不准直入冻结物冷藏间，以保证商品质量，防止损坏冷库[11]。《正式规范》要求，应对入库食品进行准入审核，合格后入库，并做好入库时间、品种、数量、等级、质量、温度、包装、生产日期和保质期等信息记录[12]。

（5）空库时，冻结间和冻结物冷藏间应保持在 $-5℃$ 以下，防止冻融循环。冷却物冷藏间应保持在 $0℃$ 以下，避免库内滴水受潮[11]。对此条款，《正式规范》明确为土建库，并仅对冻结间和冻结物冷藏间要求保持在 $-5℃$ 以下[12]。

（6）冷库必须合理利用仓容，不断总结、改进商品堆垛方法，安全、合理安排货位和堆垛高度，提高冷库利用率。堆垛要牢固、整齐，便于盘点、检查、进出库。库内货位堆垛要求如表 3-22 所示[11]。优先推荐使用标准托盘（1 200 mm × 1 000 mm）或者（1 100 mm × 1 100 mm）[12]。

表 3-22　货物堆放距离[11, 12]

距离定义	距离尺寸/m	距离定义	距离尺寸/m
距冻结物冷藏间顶棚	≥0.2	距无排管的墙	≥0.2
距冷却物冷藏间顶棚	≥0.3	距墙排管外侧	≥0.4
距顶排管下侧	≥0.3	距冷风机周围	≥1.5
距顶排管横侧	≥0.2	距风道	≥0.2

（7）为保证商品质量，冻结、冷藏商品时，必须遵守冷加工工艺要求。商品深层温度必须降低到不高于冷藏间温度 $3℃$ 时才能转库，如冻结物冷藏间库温为 $-18℃$，则商品冻结后的深层温度必须达到 $-15℃$ 以下。长途运输的冷冻商品，在装车、船时的温度不得高于 $-15℃$。外地调入的冻结商品，温度高于 $-8℃$ 时，必须复冻到要求温度后，才能转入冻结物冷藏间[11]。

（8）根据商品特性，严格掌握库房温度、湿度。在正常情况下，冻结物冷藏间一昼夜温度升降幅度不得超过 1℃,冷却物冷藏间不得超过 0.5℃。在货物进出库过程中,冻结物冷藏间温升不得超过 4℃,冷却物冷藏间不得超过 3℃[11]。《正式规范》要求:在库房内适当位置设置至少一个温度测量装置,冻结物冻藏间的温度测量误差不大于 1℃,冷却物冷藏间的温度测量误差不大于 0.5℃。如需要测量湿度,相对湿度测量误差不大于 5%。温湿度测量位置应该能够反映冷藏间的平均温湿度[12]。值得注意的是,正式规范强调的是测量误差,而不是冷藏间温度偏差。

(9) 对于库存商品,要严格掌握储存保质期限,定期进行质量检查,执行先进先出制度[11, 12]。如发现商品有变质、酸败、脂肪发黄现象时,应迅速处理[11]。

(10) 鲜蛋入库前必须除草,剔除破损、裂纹、脏污等残次蛋,并在过灯照验后,方可入库储藏,以保证产品质量。鲜蛋在出库上市之前,应该在库内逐渐升温,直至蛋温低于库外温度 3～5℃为止。否则,鲜蛋出库后将在蛋体表面上结露,使鲜蛋质量迅速下降[11]。

(11) 下列商品要经过挑选、整理或改换包装,否则不准入库[11]:

a. 商品质量不一、好次混淆者。

b. 商品污染和夹有污物。

c. 肉制品和不能堆垛的零散商品,应加包装或冻结成型后方可入库。

(12) 下列商品严禁入库[11]:

a. 变质腐败、有异味、不符合卫生要求的商品。

b. 患有传染病畜禽的肉类商品。

c. 雨淋或水浸泡过的鲜蛋。

d. 用盐腌或盐水浸泡,没有严密包装的商品,流汁、流水的商品。

e. 易燃、易爆、有毒、有化学腐蚀作用的商品。

(13) 供应少数民族的商品和有强挥发气味的商品应设专库保管,不得混放[11, 12]。

(14) 要认真记载商品的进出库时间、品种、数量、等级、质量、包装和生产日期等。要按垛挂牌,定期核对账目,出一批清理一批,做到账、货、卡相符[11, 12]。

3.6.3 冷库卫生管理

《正式规范》中冷库卫生管理没有单独列出,仅在冷库基本要求中列出:食品生产经营企业应保持区域内清洁卫生,库房及加工间应定期消毒,冷藏间应至少每年消毒一次,所使用的消毒剂应无毒无害、无污染[12]。

(1) 冷库工作人员要注意个人卫生,定期进行身体健康检查,发现有传染病者应及时调换工作。

(2) 库房周围和库内外走廊、汽车和火车月台、电梯等场所,必须设专职人员经常清扫,保持卫生。

(3) 库内使用的易锈金属工具、木质工具和运输工具、垫木、冻盘等设备,要勤洗、勤擦、定期消毒,防止发霉、生锈。

(4) 库内商品出清后,要进行彻底清扫、消毒、堵塞鼠洞,消灭霉菌。

(5) 除臭与杀菌(见表3-23)。

表 3-23 冷库部分抗菌除异味方法[11]

功能	药剂	浓度	方法与注意事项
抗菌剂	漂白粉	有效氯含量 0.3%~0.4%	水溶液喷洒或者墙面粉刷
	次氯酸钠	2%~4%	水溶液喷洒后关闭库门
	乳酸	3~5 mL/m³ 库房	清水稀释 1~2 倍,置加热器上加热,蒸发后关闭库门数小时
抗霉剂	氟化钠(氟化铁)	1.5%	与白陶土混合成水溶液,墙面粉刷
	氟化铵	2.5%	与白陶土混合成水溶液,墙面粉刷
	羟基联苯酚钠	2%	墙面粉刷。要求库温 0℃以上;不能与漂白粉交替或者混合使用,以免墙面呈褐红色
除异味	臭氧	空库 40 mg/m³	臭氧具有强氧化性,操作人员不宜停留在库房内。不要情况下,处理后 2h 方可进入库房。如果库房内食品含脂肪较多,臭氧法一般不宜
		鱼类 1~2 mg/m³	
		蛋品 3 mg/m³	
	醋酸与漂白粉	醋酸 5%~10% 漂白粉 5%~20%	

此外,《正式规范》还增加了一些新的要求,例如:①应定期检查并记录库房温度,记录数据的保存期不少于 2 年;②对库房紧固件、水平度、垂直度等至少每 6 个月检查一次;③对厂区、库房、穿堂等地方的照明度提出明确要求(如大、中型冷库的冷间照明照度不宜低于 50 lx);④对设有监控视频系统的冷库,应设立专人负责管理,确保系统安全运行,视频质量清晰,视频资料至少保存 3 个月,并不得擅自复制、修改;⑤给出我国易腐食品冷藏温湿度要求(见表 3-24),该表涉及的易腐食品种类齐全,而且更符合我国实际情况。

表 3-24　易腐食品冷藏温度湿度要求[12]

食品类别	食品品名	贮藏温度/℃	相对湿度/%
根茎菜类蔬菜	芹菜	−1~0	95~98
	芦笋	0~1	95~98
	竹笋	0~1	90~95
	萝卜	0~1	95~98
	胡萝卜	0~1	95~98
	芜菁	0~1	95~98
	辣根	−1~0	95~98
	土豆	0~1	80~85
	洋葱	0~2	70~80
	甘薯	12~14	80~85
	山药	12~13	90~95
	大蒜	−2~0	70~75
	生姜	13~14	90~95
叶菜类蔬菜	结球生菜	0~1	95~98
	直立生菜	0~1	95~98
	紫叶生菜	0~1	95~98
	油菜	0~1	95~98
	奶白菜	0~1	95~98
	菠菜	−1~0	95~98
	茼蒿	0~1	95~98
	小青葱	0~1	95~98
	韭菜	0~1	90~95
	甘蓝	0~1	95~98
	孢子甘蓝	0~1	95~98
	菊苣	0~1	95~98
	乌塌菜	0~1	95~98
	小白菜	0~1	95~98
	芥蓝	0~1	95~98
	菜心	0~1	95~98
	大白菜	0~1	90~95
	羽衣甘蓝	0~1	95~98
	莴苣	0~2	95~98
	欧芹	0~1	95~98
	牛皮菜	0~1	95~98
瓜菜类蔬菜	苦瓜	12~13	85~90
	丝瓜	8~10	85~90
	佛手瓜	3~4	90~95

（续表）

食品类别	食品品名	贮藏温度/℃	相对湿度/%
	矮生西葫芦	8～10	80～85
	冬西葫芦(笋瓜)	10～13	80～85
	冬瓜	12～15	65～70
	南瓜	10～13	65～70
	黄瓜	12～13	90～95
茄果类蔬菜	甜玉米	0～1	90～95
	青椒	9～10	90～95
	红熟番茄	0～2	85～90
	绿熟番茄	10～11	85～90
	茄子	10～12	85～90
花菜类蔬菜	青菜花	0～1	95～98
	白菜花	0～1	95～98
食用菌类蔬菜	双孢蘑菇	0～1	95～98
	香菇	0～1	95～98
	平菇	0～1	95～98
	金针菇	1～2	95～98
	草菇	11～12	90～95
	白灵菇	0～1	95～98
菜用豆类蔬菜	菜豆	8～10	90～95
	毛豆荚	5～6	90～95
	豆角	8～10	90～95
	豇豆	9～10	90～95
	芸豆	8～10	90～95
	扁豆	8～10	90～95
	豌豆	0～1	90～95
	荷兰豆	0～1	95～98
	甜豆	0～1	95～98
	四棱豆	8～10	90～95
落叶核果类	桃	0～1	90～95
	樱桃	−1～0	90～95
	杏	−0.5～1	90～95
	李	−1～0	90～95
	冬枣	−1～1	90～95
常绿果树核果类	生芒果	13～15	85～90
	催熟芒果	5～8	85～90
	杨梅	0～1	90～95
	橄榄	5～10	90～95

（续表）

食品类别	食品品名	贮藏温度/℃	相对湿度/%
仁果类	苹果	−1～1	90～95
	西洋梨、秋子梨	−1～0.5	90～95
	白梨、砂梨	−0.5～0.5	90～95
	山楂	−1～0	90～95
浆果类	葡萄	−1～0	90～95
	猕猴桃	−0.5～0.5	90～95
	石榴	5～6	85～90
	蓝莓	−0.5～0.5	90～95
	柿子	−1～0	85～90
	草莓	−0.5～0.5	90～95
柑橘类	橙类	5～8	85～90
	柚类	5～10	85～90
瓜类	西瓜	8～10	80～85
	哈密瓜(中、晚熟)	3～5	75～80
	哈密瓜(早、中熟)	5～8	75～80
	甜瓜、香瓜(中、晚熟)	3～5	75～80
	甜瓜、香瓜(早、中熟)	5～8	75～80
	香蕉	13～15	90～95
	荔枝	1～4	90～95
	龙眼	1～4	90～95
	木菠萝	11～13	85～90
	番荔枝	15～20	90～95
	菠萝	10～13	85～90
	红毛丹	10～13	90～95
	椰子	5～8	80～85
坚果类		3～5	50～60
畜禽肉	冷却畜禽肉	−1～4	85～90
	冷冻畜禽肉	≤−18	90～95
水产品	冰鲜水产品	0～4	85～90
	冷冻水产品	≤−18	90～95
	金枪鱼	≤−50	90～95
速冻食品	速冻调制食品	≤−18	
	速冻蔬菜	≤−18	90～95
冰淇淋		≤−23	90～95
酸奶		2～6	
蛋	鲜蛋	−1.5～−2.5	80～85
	冰蛋	−18	80～85

　　注:由于易腐食品的种类繁多,特别对于果蔬类食品的品种、产地、成熟度、采摘期、加工工艺、保鲜工艺等存在较大差异,上述条件仅为所列易腐食品的通用温湿度要求,各地可根据具体情况,参照执行。

3.7　冷库 HACCP 操作规范[13]

图 3-19 是冷库 HACCP 应用逻辑程序图。

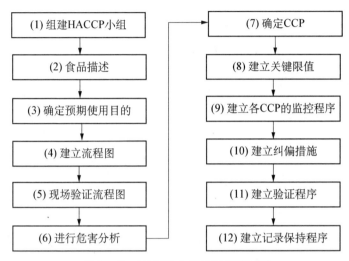

图 3-19　HACCP 应用逻辑程序图[13]

（1）首先组建以生产技术人员、工程技术人员、质量管理人员等专业人员为主体的 HACCP 小组，以保证后续流程科学合理。

（2）、（3）是小组对实施 HACCP 体系管理的食品进行基本介绍，包括：①食品名称；②食品的原料和主要成分；③食品的理化性质及加工处理方式（如冷却、冷冻）；④包装方式；⑤贮存条件；⑥保质期限；⑦销售方式；⑧销售区域；⑨有关食品安全的流行病学资料（必要时）；⑩产品的预期用途和消费人群，例如，对冷冻畜禽肉的描述（见表 3-25）。

表 3-25　食品描述表[13]

食品：冷冻畜禽肉
1. 食品名称：冷冻畜禽肉
2. 使用方法：消费者购买经熟制后食用
3. 包装：瓦楞纸箱按 GB/T 6543 的规定执行，塑料薄膜按 GB/T 6388 的规定执行，外包装按国家食品标签通用标准 GB 7718 进行标识，箱底部封牢，箱外用塑料带三道式"＋＋"字形扎捆牢固
4. 贮存要求及保质期：库内保持清洁卫生，贮存条件为 $-18℃\pm2℃$，相对湿度 $80\%\sim85\%$ 的低温冷库内，保质期根据产品特性规定

编制：　　　　　　审批：　　　　　　　　　　日期：

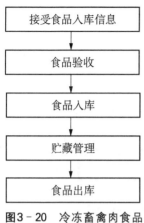

图3-20 冷冻畜禽肉食品出入库物流流程图[13]

（4）、（5）是对所描述的食品的来龙去脉进行梳理，不能有疏漏环节，以免存在安全隐患或者造成不可弥补的损失。因此，流程绘制后必须进行现场验证，确保万无一失。如果仅仅是冷库贮藏问题，食品的流程环节如图3-20所示。如果其中还有加工、半加工或者重新包装等环节，则必须考虑加工前、加工后和加工过程中的问题。

（6）、（7）进行危害分析，首先对流程图的每一阶段，分析所有合理预期发生的潜在危害及其严重程度，确定危害类型和关键控制点（CCP）（见表3-26 畜禽肉范例）。

（8）、（9）、（10）设置关键控制点发生危害时的限值，建立纠偏措施和监控流程。

（11）、（12）最后，对 HACCP 管理体系整体验证，其中重点验证流程图是否准确，关键控制点是否合理，纠偏措施是否有效等问题。建立 HACCP 计划表和执行档案（见表3-27 畜禽肉范例）。

表3-26 畜禽肉食品危害分析工作表[13]

1	2	3	4	5	6
加工工序	识别本工序被引入的受控或增加的潜在危害	潜在的危害是否显著（是/否）	对第3栏的判定依据	如果第3栏回答"是"，应采取何种措施预防、消除或降低危害至可以接受的水平	CCP
接受食品入库信息	生物危害，无 化学危害，无 物理危害，无				否
食品准入畜禽产品	生物危害：致病微生物、寄生虫	是	感染致病微生物、寄生虫或食品腐烂变质。温度控制不当可能使致病菌增殖。	无相关证件食品或腐烂变质者拒收。控制食品温度。	是 CCP1

（续表）

1	2	3	4	5	6
	化学危害:农残、兽残、重金属	是	重金属或违禁药物残留超标发生的情况有一定的比例。	1. 供应方提供承诺; 2. 供应方提供重金属或残留物质的检测证明; 3. 组织抽样检查。	
	物理危害:金属物、石砾、异物等	否	顾客控制,包装发生破损可能性不大。		
入库	生物危害:微生物繁殖	是	入库后冻肉回化,微生物繁殖,耐低温菌复活。	严格控制入库时间	否
低温贮藏	化学危害:无	否	温度控制不当可能造成病原性微生物、耐低温菌繁殖。	1. 严格控制库温,超过操作限值及时调整; 2. 严格冷库温度控制规定 3. 严格控制库温,超过操作限值及时调整; 严格冷库温度控制规定	是 CCP2
	物理危害:无	否			
	生物危害:致病菌、耐低温菌	是			
	化学危害:无	否			
出库	物理危害:无	否	食品出库造成冻肉回化,微生物繁殖,耐低温菌复活。	严格控制出库时间	否
	生物危害:微生物繁殖	是			
	化学危害:无	否			
	物理危害:无	否			

表 3-27　畜禽肉食品 HACCP 计划表[13]

CCP	关键限值	监控				纠偏	验证	记录
		对象	方法	频率	监控人员			
食品准入 CCP1	1. 感官检测; 2. 温度检测; 3. 顾客承诺书; 4. 重金属或农兽药残证明; 5. 抽样检测报告	1. 感官指标; 2. 食品温度; 3. 相关证件; 4. 抽样检测报告	1. 感官评价; 2. 测量; 3. 索证或报告	每批	保管人员	1. 拒绝无相关证件的食品; 2. 拒绝接受不符合限值要求的食品	质量管理人员负责如下: 1. 入库时抽检温度校准记录; 2. 入库时抽检 CCP1 的记录; 3. 入库时抽检食品	1. 监控与纠偏记录表; 2. 验证记录表
低温贮存 CCP2	冷冻库:库温 -18℃(昼夜温差不超过 ±1℃)	库温	测量或观察温度记录	每日	保管员及动力制冷工	对温度偏离操作限值时应及时调整至满足限值要求,如果温度持续偏离关键限值时,应通知动力部人员检查抢修,此批食品按评审程序执行	1. 标准温度计或温度仪应每年由技术监督局校准一次; 2. 质量管理人员每日检测监控温度记录一次	1. 温度记录校准与纠偏记录表; 2. 验证记录表

参考文献

[1] 华泽钊,李云飞,刘宝林编著. 食品冷冻冷藏原理与设备[M]. 北京:机械工业出版社,1999,55-70,183-201.

[2] 李云飞,葛克山等. 食品工程原理[M].(第二版). 北京:中国农业大学出版社,2009,81-98.

[3] Ashrae. Ashrae Handbook (Refrigeration system and application) [M]. SI Edition. Atlanta: American Society of Heating, Refrigerating and Air-conditioning Engineers, 1990.

［4］范凤敏. 自动化冷库在中国：发展机遇与问题并存［J］. 制冷与空调，2013，7：23-28.

［5］范凤敏. 自动化冷库普及尚待时日——访中国仓储协会冷藏库分会秘书长刘龙昌［J］. 制冷与空调，2013，7：19-20.

［6］中华人民共和国住房和城乡建设部，中华人民共和国国家质量监督检验检疫总局. GB 50072—2010《冷库设计规范》［S］. 北京：中国计划出版社，2010，1-56.

［7］王斌，李晓虎，叶尉南. 大型装配式冷库概述［C］. 2009 学术论文——中国制冷冷藏冻结专业委员会，2009，142-154.

［8］Karen L B G, Rolando A F. Precooling produce：Fruits and vegetables ［J］. Horticulture, 1991，11：1-8.

［9］李明忠，孙兆礼编著. 中小型冷库技术［M］. 上海：上海交通大学出版社，1995，162-170.

［10］张祉佑等编著. 冷藏与空气调节［M］. 北京：机械工业出版社，1995，41-50.

［11］中国人民共和国商业部.《冷库管理规范(试行)》［J］. 商品与质量，1996，02：24-26.

［12］中华人民共和国国家质量监督检验检疫总局，中国国家标准化管理委员会. GB/T 30134—2013《冷库管理规范》［S］. 北京：中国标准出版社，2014，1-6.

［13］中华人民共和国国家质量监督检验检疫总局，中国国家标准化管理委员会. GB/T 24400—2009《食品冷库 HACCP 应用规范》［S］. 北京：中国标准出版社，2009，1-15.

第4章 食品冷却技术

畜禽屠宰之后、果蔬采摘之后、食品热加工之后往往都需要快速冷却,以保持以较高的初始质量和较低的微生物数量进入随后的流通环节或者冷冻冷藏环节。冷却是一个热交换过程,涉及传热学问题和食品冷却工艺问题,本章将介绍相关内容。

4.1 食品冷却中的基本传热方式

食品冷却中采用的基本传热方式与食品种类、形状和所用冷却介质等有关。导热主要发生在食品的内部、包装材料以及用固体材料作为冷却介质的冷加工中;对流主要发生在以气体或液体作为冷却介质的冷加工中;辐射主要发生在冷管与食品表面存在较大温差的冷藏中。在实际生产中,往往以对流换热为主,其他为辅的传热方式。

1. 导热

1) 食品内部的导热问题

食品冷却时,其表面温度首先下降,并在表面与中心部位间形成了温度梯度,在此梯度的作用下,食品中的热量逐渐从其内部以导热的方式传向表面。当食品的平均温度或者食品最深部位(热中心)的温度达到规定要求时,冷却过程结束。

食品内部的导热方程为

$$Q = -\lambda A \frac{\partial T}{\partial x} \tag{4-1}$$

式中,Q 为通过截面 A 上的热流量,W;λ 为食品的热导率,W/(m·K)(见表 4-1,表 4-2);A 为垂直于导热方向的截面积,m^2;$\frac{\partial T}{\partial x}$ 为导热方向上的温度梯度,K/m。

2) 食品外部包装材料的导热问题

带有包装的食品在冷却过程中,包装材料的导热问题不能忽略,常用包装材料的热物性参数如表 4 - 3 所示。

表 4 - 1 食品基本组分热物性参数[1]

组　分	密度/(kg/m³)	比热容 C_p/(kJ/kg)	热导率 λ/(W/(m・K))
水	1 000	4.182	0.60
碳水化合物	1 550	1.42	0.58
蛋白质	1 380	1.55	0.20
脂肪	930	1.67*	0.18
空气	1.24	1.00	0.025
冰	917	2.11	2.24
矿物质	2 400	0.84	

表 4 - 2 部分食品热导率实验数据[2]

产品名称	温度/℃	含水量/%	λ/[W/(m・K)]	(实验者)
苹果汁	20	87	0.599	(Ricdel)
	80		0.631	
	20	70	0.504	
	80		0.564	
	20	36	0.389	
	80		0.435	
苹果	8		0.418	(Gane)
干苹果	23	41.6	0.219	(Sweat)
干杏	23	43.6	0.375	(Sweat)
草莓酱	20	41.0	0.338	(Sweat)
牛肉脂肪	35	0	0.190	(Poppendick)
	35	20	0.230	
瘦牛肉=	3	75	0.506	(Lentz)
	−15		1.42	
瘦牛肉=	20	79	0.430	(Hill)
	−15		1.43	
瘦牛肉⊥	20	79	0.408	(Hill)
	−15			
瘦牛肉⊥	3	74	0.471	(Lentz)
	−15		1.12	
猪肉脂肪	3	6	0.215	(Lentz)
	−15		0.218	

（续表）

产品名称	温度/℃	含水量/%	$\lambda/[W/(m \cdot K)]$	（实验者）
瘦猪肉＝	4	72	0.478	(Lentz)
(6.1%脂肪)	−15		1.49	
＝	20	76	0.453	(Hill)
(6.7%脂肪)	−13		1.42	
⊥	4	72	0.456	(Lentz)
(6.1%脂肪)	−15		1.29	
⊥	20	76	0.505	(Hill)
(6.7%脂肪)	−14		1.30	
蛋黄(32.7%脂肪,	31	50.6	0.420	(Poppendick)
16.75蛋白质)				
鳕鱼⊥	3	83	0.534	
(0.1%脂肪)	−15		1.46	
鲑鱼⊥	3	67	0.531	(Lentz)
(12%脂肪)	−5		1.24	
全奶(3%脂肪)	28	90	0.580	(Leidenfrost)
巧克力蛋糕	23	31.9	0.106	(Sweat)

注:表中符号＝和⊥分别表示平行和垂直纤维方向。

表4-3　常用包装材料的热物性参数[2]

包装材料	热导率/ (W/(m·K))	比热容/ (kJ/(kg·K))	有效密度/ (kg/m³)	热扩散系数/ (m²/s)
不锈钢	16	0.50	7 900	4.0
硼硅玻璃	1.10	0.84	2 200	0.60
尼龙	0.24	1.7	1 100	0.13
聚乙烯(高密度)	0.84	2.3	960	0.22
聚乙烯(低密度)	0.33	2.3	930	0.15
聚丙烯	0.12	1.9	910	0.069
聚四氟乙烯	0.26	1.0	2 100	0.12

2. 对流

采用气体或液体作为冷却介质时,食品表面的热量主要由对流换热方式带走,其传热方程为

$$Q = \alpha A \Delta T \qquad (4-2)$$

式中，α 为对流换热系数，$W/(m^2 \cdot K)$；A 为与冷却介质接触的食品表面积，m^2；ΔT 为食品表面与冷却介质间的温度差，K。

对流换热系数与冷却介质种类、流动状态、食品表面状况等许多因素有关，表 4-4 是常见几种冷却方式下的对流换热系数。

表 4-4　几种冷却方式下的对流换热系数[3]

冷 却 方 式	$\alpha/[W/(m^2 \cdot K)]$
空气自然对流或微弱通风的库房	$3 \sim 10$
空气流速小于 1.0 m/s	$17 \sim 23$
空气流速大于 1.0 m/s	$29 \sim 34$
水自然对流	$200 \sim 1\,000$
液氮喷淋	$1\,000 \sim 2\,000$
液氮浸渍	$5\,000$

3. 辐射

在空气自然对流环境下，用冷却排管冷却食品时，冷却排管与食品表面间的辐射换热是不能忽略的。

在热平衡条件下，辐射换热的基本方程为

$$Q_{1-2} = \varepsilon_s A_1 F_{1-2} \sigma (T_1^4 - T_2^4) \tag{4-3}$$

式中，Q_{1-2} 为食品与冷却排管或冷却板间的辐射热流量，W；ε_s 为系统黑度，与两个辐射表面黑度及形状因数有关；A_1 为食品表面面积，m^2；F_{1-2} 为食品表面对冷却排管表面的形状因数，与辐射换热物体的形状、尺寸以及食品与冷却排管间的相对位置有关；σ 为黑体辐射常数，取 5.669×10^{-8} $W/(m^2 \cdot K^4)$；T_1、T_2 分别为食品表面和冷却排管表面温度，K。

在食品工程中，几种简单情况下的系统黑度如下[4]：

（1）对于任意位置的两个表面之间的辐射换热为

$$\varepsilon_s = \frac{1}{1 + F_{1-2}\left(\dfrac{1}{\varepsilon_1} - 1\right) + F_{2-1}\left(\dfrac{1}{\varepsilon_2} - 1\right)} \tag{4-4}$$

（2）对于两个大平行板之间的辐射换热，其形状因数 $F_{1-2} = F_{2-1} = 1$，由式 (4-4) 得

$$\varepsilon_s = \frac{1}{\left(\dfrac{1}{\varepsilon_1} + \dfrac{1}{\varepsilon_2} - 1\right)} \tag{4-5}$$

(3) 对于一个凸表面 1 置于一个密闭空腔 2 中的辐射换热,形状因数 $F_{1-2} = 1$,$F_{2-1} < 1$,又根据形状因数的相对性 $F_{1-2}A_1 = F_{2-1}A_2$,由式(4-4)得

$$\varepsilon_s = \frac{1}{\frac{1}{\varepsilon_1} + \frac{A_1}{A_2}\left(\frac{1}{\varepsilon_2} - 1\right)} \tag{4-6}$$

(4) 如果凸表面 A_1 与空腔内表面 A_2 相差很小,即 $A_1/A_2 \approx 1$,由式(4-6)可知,系统黑度可按平行大平板计算。

(5) 如果凸表面 A_1 比空腔内表面 A_2 小很多,即 $A_1/A_2 \approx 0$,式(4-6)变为 $\varepsilon_s = \varepsilon_1$。

(6) 如果两表面的黑度都比较大 ($\geqslant 0.8$) 时,系统黑度近似为 $\varepsilon_s = \varepsilon_1\varepsilon_2$。

以上各式中,ε_1、ε_2 为食品表面和冷却排管表面的黑度(见表 4-5);F_{2-1} 为冷却排管表面对食品表面的形状因数;A_2 为冷却排管表面积,m^2。

表 4-5 部分材料表面的黑度[5]

材　料	温度/℃	黑度(emissivity)ε
冷表面上的霜		0.98
肉		0.86~0.92
水	32	0.96
玻璃	90	0.94
纸	95	0.92
抛光不锈钢	20	0.24
铝(光亮)	170	0.04
砖	20	0.93
木材	45	0.82~0.93

4.2　集总参数法

4.2.1　冷却计算中的两个准则数

1. 毕渥数 Bi(Biot modulus)

$$Bi = \frac{\alpha L}{\lambda} \tag{4-7}$$

式中,α 为对流换热系数,$W/(m^2 \cdot K)$;λ 为食品内部热导率,$W/(m \cdot K)$;L 为

食品的特征尺寸(characteristic dimension)，m。对于大平板状食品，L 为其厚度的一半；对于长圆柱状和球状食品，L 为半径。

由式(4-7)可知，毕渥数反映固体内部单位导热面积上的导热热阻与单位表面积上的对流换热热阻之比 $\left(Bi = \dfrac{L/\lambda}{1/\alpha}\right)$，用于固体与流体之间的换热。毕渥数对食品内部温度变化的影响示于图 4-1 中[6]。传热学中已经证明，当毕渥数 $Bi < 0.1$ 时，食品内的温度分布与空间坐标无关，只是时间的函数，即 $T = f(t)$，这时内部导热热阻可以忽略；当 $Bi > 40$ 时，表面对流换热热阻可以忽略，这时可用冷却介质温度代替食品表面温度；当 $0.1 < Bi < 40$ 时，内部导热热阻与表面对流换热热阻均需考虑，食品内的温度分布是空间坐标和时间变量的函数，即 $T = f(x, y, z, t)$。

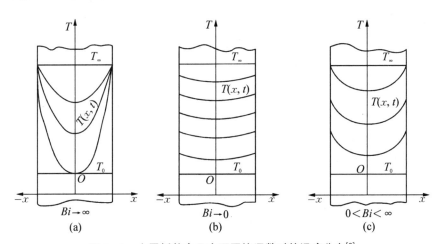

图4-1　大平板状食品在不同毕渥数时的温度分布[6]

2. 傅里叶数 Fo(Fourier modulus)

$$Fo = \frac{at}{L^2} \tag{4-8}$$

式中，a 为食品的热扩散系数，$\mathrm{m^2/s}$；t 为食品冷却时间，s；L 为食品的特征尺寸(同上)，m；

其中，

$$a = \frac{\lambda}{\rho c} \tag{4-9}$$

式中，λ 为食品内部热导率，$\mathrm{W/(m \cdot K)}$；ρ 为食品的密度，$\mathrm{kg/m^3}$；c 为食品的比热容，$\mathrm{J/(kg \cdot K)}$。

傅里叶数的物理意义可以理解为两个时间段相除所得的无量纲时间 $\left(Fo = \dfrac{t}{L^2/a}\right)$。分子 t 是从边界上开始发生扰动的时刻起到所计算的时刻为止的时间段；而分母 L^2/a 可以视为使热扰动扩散到 L^2 的面积上所需的时间，它反映导热速率与固体中热能储备速率之比，用于非稳态传热分析。显然，在非稳态导热中，傅里叶数越大，说明热扰动就越深入地传播到物体内部，因而物体内部各点的温度越接近于周围介质的温度。

4.2.2 毕渥数 $Bi < 0.1$ 情况下的冷却问题

当食品表面突然受到冷却时，食品内部的温度变化取决于两方面的因素：一个是食品表面与周围环境的换热条件；另一个是食品内部的导热条件。如果换热条件越强烈，则热量进入食品表面越迅速；如果食品内部导热热阻越小，则为传递一定的热量所需的温度梯度也越小。食品冷却中，哪一个因素对换热影响更大，则用毕渥数衡量。前已指出，当毕渥数 $Bi < 0.1$ 时，食品内部温度变化只与时间有关而与空间坐标无关，食品表面温度与中心温度可以认为是相等的。这类问题可出现在食品热导率相当大，或者食品及其原料几何尺寸很小，或者表面对流换热系数极低情况下。是食品冷却计算中最简单的一种，采用传热学中的集总参数法（lumped parameter approach）即可求解冷却速度和冷却时间。

设食品的体积为 V，密度为 ρ，表面积为 A，比热容为 c。冷却介质的温度为 T_∞，食品与冷却介质的对流换热系数为 α，在食品物性参数均保持不变的情况下，食品放入冷却介质中后，其能量平衡关系为

$$\rho c V \mathrm{d}T = -\alpha A(T - T_\infty)\mathrm{d}t \tag{4-10}$$

设食品具有均匀的初始温度 T_0，则在任意时刻食品内的温度 T 为

$$\frac{T - T_\infty}{T_0 - T_\infty} = \mathrm{e}^{-\frac{\alpha A}{c\rho V}t} \tag{4-11}$$

式（4-11）指数可作如下变化：

$$\frac{\alpha A}{\rho c V}t = \frac{\alpha V}{\lambda A}\frac{\lambda A^2}{\rho c V^2}t = \frac{\alpha(V/A)}{\lambda}\frac{at}{(V/A)^2} = (Bi_v)(Fo_v) \tag{4-12}$$

$$\frac{T - T_\infty}{T_0 - T_\infty} = \mathrm{e}^{-(Bi_v)(Fo_v)} \tag{4-13}$$

式中,下标 v 表示毕渥数和傅里叶数中的特征尺寸为 V/F。

例 4-1 用 $T_\infty = 0℃$ 的空气冷却青豌豆,青豌豆的初温 $T_0 = 25℃$,冷却终了的温度为 $T = 3℃$,青豌豆可以看作是 $R = 5\,\mathrm{mm}$ 的球体,密度 $\rho = 950\,\mathrm{kg/m^3}$,求以自然对流方式冷却青豌豆所需要的冷却时间。

解:(1) 计算所需要的参数:

设青豌豆的含水率为 74%;由经验公式得青豌豆的比热容[7]$c = 1.2 + 2.99 \times 0.74 = 3.41\,\mathrm{kJ/(kg \cdot K)}$;热导率[3]$\lambda = 0.148 + 0.493 \times 0.74 = 0.513\,\mathrm{W/(m \cdot K)}$;

查表 4-4 估取自然对流换热系数为 $10\,\mathrm{W/(m^2 \cdot K)}$。

(2) 计算青豌豆冷却时的毕渥数 Bi 为

$$Bi = \frac{\alpha R}{\lambda} = \frac{10 \times 0.005}{0.513} = 0.0975 < 0.1$$

因此,可以采用集总参数法求冷却时间:

$$\frac{T - T_\infty}{T_0 - T_\infty} = \mathrm{e}^{-\frac{\alpha A t}{\rho c V}}$$

$$\frac{T - T_\infty}{T_0 - T_\infty} = \frac{3 - 0}{25 - 0} = \frac{3}{25}$$

$$\frac{V}{A} = \frac{\frac{4}{3}\pi R^3}{4\pi R^2} = \frac{R}{3}$$

$$t = -\frac{\rho c V}{\alpha A} \ln \frac{3}{25}\,\mathrm{s}$$

$$= -\frac{950 \times 3.41 \times 10^3 \times 0.005}{10 \times 3} \times (-2.12)\,\mathrm{s}$$

$$= 1144.6\,\mathrm{s} = 19.1\,\mathrm{min}$$

例 4-2 某种罐头食品,其罐头高 $5 \times 10^{-2}\,\mathrm{m}$,直径 $5 \times 10^{-2}\,\mathrm{m}$,初始温度为 $-18℃$,热导率为 $2\,\mathrm{W/(m \cdot K)}$,比热容为 $2510\,\mathrm{J/(kg \cdot K)}$,密度 $\rho = 961\,\mathrm{kg/m^3}$,空气对流换热系数为 $5.7\,\mathrm{W/(m^2 \cdot K)}$。现将罐头放于静止的空气中解冻,空气温度为 $21℃$,试计算半小时后的罐头温度。

解:其毕渥数为

$$Bi = \frac{5.7 \times 2.5 \times 10^{-2}}{2} = 0.07$$

因此，可用集总参数法求解：

$$面积\,A = \pi(5\times10^{-2})(5\times10^{-2}) + 2\left[\frac{\pi(5\times10^{-2})^2}{4}\right] = 1.18\times10^{-2}\ m^2$$

$$体积\,V = \left[\frac{\pi(5\times10^{-2})^2}{4}\right](5\times10^{-2}) = 9.82\times10^{-5}\ m^3$$

$$\frac{T-T_\infty}{T_0-T_\infty} = e^{\frac{(5.7)(1.18\times10^{-2})(0.5)(3\,600)}{2\,510\times961\times9.82\times10^{-5}}}$$

$$= e^{-0.51} = 0.6$$

$$T = 0.6(-18-21) + 21 = -2.4℃$$

4.3 大平板状、长圆柱状和球状食品的冷却过程

4.3.1 解析法计算食品冷却速度

1. 大平板状食品冷却情况

1）食品内部的温度变化

（1）$0.1 < Bi < 40$ 的情况。图 4-2 是厚度为 δ 的大平板状食品，其初始温度为常数，在 $t > 0$ 时置于温度为 T_∞ 的冷却介质中进行对流换热，由于平板两侧属于对称冷却，因此，在 $x = 0$ 处的中心面为对称绝热面，在 $x = \pm\delta/2$ 处为对称换热面。

其导热微分方程为

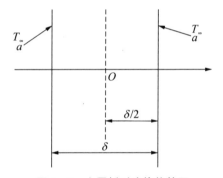

图 4-2 大平板对流换热简图

$$\frac{\partial T}{\partial t} = a\frac{\partial^2 T}{\partial x^2} \qquad (4-14)$$

边界条件：$x = \pm\dfrac{\delta}{2}$ 时，$-\lambda\dfrac{\partial T}{\partial x} = \alpha(T - T_\infty)$

初始条件：$t = 0$ 时，$T = T_0$

式中，a 为食品的热扩散系数，m^2/s；t 为食品冷却时间，s；x 为食品厚度方向坐标，$x = 0$ 为食品中心对称平面；T 为食品冷却中某一时刻的温度，℃；T_0 为食品的初始温度，℃；T_∞ 为冷却介质温度，℃；α 为食品表面对流换热系数，$W/(m^2 \cdot K)$；δ 为平板状食品的厚度，m。

引入过余温度 $\theta = T - T_\infty$，$\theta_0 = T_0 - T_\infty$，使式(4-14)变为

$$\frac{\partial \theta}{\partial t} = a \frac{\partial^2 \theta}{\partial x^2} \qquad (4-15)$$

$x = \dfrac{\delta}{2}$ 时，
$$-\lambda \frac{\partial \theta}{\partial x} = \alpha \theta$$

$t = 0$ 时，
$$\theta = \theta_0$$

式(4-15)经过分离变量后，其解形式为 $\theta(x, t) = X(x)\Gamma(t)$，而其中 $X(x)$ 是一个特征值问题。利用上述边界条件和初始条件，得式(4-15)的解为[6]

$$\frac{\theta}{\theta_0} = \frac{T - T_\infty}{T_0 - T_\infty} = \sum_{i=1}^{\infty} \frac{2\sin \mu_i}{\mu_i + \sin \mu_i \cos \mu_i} \cos(\beta_i x) e^{-\frac{\mu_i^2}{(\delta/2)^2}at} \qquad (4-16)$$

式中，$\mu_i = \beta_i\left(\dfrac{\delta}{2}\right)$，$\beta_i$ 为特征值，是曲线 $y = \tan \beta\left(\dfrac{\delta}{2}\right)$ 及 $y = \dfrac{Bi}{\beta\left(\dfrac{\delta}{2}\right)}$ 交点上的值。由

于 $y = \tan \beta\left(\dfrac{\delta}{2}\right)$ 是以 π 为周期的函数，因此，交点将有无穷多个。如图4-3所示。

$$\mu_i \tan \mu_i = Bi \qquad (4-17)$$

式(4-16)是一个衰减很快的无穷级数，取第一项作为其近似值：

$$T - T_\infty = (T_0 - T_\infty) \frac{2\sin \mu}{\mu + \sin \mu \cos \mu} \cos(\beta x) e^{-\frac{\mu^2}{(\delta/2)^2}at} \qquad (4-18)$$

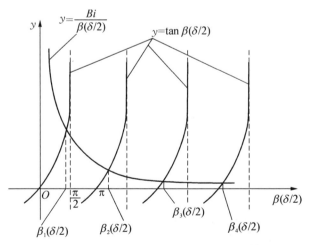

图4-3　决定特征方程式根的图解曲线[6]

式中，μ 是超越方程(4-17)的根，可查表4-6获得。

表4-6　超越方程式 $\mu\tan\mu = Bi$ 的第一个根[6]

Bi	μ	Bi	μ	Bi	μ
0	0	3.0	1.192 5	15.0	1.472 9
0.001	0.031 6	4.0	1.264 6	20.0	1.496 1
0.01	0.099 8	5.0	1.313 8	30.0	1.520 2
0.1	0.311 1	6.0	1.349 6	40.0	1.532 5
0.5	0.653 3	7.0	1.376 6	50.0	1.540 0
1.0	0.860 3	8.0	1.397 8	60.0	1.545 1
1.5	0.988 2	9.0	1.414 9	100.0	1.555 2
2.0	1.076 9	10.0	1.428 9	∞	1.570 8

（2）$Bi > 40$ 的情况。如果毕渥数 $Bi > 40$，这时食品表面的温度近似等于冷却介质的温度。公式(4-14)中的边界条件由第三类边界条件也就转变为第一类边界条件，即 $x = \dfrac{\delta}{2}$ 时，$T = T_\infty$。式(4-16)简化为

$$T - T_\infty = (T_0 - T_\infty)\,\frac{4}{\pi}\cos\left(\frac{\pi}{2(\delta/2)}x\right)\mathrm{e}^{-\frac{(\pi/2)^2}{(\delta/2)^2}at} \qquad (4-19)$$

2）冷却时间计算[8, 9]

食品冷却计算中，往往需要知道冷却至某一温度所用的时间，对此问题，需要指明衡量温度的标准，目前常用食品平均温度和食品中心温度分别作为衡量指标。

（1）用食品平均温度作为衡量指标来计算冷却时间。食品的平均温度可由式(4-18)求积分获得：

$$\overline{T} = \frac{1}{(\delta/2) - 0}\int_0^{\frac{\delta}{2}} T(x)\,\mathrm{d}x$$

积分后平均温度为

$$\overline{T} - T_\infty = (T_0 - T_\infty)\,\frac{2\sin^2\mu}{\mu(\mu + \sin\mu\cos\mu)}\mathrm{e}^{-\frac{\mu^2}{(\delta/2)^2}at} \qquad (4-20)$$

令 $\phi = \dfrac{2\sin^2\mu}{\mu(\mu + \sin\mu\cos\mu)}$，由式(4-20)得冷却时间

$$t = 2.3\,\frac{1}{a}\,\frac{(\delta/2)^2}{\mu^2}\left(\lg\frac{T_0 - T_\infty}{\overline{T} - T_\infty} + \lg\phi\right) \qquad (4-21)$$

当 $0 < Bi < 30$ 时，

$$t = 0.218\,5\,\frac{\rho c}{\lambda}\delta\left(\delta + \frac{5.12\lambda}{\alpha}\right)\left(\lg\frac{T_0 - T_\infty}{\overline{T} - T_\infty} + \lg\phi\right) \tag{4-22}$$

当 $Bi \leqslant 8$ 时，$\phi \approx 1$，上式简化为

$$t = 0.218\,5\,\frac{\rho c}{\lambda}\delta\left(\delta + \frac{5.12\lambda}{\alpha}\right)\left(\lg\frac{T_0 - T_\infty}{\overline{T} - T_\infty}\right) \tag{4-23}$$

　　(2) 用食品中心温度作为衡量指标来计算冷却时间。由式(4-18)可知，只要令 $x = 0$，即得中心温度的表达式：

$$\frac{T^* - T_\infty}{T_0 - T_\infty} = \phi\,\mathrm{e}^{-\frac{\mu^2}{(\delta/2)^2}at} \tag{4-24}$$

式中，T^* 为食品的中心温度，单位为℃。经简化整理后得冷却时间的表达式为

$$t = 0.23\,\frac{\rho c}{\lambda}\delta\left(\delta + 4.8\,\frac{\lambda}{\alpha}\right)\lg\frac{T_0 - T_\infty}{T^* - T_\infty} + 0.025\,3\,\frac{\rho c}{\lambda}\delta^2\,\frac{\delta + 4.8\,\dfrac{\lambda}{\alpha}}{\delta + 2.6\,\dfrac{\lambda}{\alpha}} \tag{4-25}$$

　　当 $Bi > 40$ 时，由式(4-19)可得其中心温度 $(x = 0)$ 的表达式为

$$\frac{T^* - T_\infty}{T_0 - T_\infty} = \frac{4}{\pi}\mathrm{e}^{-\left(\frac{\pi}{\delta}\right)^2 at}$$

整理后 t 的表达式为

$$t = 2.3\,\frac{1}{a}\left(\frac{\delta}{\pi}\right)^2\left(\lg\frac{T_0 - T_\infty}{T^* - T_\infty} + \lg\frac{4}{\pi}\right) \tag{4-26}$$

　　例 4-3　用 $T_\infty = -2$℃ 的空气冷却牛胴体，牛肉的初始温度 $T_0 = 25$℃，冷却终了的平均温度 $\overline{T} = 2$℃。牛胴体可近似作为 $\delta = 18\ \mathrm{cm}$ 的大平板，密度 $\rho = 960\ \mathrm{kg/m^3}$，试求空气自然对流和强制对流下以及 $Bi > 40$ 情况下牛胴体的冷却时间。

　　解：(1) 计算所需的参数：

　　设牛肉的含水率为 75%；在温度为 3℃ 时的热导率 $\lambda = 0.506\ \mathrm{W/(m \cdot K)}$；牛肉的比热容为 $c = 3.443\ \mathrm{kJ/(kg \cdot K)}$。由表 4-4 得，空气自然对流和大于 1 m/s 时强制对流换热系数分别为 $\alpha_1 = 10\ \mathrm{W/(m^2 \cdot K)}$ 和 $\alpha_2 = 30\ \mathrm{W/(m^2 \cdot K)}$。

（2）空气自然对流时，由以上条件得

$$Bi = \frac{10 \times 0.09}{0.506} = 1.78 < 8$$

由式（4-23）求得冷却时间为

$$t = 0.2185 \frac{\rho c}{\lambda} \delta \left(\delta + \frac{5.12\lambda}{\alpha}\right) \left(\lg \frac{T_0 - T_\infty}{T - T_\infty}\right) \text{s}$$

$$= 0.2185 \times \frac{960 \times 3.443 \times 10^3}{0.506} \times 0.18$$

$$\times \left(0.18 + \frac{5.12 \times 0.506}{10}\right) \times \lg \frac{25 + 2}{2 + 2} \text{s}$$

$$= 93465 \text{ s} = 25.96 \text{ h}$$

（3）空气强制对流时，由已知条件得

$$Bi = \frac{30 \times 0.09}{0.506} = 5.34 < 8$$

由式（4-24）可得冷却时间

$$t = 0.2185 \times \frac{960 \times 3.443 \times 10^3}{0.506} \times 0.18 \times \left(0.18 + \frac{5.12 \times 0.506}{30}\right) \times \lg \frac{25 + 2}{2 + 2} \text{s}$$

$$= 56748 \text{ s} = 15.8 \text{ h}$$

（4）$Bi > 40$ 的情况。对于牛胴体厚度不变条件下，表面对流换热系数应该满足下式：

$$\alpha > \frac{Bi\lambda}{\delta/2} = \frac{40 \times 0.506}{0.09} = 224.9 \text{ W/(m}^2 \cdot \text{K)}$$

由表4-6可知，$Bi = 40$ 时，$\mu = 1.5325$，根据式（4-21）得

$$t = 2.3 \times \frac{960 \times 3.443 \times 10^3}{0.506} \times \frac{0.18^2}{9.3944} \times \left(\lg \frac{25 + 2}{2 + 2} + \lg 0.8296\right) \text{s}$$

$$= 38825 \text{ s} = 10.78 \text{ h}$$

例4-4　若上题中牛肉冷却结束时的中心温度为2℃，其他条件均不变，试分别计算空气自然对流和强制对流时的冷却时间。

解：（1）空气自然对流时，牛肉的冷却时间可由式（4-25）求得：

$$t = 0.23 \frac{\rho c}{\lambda} \delta \left(\delta + 4.8 \frac{\lambda}{\alpha} \right) \lg \frac{T_0 - T_\infty}{T^* - T_\infty} + 0.025\,3 \frac{\rho c}{\lambda} \delta^2 \frac{\delta + 4.8 \frac{\lambda}{\alpha}}{\delta + 2.6 \frac{\lambda}{\alpha}} \text{ s}$$

$$t = 0.23 \times \frac{960 \times 3.443 \times 10^3}{0.506} \times 0.18 \times \left(0.18 + \frac{4.8 \times 0.506}{10} \right) \times \lg \frac{25 + 2}{2 + 2} +$$

$$0.025\,3 \times \frac{960 \times 3.443 \times 10^3}{0.506} \times 0.18^2 \frac{0.18 + 4.8 \times \dfrac{0.506}{10}}{0.18 + 2.6 \times \dfrac{0.506}{10}} \text{ s}$$

$$= 100\,180 \text{ s} = 27.8 \text{ h}$$

（2）空气强制对流时，冷却时间为

$$t = 0.23 \times \frac{960 \times 3.443 \times 10^3}{0.506} \times 0.18 \times \left(0.18 + \frac{4.8 \times 0.506}{30} \right) \times \lg \frac{25 + 2}{2 + 2}$$

$$+ 0.025\,3 \times \frac{960 \times 3.443 \times 10^3}{0.506} \times 0.18^2 \frac{0.18 + 4.8 \times \dfrac{0.506}{30}}{0.18 + 2.6 \times \dfrac{0.506}{30}} \text{ s}$$

$$= 63\,462 \text{ s} = 17.63 \text{ h}$$

2. 长圆柱状食品冷却情况[8, 9]

1）食品内部的温度变化。长圆柱状食品，$0 \leqslant r \leqslant R$，初始温度为常数 T_0，当时间 $t > 0$ 时，$r = R$ 处的边界以对流方式向温度为 T_∞ 的冷却介质中放热，假设温度分布只与径向坐标和时间有关，引入过余温度 $\theta = T - T_\infty$，$\theta_0 = T_0 - T_\infty$，其导热微分方程为

$$\frac{\partial \theta}{\partial t} = a \left(\frac{\partial^2 \theta}{\partial r^2} + \frac{1}{r} \frac{\partial \theta}{\partial r} \right) \qquad (4-27)$$

$r = R$ 时，　　　　　　　　$-\lambda \dfrac{\partial \theta}{\partial r} = \alpha \theta$；

$r = 0$ 时，温度为有限值；

$t = 0$ 时，　　　　　　　　$\theta = \theta_0$

用分离变量法求解式（4-27）的步骤与求解大平板状导热方程基本一样，最后得过余温度与径向坐标和时间的表达式：

$$\frac{\theta}{\theta_0} = \frac{2}{R} \sum_{i=1}^{\infty} \mathrm{e}^{-\beta_i^2 a t} \frac{\dfrac{\alpha}{\lambda}}{\left(\beta_i^2 + \left(\dfrac{\alpha}{\lambda} \right)^2 \right) J_0^2(\beta_i R)} J_0(\beta_i r) \qquad (4-28)$$

式中,β_i 是空间变量函数的特征值,由下列方程给出。令 $\mu_i = \beta_i R$,则有

$$\mu_i J_1(\mu_i) = Bi J_0(\mu_i) \tag{4-29}$$

式中,$J_0(\beta_i R)$ 为第一类零阶贝塞尔函数;$J_1(\beta_i R)$ 为第一类一阶贝塞尔函数。

对上式无穷级数取第一项作为其近似值,得

$$\frac{\theta}{\theta_0} = 2e^{-\left(\frac{\mu}{R}\right)^2 at} \frac{Bi J_0(\beta r)}{(\mu^2 + Bi^2) J_0(\mu)} \tag{4-30}$$

式中,毕渥数 $Bi = \frac{\alpha R}{\lambda}$。

2) 冷却时间

(1) 用长圆柱状食品的平均温度计算冷却时间。长圆柱状食品平均温度 $\overline{T}$ 为

$$\overline{T} = \frac{1}{\pi R^2} \int_0^R 2\pi r T(r, t) \mathrm{d}r \tag{4-31}$$

根据贝塞尔函数的对称性质以及特征方程(4-29),$\mu_i J_1(\mu_i) = Bi J_0(\mu_i)$,得到长圆柱状食品的平均温度表达式为

$$\frac{\overline{T} - T_\infty}{T_0 - T_\infty} = \frac{4Bi^2}{\mu^2(\mu^2 + Bi^2)} e^{-\left(\frac{\mu}{R}\right)^2 at} \tag{4-32}$$

表 4-7 是针对无穷级数式(4-28)取第一项作为计算值时,特征方程(4-29)的解。利用这个表,我们就可以根据不同的毕渥数 Bi,查出相对应的 μ 值,再利用式(4-32)计算出长圆柱状食品的平均冷却温度。

表 4-7 超越方程 $\mu J_1(\mu) = Bi J_0(\mu)$ 的第一个根[6]

Bi	μ	Bi	μ	Bi	μ
0	0	4.0	1.908 1	20.0	2.288 0
0.01	0.141 2	5.0	1.989 8	30.0	2.326 1
0.1	0.441 7	6.0	2.049 0	40.0	2.345 5
0.5	0.940 8	7.0	2.093 7	50.0	2.357 2
1.0	1.255 8	8.0	2.128 6	60.0	2.365 1
1.5	1.456 9	9.0	2.156 6	80.0	2.375 0
2.0	1.599 4	10.0	2.179 5	100.0	2.380 9
3.0	1.788 7	15.0	2.250 9	∞	2.404 8

令 $\phi = \dfrac{4Bi^2}{\mu^2(\mu^2 + Bi^2)}$，从式(4-32)可得

$$t = 2.3\frac{1}{a}\frac{R^2}{\mu^2}\left(\lg\frac{T_0 - T_\infty}{\overline{T} - T_\infty} + \lg\phi\right) \tag{4-33}$$

经简化与整理后得，

$$t = 0.356\,5\frac{\rho c}{\lambda}R\left(R + \frac{3.16\lambda}{\alpha}\right)\left(\lg\frac{T_0 - T_\infty}{\overline{T} - T_\infty} + \lg\phi\right) \tag{4-34}$$

当 $Bi \leqslant 4$ 时，$\phi \approx 1$，上式变为

$$t = 0.356\,5\frac{\rho c}{\lambda}R\left(R + \frac{3.16\lambda}{\alpha}\right)\left(\lg\frac{T_0 - T_\infty}{\overline{T} - T_\infty}\right) \tag{4-35}$$

(2) 用长圆柱状食品中心温度计算冷却时间。当 $r = 0$ 时，由式(4-30)可得

$$\frac{\theta}{\theta_0} = 2\mathrm{e}^{-\left(\frac{\mu}{R}\right)^2 at}\frac{Bi}{(\mu^2 + Bi^2)J_0(\mu)} \tag{4-36}$$

经简化与整理后得

$$t = 0.383\,3\frac{\rho c}{\lambda}R\left(R + 2.85\frac{\lambda}{\alpha}\right)\left(\lg\frac{T_0 - T_\infty}{T^* - T_\infty}\right) + 0.084\,3\frac{\rho c}{\lambda}R^2\frac{R + 2.85\dfrac{\lambda}{\alpha}}{R + 1.7\dfrac{\lambda}{\alpha}} \tag{4-37}$$

例 4-5　用 $T_\infty = -1℃$ 的海水冷却金枪鱼。设金枪鱼长 2 m，半径 $R = 0.1$ m，鱼的初始温度 $T_0 = 20℃$，冷却结束时鱼的平均温度为 $\overline{T} = 3℃$。鱼体密度 $\rho = 1\,000$ kg/m³，试计算冷却时间。

解：(1) 计算所需要的参数：

设金枪鱼含水率为 70%；比热容 $c = 3.43 \times 10^3$ J/(kg·K)。热导率 $\lambda = 0.148 + 0.493 \times 0.7 = 0.5$ W/(m·K)。根据表 4-4，设鱼体与冷盐水的对流换热系数 $\alpha = 500$ W/(m²·K)。

(2) 计算毕渥数 Bi：

$$Bi = \frac{\alpha R}{\lambda} = \frac{500 \times 0.1}{0.5} = 100 > 4$$

由表 4-7 可知 $\mu = 2.405$

$$\phi = \frac{4Bi}{\mu^2(\mu^2 + Bi^2)} = 0.7$$

将鱼体看作为长圆柱,由式(4-34)求得冷却时间为

$$
\begin{aligned}
t &= 0.3565 \frac{\rho c}{\lambda} R\left(R + \frac{3.16\lambda}{\alpha}\right)\left(\lg \frac{T_0 - T_\infty}{\overline{T} - T_\infty} + \lg \phi\right) \mathrm{s} \\
&= 0.3565 \times \frac{1\,000 \times 3\,430}{0.5} \times 0.1 \times \left(0.1 + \frac{3.16 \times 0.5}{500}\right) \\
&\quad \times \left(\lg \frac{20+1}{3+1} + \lg 0.7\right) \mathrm{s} \\
&= 14\,262\ \mathrm{s} = 3.96\ \mathrm{h}
\end{aligned}
$$

3. 球状食品冷却[8, 9]

1) 球状食品冷却方程

初始温度为常数 T_0 的各向同性的球状食品,当 $t > 0$ 时,在 $r = R$ 处边界上以对流换热方式向温度为 T_∞ 的气体或液体冷却介质放热,采用过余温度 $\theta = T - T_\infty$,则球内径向一维非稳态导热微分方程为

$$\frac{\partial \theta}{\partial t} = a\left(\frac{\partial^2 \theta}{\partial r^2} + \frac{2}{r}\frac{\partial \theta}{\partial r}\right) \tag{4-38}$$

$r = R$ 时, $\qquad\qquad -\lambda \dfrac{\partial \theta}{\partial r} = \alpha\theta$

$t = 0$ 时, $\qquad\qquad\qquad \theta = \theta_0$

此外,$r = 0$ 处的 θ 应保持有界。与求解大平板状食品导热方程相似,从上式可以求得球状食品在冷却过程中某一时刻温度 T 的表达式为

$$\frac{\theta}{\theta_0} = \mathrm{e}^{-\left(\frac{\mu}{R}\right)^2 at} \frac{2Bi\sin\mu}{\mu - \sin\mu\cos\mu} \cdot \frac{\sin\beta r}{\beta r} \tag{4-39}$$

2) 冷却时间

(1) 用平均温度计算冷却时间。由式(4-39)可得球状食品的质量平均温度表达式为[6]

$$\frac{\overline{T} - T_\infty}{T_0 - T_\infty} = \frac{6Bi^2}{\mu^2(\mu^2 + Bi^2 - Bi)}\mathrm{e}^{-\left(\frac{\mu}{R}\right)^2 at} \tag{4-40}$$

式中,μ 是特征方程 $\dfrac{\mu}{\tan\mu} = -Bi^*$ 的根,$Bi^* = Bi - 1$,其值如表4-8所示。

表 4-8　超越方程 $\dfrac{\mu}{\tan\mu}=-Bi^{*}$ 的第一个根

Bi^{*}	μ	Bi^{*}	μ	Bi^{*}	μ
−1.0	0	0.5	1.836 6	3.0	2.455 7
−0.5	1.165 6	0.6	1.879 8	4.0	2.570 4
−0.1	1.504 4	0.7	1.920 3	5.0	2.653 7
0	1.570 8	0.8	1.958 6	10.0	2.862 8
0.1	1.632 0	0.9	1.994 7	30.0	3.040 6
0.2	1.688 7	1.0	2.028 8	60.0	3.090 1
0.3	1.741 4	1.5	2.174 6	100.0	3.110 5
0.4	1.790 6	2.0	2.288 9	∞	3.141 6

令 $\phi=\dfrac{6Bi^{2}}{\mu^{2}(\mu^{2}+Bi^{2}-Bi)}$，可以得到冷却时间为

$$t=\frac{2.3}{a}\frac{R^{2}}{\mu^{2}}\left(\lg\frac{T_{0}-T_{\infty}}{\overline{T}-T_{\infty}}+\lg\phi\right) \tag{4-41}$$

经简化与整理后得

$$t=0.195\ 5\ \frac{\rho c}{\lambda}R\left(R+\frac{3.85\lambda}{\alpha}\right)\left(\lg\frac{T_{0}-T_{\infty}}{\overline{T}-T_{\infty}}+\lg\phi\right) \tag{4-42}$$

当 $Bi\leqslant 4$ 时，$\phi\approx 1$，上式变为

$$t=0.195\ 5\ \frac{\rho c}{\lambda}R\left(R+\frac{3.85\lambda}{\alpha}\right)\lg\frac{T_{0}-T_{\infty}}{\overline{T}-T_{\infty}} \tag{4-43}$$

(2) 用球状食品中心温度计算冷却时间。当 $r\to 0$ 时，由式(4-39)可知，$\dfrac{\sin(\beta r)}{\beta r}\to 1$，又由于特征方程 $\dfrac{\mu}{\tan\mu}=1-Bi$，使式(4-39)变为

$$\frac{\theta}{\theta_{0}}=2\mathrm{e}^{-\left(\frac{\mu}{R}\right)^{2}at}\frac{\sin\mu-\mu\cos\mu}{\mu-\sin\mu\cos\mu} \tag{4-44}$$

经简化与整理后，得球状食品中心处的冷却时间为

$$t=0.223\ 3\ \frac{\rho c}{\lambda}R\left(R+3.2\frac{\lambda}{\alpha}\right)\lg\frac{T_{0}-T_{\infty}}{T^{*}-T_{\infty}}+0.073\ 7\ \frac{\rho c}{\lambda}R^{2}\frac{R+3.2\dfrac{\lambda}{\alpha}}{R+2.1\dfrac{\lambda}{\alpha}}$$

$$\tag{4-45}$$

例 4-6　用 $T_\infty = 0℃$，流速为 $1\,\mathrm{m/s}$ 的空气冷却苹果。苹果初始温度 $T_0 = 25℃$，冷却后的平均温度为 $\overline{T} = 3℃$，密度为 $950\ \mathrm{kg/m^3}$，比热容 $c = 3.35 \times 10^3\ \mathrm{J/(kg \cdot K)}$，苹果可以看做是 $R = 0.04\ \mathrm{m}$ 的球体，其表面对流换热系数为 $12\ \mathrm{W/(m^2 \cdot K)}$，热导率为 $0.76\ \mathrm{W/(m \cdot K)}$，求苹果的冷却时间。

解:首先计算毕渥数 Bi：

$$Bi = \frac{\alpha R}{\lambda} = \frac{12 \times 0.04}{0.76} = 0.63 < 4$$

可以用式(4-43)求得冷却所需的时间为

$$t = 0.195\,5\,\frac{\rho c}{\lambda} R \left(R + \frac{3.85\lambda}{\alpha} \right) \lg \frac{T_0 - T_\infty}{\overline{T} - T_\infty}$$

$$= 0.195\,5\,\frac{950 \times 3.35 \times 10^3}{0.76} \times 0.04 \left(0.04 + \frac{3.85 \times 0.76}{12} \right) \lg \frac{25 - 0}{3 - 0}\,\mathrm{s}$$

$$= 8\,559\,\mathrm{s} = 2.38\,\mathrm{h}$$

4.3.2　用图解法计算食品冷却速率[4, 10]

根据上面的解析式，对大平板、长圆柱和球状食品的冷却问题已经绘制成各种无量纲的图表。图 4-4、图 4-5、图 4-6 表示三种形状食品的温度与冷却时间的关系，其纵坐标为过余温度的比值 θ/θ_0，横坐标为傅里叶数 Fo，m 是毕渥数的倒数 $1/Bi$，n 是距离对称中心的相对位置，共有 6 点，$n = 0$ 表示食品几何中心对称点；$n = 1$ 表示食品表面[10]。

例 4-7　苹果在高速冷水中冷却，已知冷水温度为 $2℃$，苹果密度为 $800\ \mathrm{kg/m^3}$，比热容为 $3.56\ \mathrm{kJ/(kg \cdot K)}$，热导率 $0.35\ \mathrm{W/(m \cdot K)}$，苹果半径为 $0.03\ \mathrm{m}$，冷水与苹果表面对流换热系数为 $3\,400\ \mathrm{W/(m^2 \cdot K)}$，分别计算苹果中心和表面内 $0.01\ \mathrm{m}$ 处的温度降至 $4℃$ 时所需要的时间。

解:首先计算毕渥数 Bi：

$$Bi = \frac{3\,400 \times 0.03}{0.35} = 291$$

由于 $Bi > 40$，因此可以忽略表面对流换热热阻，即 $m = \frac{\lambda}{\alpha R} = 0$。

$$\frac{T - T_\infty}{T_0 - T_\infty} = \frac{4 - 2}{21 - 2} = 0.11$$

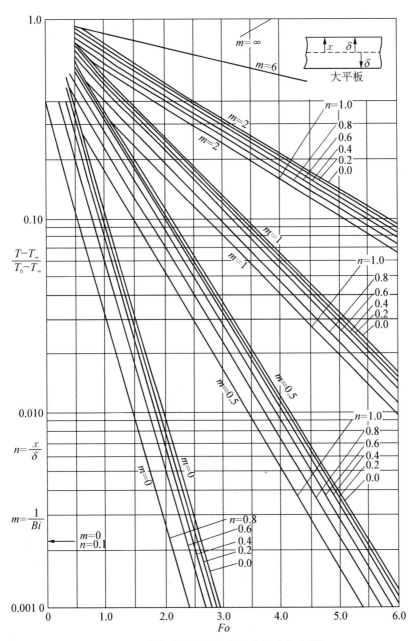

图 4-4　非稳态大平板状食品的温度分布[10]

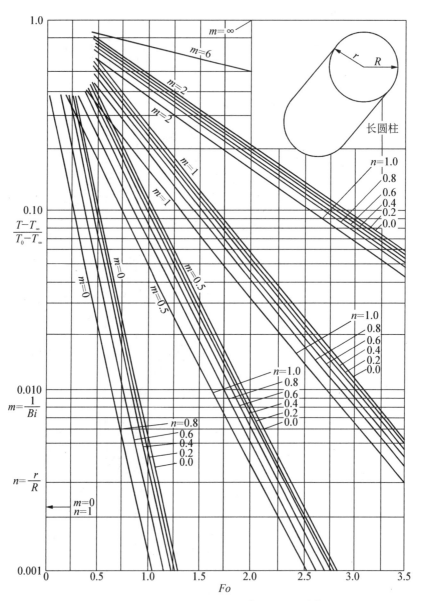

图 4-5 非稳态长圆柱状食品的温度分布[10]

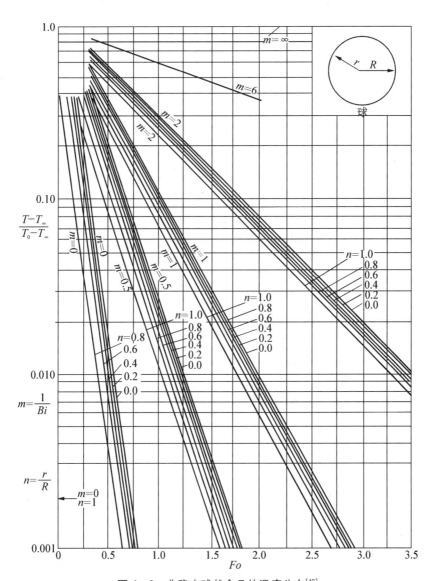

图 4-6　非稳态球状食品的温度分布[10]

（1）苹果中心处的温度降至4℃时所需的时间：

在图4-6中，由$m=0$和$n=0$线与纵坐标0.11水平线得交点，过交点作垂线在横坐标上对应的傅里叶数Fo，

$$\frac{at^2}{R^2} = \frac{\lambda t}{\rho c R^2} = 0.3$$

$$t = \frac{0.3 \times 800 \times 3\,560 \times (0.03)^2}{0.35} = 2\,197\,\text{s} = 0.61\,\text{h}$$

（2）苹果表面内0.01 m处的温度降至4℃时所需的时间：

由$n=(r/R)=(0.02/0.03)=0.67$，与上面步骤一样得到傅里叶数Fo，

$$\frac{\lambda t}{\rho c R^2} = 0.2$$

$$t = \frac{0.2 \times 800 \times 3\,560 \times (0.03)^2}{0.35} = 1\,465\,\text{s} = 0.41\,\text{h}$$

4.4　短方柱和短圆柱状食品的冷却[4, 10]

4.4.1　短方柱和短圆柱状食品的冷却

从大平板、长圆柱和球状食品的冷却时间表达式中可以看出，它们的区别仅在于系数不同，因此，可以归纳为一个通用式。

$$\lg(T - T_\infty) = -t/f + \lg j(T_0 - T_\infty) \tag{4-46}$$

式中，f为时间因子（time factor）；j为滞后因子（lag factor）。

利用集总参数法求解冷却问题时，由式（4-11）可知，$f = \dfrac{2.3\rho c V}{\alpha A}$，$j=1$；对于大平板、长圆柱和球体的冷却问题，相对应的$f$和$j$已经绘制成图4-7和图4-8，只要知道毕渥数$Bi$，即可查出对应的$f$和$j$值[4, 10]。

短方柱和短圆柱状也是食品常见的形状，在冷却计算中不能简单地套用上述大平板、长圆柱的冷却计算公式。对于式（4-14）、式（4-27）、式（4-38）的第三类边界条件，以及第一类边界条件中边界温度为定值且初始温度为常数的情况，可采用下述方法计算[4, 10]。

短方柱食品冷却温度分布：

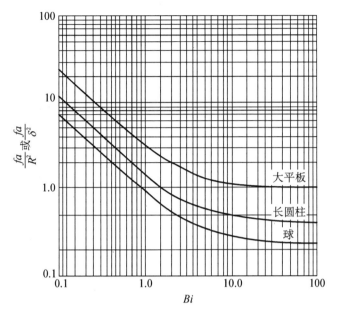

图 4 - 7　非稳态换热毕渥数 Bi 与 f 因子的关系[10]

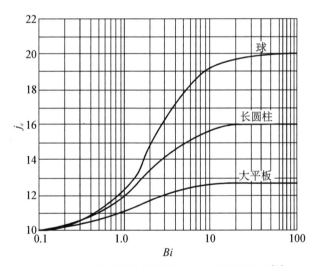

图 4 - 8　非稳态换热毕渥数 Bi 与 j 因子的关系[10]

$$\left[\frac{T-T_\infty}{T_0-T_\infty}\right]_C = \left[\frac{T-T_\infty}{T_0-T_\infty}\right]_L \times \left[\frac{T-T_\infty}{T_0-T_\infty}\right]_W \times \left[\frac{T-T_\infty}{T_0-T_\infty}\right]_H \quad (4-47)$$

式中，下标 C 为短方柱；L 为长度；W 为宽度；H 为高度。

式(4-47)说明短方柱食品的温度分布可以看成是分别由长、宽、高为三个特征尺寸的大平板温度分布的乘积。

短圆柱食品温度分布：

$$\left[\frac{T-T_\infty}{T_0-T_\infty}\right]_{SC} = \left[\frac{T-T_\infty}{T_0-T_\infty}\right]_{LC} \times \left[\frac{T-T_\infty}{T_0-T_\infty}\right]_P \qquad (4-48)$$

式中，下标 SC 为短圆柱；LC 为长圆柱；P 为大平板。

上式说明短圆柱食品的温度分布等于长圆柱和以短圆柱高为大平板特征尺寸的温度分布乘积。引用上述时间因子 f 和滞后因子 j，使短方柱食品的冷却计算表达式变为

$$\begin{cases} \dfrac{1}{f_c} = \dfrac{1}{f_L} + \dfrac{1}{f_w} + \dfrac{1}{f_H} \\ j_c = j_L \times j_w \times j_H \end{cases} \qquad (4-49)$$

短圆柱状食品的冷却计算表达式变为

$$\begin{cases} \dfrac{1}{f_{SC}} = \dfrac{1}{f_{LC}} + \dfrac{1}{f_P} \\ j_{SC} = j_{LC} \times j_P \end{cases} \qquad (4-50)$$

式中，f 和 j 可从图 $4-7$ 和图 $4-8$ 中查得。

例 4-8　香肠直径为 0.1 m，长为 0.3 m，密度为 $1\,041$ kg/m³，比热容为 3.35 kJ/(kg·K)，热导率为 0.48 W/(m·K)，初始温度为 $21℃$，与冷却介质的表面对流换热系数为 $1\,135$ W/(m²·K)，试计算香肠放入温度为 $2℃$ 的冷却介质中 2 h 后的温度。

解：首先计算毕渥数 Bi：

对于长圆柱　　　　　　$Bi = \dfrac{1\,135 \times 0.05}{0.48} = 118$

对于大平板　　　　　　$Bi = \dfrac{1\,135 \times 0.15}{0.48} = 355$

毕渥数 Bi 均大于 40，因此，可忽略表面对流热阻。从图 $4-7$ 中可知：

对于长圆柱 $Bi = 118$ 时，$(f_{LC})a/R^2 = 0.4$

对于大平板 $Bi = 355$ 时，$(f_P)a\Big/\left(\dfrac{\delta}{2}\right)^2 = 0.95$

从图 $4-8$ 中可知：

对于长圆柱 $Bi = 118$ 时，$j_{LC} = 1.6$

对于大平板 $Bi = 355$ 时，$j_P = 1.275$

由于 $a = \dfrac{\lambda}{\rho c}$，所以有

$$f_{LC} = \frac{0.4R^2}{a} = \frac{0.4R^2\rho c}{\lambda} = \frac{0.4\times(0.05)^2(1\,041)(3\,350)}{0.48}$$

$$= 7\,272\ \text{s} = 2.02\ \text{h}$$

$$f_P = \frac{0.95\times(0.15)^2(1\,041)(3\,350)}{0.48} = 155\,296\ \text{s} = 43.1\ \text{h}$$

$$\frac{1}{f_{SC}} = \frac{1}{2.02} + \frac{1}{43.1} = 0.518,\ f_{SC} = 1.93\ \text{h}$$

$$j_{SC} = j_{LC}\times j_P = 1.6\times1.275 = 2.04$$

将 f_{SC} 和 j_{SC} 代入式(4-46)得 2 h 后的中心温度 T：

$$\lg(T-2) = -2/1.93 + \lg[2.04\times(21-2)]$$

$$T = 5.57\text{℃}$$

4.4.2　食品几何形状对温度变化特性的影响

前面讲过了大平板、长圆柱、球、短方柱、短圆柱状食品的冷却问题。这里进一步归纳一下几何形状对食品冷却速率的影响。首先,仍将冷却问题分为内部导热热阻可以忽略和表面对流换热热阻可以忽略两种情况,即毕渥数 $Bi < 0.1$ 和 $Bi > 40$ 两种情况。

1. 毕渥数 $Bi < 0.1$

由式(4-11)可知,食品内的过余温度随时间呈指数曲线关系变化(见图 4-9)。在过程的开始阶段温度变化很快,随后逐渐减慢。如果时间 $t = \dfrac{\rho cV}{\alpha A}$,则有 $\dfrac{\theta}{\theta_0} = \dfrac{T-T_\infty}{T_0-T_\infty} = \text{e}^{-1} = 0.368 = 36.8\%$,说明在此时间范围内,食品过余温度的变化已经达到了初始值的 63.2%。此时间范围越小,说明食品对表面流体温度的反应越快,内部温度越趋于一致。这个时间称为时间常数。对于同一食品及其原料和同一冷却条件下,V/A 越大,则冷却的时间越长。例如,对于厚度为 2δ 的大平板、半径为 R 的长圆柱和球,其体积与表面积之比分别为 δ、$R/2$ 及 $R/3$,如果 $\delta = R$,则在三种几何形状中,球的冷却速率最快,圆柱次之,平板最慢。

2. 毕渥数 $Bi > 40$

由分析解可以得出不同几何形状食品中心温度随时间的变化曲线,如图 4-10 所示[4]。图中纵坐标是食品中心处的无量纲过余温度 $\left(\dfrac{T^*-T_\infty}{T_0-T_\infty}\right)$,横坐标是

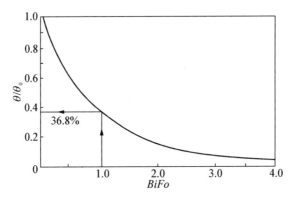

图4-9 用集总参数法分析时过余温度的变化曲线[4]

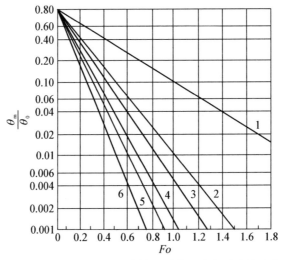

图4-10 可忽略表面对流热阻时食品中心温度的变化
曲线[4]

1—大平板；2—正方形截面的长柱体；3—长圆柱；
4—立方体；5—长度等于直径的柱体；6—球

傅里叶数,其特征尺寸选取方法为:对大平板、正方柱体、立方体各取其厚度的一半;对于圆柱体及球体取其半径。由图可见,在所比较的六种几何形状中,球的冷却速率仍然最快,而大平板仍然最慢。

4.5 食品冷却技术与装备

强制(差压)风冷、水冷、冰冷和真空预冷是目前常用的冷却方式,由于这些冷却方式都有各自的特点,因此,在生产中根据产品特征选择使用。预冷可以延缓食品质量下降的速率,降低或者抑止致病微生物和腐败微生物数量。在预冷技术研究方面,主要集中在预冷成本(设备投资、能耗、预冷介质消耗等方面)、预冷过程中的质量损失(主要是表面水分蒸发)、预冷过程中食品表面微生物数量变化与交叉污染问题、预冷温度与时间问题、预冷对食品表面状态、色泽、风味、质构等影响问题。

1. 强制风冷

在果蔬产地,强制风冷一般都是差压式的预冷方式。冷风在果蔬堆积的缝隙中分布状态直接影响预冷效果,为此,近几年对冷风分布问题和新型包装方式下的冷风分布问题有一些研究报道。Tanner 等[11]利用 CO_2 作为示踪物质,随冷风进入堆积的果蔬内,通过 CO_2 分析仪即可检测冷风在果蔬堆积缝隙内的分布信息,该种方法简单易行。Castro 等[12]利用 64 个高分子材料制作的球模拟果蔬材料,对差压预冷箱的开孔率、径孔大小、孔的分布进行试验,通过对每个球的降温速率、压力降、风速等参数分析,得出孔的数量和分布相同情况下,孔径大,风速大,冷却速率高,冷风分布均匀,包装箱侧面开孔率受限制的情况下,建议在箱体顶部和底部开孔,以获得尽量大的开孔率。苏树强等[13]利用 Fluent6.0 分析计算了货箱开孔率、压差、风量、温差、码堆方式及换热量间的相互影响,建立了各参数间的函数关系,给出了压差、时间、开孔率、初始温差、码堆方式对换热速率影响的关系方程。研究结果可直接用于差压预冷实施的方案设计、负荷计算、风机选型等。Zou 等[14]利用 CFD 方法对多层立式堆放的苹果进行研究,将堆放的苹果视为多孔介质材料,采用体积平均传递方程得到与孔隙形状无关的空气流动模型和传热模型,对不同果蔬形态有较好的适用性。Anderson 等对新型草莓包装盒(蛤壳式)以及新的堆码方式进行差压预冷研究,给出蛤壳式开孔、外包装纸板箱开孔以及纸板箱堆码方式对预冷效果的影响[15]。Talbot 等研制一种可移动式的果蔬差压装置,该装置为边长 2.4 m 的正立方体,配置两台制冷能力各为 10.5 kW 的机组,1.1 kW 的冷风机。这种移动式预冷装置机动性非常强,可在田间地头完成果蔬预冷工作(见图 4 - 11)[16]。

图 4 - 11　移动式差压预冷装置[16]

强制风冷技术在肉品加工中应用很普遍,尤其是猪、牛和羊等动物屠宰后的胴体冷却,对此早有大量的研究报道。关于禽类风冷研究相对较少,尤其缺乏冷却方式、冷却条件、禽的重量和形状对冷却速率、水分损失、能量损耗等方面的系统资料。在已有的研究报道中,研究结果有较大差异,而且缺乏可比性。关于禽类预冷,用冰水浸没式较多,但是在欧盟国家采用风冷较多,他们认为冷风加工的禽肉才是新鲜的禽肉[17, 18]。

差压冷却是利用冷库中的冷空气在负压力差作用下,穿过差压箱和箱内的果蔬缝隙,实现换热冷却目的。与正压力鼓风冷却方式相比,负压通风在果蔬缝隙内冷风分布更均匀(见图4-12)。真空冷却是利用果蔬表面水分蒸发吸热作用实现冷却目的,因此,真空冷却装置是一个可实现真空环境的密闭系统,与冷库是两个相对独立的空间。真空冷却适合于比表面积较大、组织结构疏松、自由水分较多的果蔬类,例如:菠菜、球生菜、蘑菇等等。

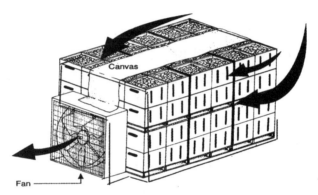

图4-12　差压冷却装置示意图[19]

2. 水冷和冰冷

在果蔬预冷中,水冷、冰冷以及冰水混和冷却均有应用,水冷与风冷比较,其冷却速率比风冷大15倍,但是能耗较大。水冷主要问题除了有果蔬品种限制外,冷却均匀性也是一个问题。目前浸没式果蔬预冷装置已很少应用,具有大功率冷水分散器的批量式冷却装备以及与果蔬运输车辆相结合的固定式冰水冷却装备应用较多。大功率分散器解决冷却水分布不均匀问题。果蔬运输车辆与固定式冰水预冷装置相结合提高了机动性,同时也减少果蔬预冷时的装卸次数。据报道,这种装置投资少,农民在田间地头可自己建造(见图4-13)[20]。

近几年,冰冷技术发展很快,以往是人工碎冰、人工撒冰,不但劳动强度大,而

图4-13　装载果蔬的车辆正在预冷[20]

且碎冰分布不均,开箱与封箱时间长,影响预冷效果。目前,直接生产碎冰,利用冷水作输送介质,将碎冰均匀地填充到果蔬孔隙内。整个过程已完成自动化,仅由果蔬运输车司机一个人即可完成[20]。

在禽类预冷中,冰水混和预冷、含氯水溶液预冷以及水喷淋预冷都有应用。大量试验表明,含氯水溶液(20~25 mg/L)对微生物具有明显的杀死作用(但欧盟国家不允许使用)[17]。冰水冷却速率高,没有质量损失,早期冰水冷却可增重12%~15%,目前,采用逆流冷却方式,在冰含量、冷却时间以及冰水扰动速度等方面有较严格的控制,增重比例约在 2.0%~11.7%之间,取决于预冷时间。所有采用浸没式预冷方式的国家,对吸水率都有限定,欧盟国家允许吸水量为4.5%[17]。

3. 真空预冷

真空预冷技术对叶类菜和蘑菇等农产品预冷效果很好,这些产品一般均具有体表面积大或者呈多孔状,有较丰富的自由水分,而且少量失水对产品质量以及企业利润影响较小。随着快捷方便食品需求量日益增加,真空预冷技术开始在食品工业中应用,主要有米饭、熟肉、汤汁、水产品、焙烤面制品等。这些产品烹饪加工后温度非常高,在食品安全和质量控制方面要求做到快速冷却。真空预冷与其他风冷、水冷相比,在冷却速率方面具有绝对优势。据报道,真空预冷是目前唯一能够满足欧洲许多国家对蒸煮肉冷却规范的方法[21]。关于真空预冷技术的研究,主要集中在几个方面:①预冷压力、时间等参数对冷却效果和食品质量的影响,这方面文章比较多[22, 23];②真空预冷过程模拟研究[24~26];③降低真空预冷水分损失研究[27];④其他方面研究。贺素艳等利用透射电子显微镜对甘蓝真空预冷后组织微观结构进行研究,发现真空压力对甘蓝细胞膜和细胞器均有不同程度的损伤,对后续贮存产生一定的影响[28]。Cheng 等利用电荷耦合元件(CCD)照相机对真空预冷系统水的形态变化进行研究,给出真空开始后水状态的系列变化以及降温速率,为深入研究真空预冷技术提供一个新的方法[29]。

参考文献

[1] 李云飞,殷涌光,徐树来等. 食品物性学[M]. (第二版). 北京:中国轻工业出版社,2009, 181 - 202.

[2] Ashrae. Ashrae Handbook (Fundamentals) [M]. Atlanta:American Society of Heating, Refrigerating and Air-conditioning Engineers, 1993.

［3］ 华泽钊,李云飞,刘宝林. 食品冷冻冷藏原理与设备［M］. 北京:机械工业出版社,1999,77 - 94.

［4］ 杨世铭主编. 传热学［M］. 北京:人民教育出版社,1980.

［5］ Toledo R T. Fundamentals of Food Process Engineering ［M］. Second edition. New York: van Nostrand Reinhold, 1991.

［6］ 杨强生,浦保荣. 高等传热学［M］. 上海:上海交通大学出版社,1996.

［7］ Sweat V E. Thermal properties of foods, in "engineering properties of foods" ［M］. 2nd. ed. by Rao M A. New York: Marcel Dekker, Inc. 1995.

［8］ 黑龙江商学院食品工程系. 食品冷冻理论及应用［M］. 哈尔滨:黑龙江科学技术出版社,1989.

［9］ Cleland A C. Food refrigeration processes ［M］. England: Elsevier Science Publishers Ltd. , 1990.

［10］ Heldman R, Singh R P. Food process engineering ［M］. (2nd edition). USA: AVI Publishing Company, 1981.

［11］ Tanner D J, Cleland A C, Robertson T R, et al. PH—Postharvest technology: Use of carbon dioxide as a tracer gas for determining In-package airflow distribution ［J］. Journal of Agricultural Engineering Research, 2000,77(4):409 - 417.

［12］ de Castro L R, Vigneault C, Cortez L A B. Cooling performance of horticultural produce in containers with peripheral openings［J］. Postharvest Biology and Technology, 2005,38(3):254 - 261.

［13］ 苏树强,李云飞. 果蔬差压预冷技术研究［C］. 上海市农业机械学会 2006 年会论文集,125 - 131.

［14］ Zou Q, Opara L U, McKibbin R. A CFD modeling system for airflow and heat transfer in ventilated packaging for fresh foods: I. Initial analysis and development of mathematical models ［J］. Journal of Food Engineering, 2006,77(4):1037 - 1047.

［15］ Anderson B A, Sarkar A, Thompson J F, et al. Commercial-scale forced-air cooling of packaged strawberries ［J］. American Society of Agricultural Engineers, 2004,47(1):183 - 190.

［16］ Talbot M T, Fletcher J H. A portable demonstration forced air cooler. http://edis. ifas. ufl. edu/index. html.

［17］ James C, Vincent C, de Andrade Lima T I, et al. The primary chilling of poultry carcasses—A review ［J］. International Journal of Refrigeration, 2006,29(6):847 - 862.

［18］ Savell J W, Mueller S L, Baird B E. The chilling of carcasses ［J］. Meat Science, 2005,70(3):449 - 459.

［19］ Matveev Y I, Ablett S. Calculation of the C_g' and T_g' intersection point in the state diagram of frozen solutions ［J］. Food Hydrocolloids, 2002,16(5):419 - 422.

［20］ http://www 5. bae. ncsu. edu/programs/extension/publicat/postharv/ag-414-5/index. html From: North Carolina State University.

［21］ Sun D W, Zheng L Y. Vacuum cooling technology for the agri-food industry: Past, present and future ［J］. Journal of Food Engineering, 2006,77(2):203 - 214.

［22］ Zhang Z H, Sun D W. Effects of cooling methods on the cooling efficiency and quality of cooked rice ［J］. Journal of Food Engineering, 2006,77(2):269 - 274.

[23] Cheng H P. Vacuum cooling combined with hydro-cooling and vacuum drying on bamboo shoots [J]. Applied Thermal Engineering, 2006,26(17 - 18):2168 - 2175.

[24] Sun D W, Wang L J. Development of a mathematical model for vacuum cooling of cooked meats [J]. Journal of Food Engineering, 2006,77(3):379 - 385.

[25] Sun D W, Hu Z H. CFD simulation of coupled heat and mass transfer through porous foods during vacuum cooling process [J]. International Journal of Refrigeration, 2003,26 (1):19 - 27.

[26] He S, Li Y. Theoretical simulation of vacuum cooling of spherical foods [J]. Applied Thermal Engineering, 2003,23(12):1489 - 1501.

[27] Zhang Z H, Sun D W. Effect of cooling methods on the cooling efficiencies and qualities of cooked broccoli and carrot slices [J]. Journal of Food Engineering, 2006,77(2):320 - 326.

[28] He S, Feng G, Li Y, et al. Effects of pressure reduction rate on quality and ultrastructure of iceberg lettuce after vacuum cooling and storage [J]. Postharvest Biology and Technology, 2004,33(3):263 - 273.

[29] Cheng H P, Lin C T. The morphological visualization of the water in vacuum cooling and freezing process [J]. Journal of Food Engineering, 2007,78(2):569 - 576.

第5章　食品冷冻技术

食品冷冻冷藏是食品冷加工的主要内容之一,目前在国内外发展都很快,冷冻食品的消费量逐年递增。关于如何提高冷冻食品的质量,降低食品冷冻加工与冻藏成本,同时减少加工与贮藏中对大气环境的破坏是人们研究的重点。具体内容为:冷冻方法与设备、冰晶对食品质量的影响、冻伤、冻结速率、食品热物性、冷冻食品的包装、水分与汁液流失、冷冻食品成分与形态等问题。其中冻结速率和食品热物性是影响冷冻食品质量及设备性能的主要因素[1]。

5.1　冻结速率的表示法

冻结速率可用食品热中心温度下降的速率或冰锋前移的速率表示。

5.1.1　用食品热中心降温速率表示

食品热中心(thermal center)即指降温过程中食品内部温度最高的点。对于成分均匀且几何形状规则的食品,热中心就是其几何中心。

以往常用食品热中心温度从$-1℃$降至$-5℃$所用时间长短衡量冻结快慢问题,并称此温度范围为最大冰晶生成带(zone of maximum crystallization)[2]。若通过此冰晶生成带的时间少于30 min,称为快速冻结;若大于30 min,称为慢速冻结。以往认为这种快速冻结对食品质量影响很小,特别是果蔬食品。然而,随着冻结食品种类增多和对冻结食品质量要求的提高,人们发现这种表示方法对保证有些食品的质量并不充分可靠。主要原因是:①有些食品的最大冰晶生成带可延伸至$-15\sim-10℃$;②不能反映食品形态、几何尺寸、包装情况等多种因素的影响。因此,近几年,人们建议采用冰锋移动速率表示冻结快慢问题[2~4]。

5.1.2　用冰锋前移速率表示

这种表示法最早是德国学者普朗克提出的,他以$-5℃$作为结冰锋面(ice

front)，测量从食品表面向内部移动的速率。并按此速率高低将冻结分成
3 类：

　　快速冻结：冰锋移动速率≥5～20 cm/h；

　　中速冻结：冰锋移动速率≥1～5 cm/h；

　　慢速冻结：冰锋移动速率＝0.1～1 cm/h。

　　20 世纪 70 年代国际制冷学会提出食品冻结速率应为

$$V_f = \frac{L}{t} \qquad\qquad (5-1)$$

式中，L 为食品表面与热中心的最短距离，单位为 cm；t 为食品表面达 0℃至热中
心达初始冻结温度以下 5 K 或 10 K 所需的时间[2, 5]，单位为 h。

　　使用中发现，有两个因素对上述冻结速率影响最大。一个是温度传感器位置
与热中心位置的偏差；另一个是食品的初始温度。试验表明，初始温度高虽然使
整个冻结时间增长，但式(5-1)中的时间 t 却减少了。

　　目前生产中使用的冻结装置的冻结速率大致为[3, 6]：

　　慢冻(slow freezing)：在通风房内，对散放大体积材料的冻结。冻结速率为
0.2 cm/h；

　　快冻或深冻(quick- or deep-freezing)：在鼓风式或板式冻结装置中冻结零售
包装食品，冻结速率为 0.5～3 cm/h；

　　速冻或单体快速冻结(rapid freezing or individual quick freezing，IQF)：在
流化床上对单粒小食品快冻。冻结速率为 5～10 cm/h；

　　超速冻(ultra rapid freezing)：采用低温液体喷淋或浸没冻结。冻结速率为
10～100 cm/h。

　　对于畜肉类食品，冻结速率达到 2～5 cm/h 时，即获得较好的效果；而对于生
禽肉，冻结速率必须大于 1.0 cm/h，才能保证有较亮的颜色[7]。

5.2　冻结时间

　　食品冻结过程与食品冷却过程不同。在冻结过程中，食品的物理性质将发
生较大的变化，其中比较明显的是比热容和热导率变化，因此，很难用解析式求
解。目前，常见的几种求解方法基本是在较大假设条件范围内，经过试验修正
后获得。

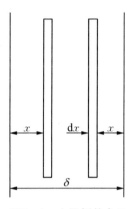

**图5-1　大平板状食品
冻结简图[2]**

5.2.1　普朗克公式(Plank's Equation, 1913)[2]

如图 5-1 所示，厚度为 $\delta(\mathrm{m})$ 的无限大平板状食品，置于温度为 T_∞ 的冷却介质中冻结。假设：① 食品冻结前初始温度均匀一致并等于其初始冻结温度；② 冻结过程中，食品的初始冻结温度保持不变；③ 热导率等于冻结时的热导率；④ 只计算水的相变潜热量，忽略冻结前后放出的显热量；⑤ 冷却介质与食品表面的对流换热系数不变。

经过一定时间后，每侧冻结层厚度均达到 $x(\mathrm{m})$。由于对称关系，下面仅考虑一侧的冻结问题。

在 $\mathrm{d}t$ 时间内，冻结面推进 $\mathrm{d}x$ 距离，其放出的潜热量为

$$\mathrm{d}Q = h\rho A\,\mathrm{d}x(\mathrm{J}) \tag{5-2}$$

式中，h 为 1 kg 食品的冻结潜热，等于纯水的冻结潜热与食品含水率的乘积，即

$$h = 335 \times 10^3 \times w(\mathrm{J/kg}) \tag{5-3}$$

w 为食品含水率(%)；ρ 为食品的密度，单位为 $\mathrm{kg/m^3}$；A 为食品一侧的表面积，单位为 $\mathrm{m^2}$。

该热量先通过 x 米厚的冻结层，再在表面处以对流换热的方式传给冷却介质，为

$$\mathrm{d}Q = \frac{T_i - T_\infty}{\dfrac{1}{\alpha A} + \dfrac{x}{\lambda A}}\mathrm{d}t \tag{5-4}$$

式中，α 为食品表面对流换热系数，单位为 $\mathrm{W/(m^2 \cdot K)}$；λ 为冻结层的热导率，单位为 $\mathrm{W/(m \cdot K)}$；T_i 为食品的初始冻结温度，单位为℃；T_∞ 为冷却介质的温度，单位为℃。

合并式(5-2)和式(5-4)并在 $0 \sim \dfrac{1}{2}\delta$ 间积分，得无限大平板状食品的冻结时间 t 为

$$t = \frac{h\rho}{2(T_i - T_\infty)}\left(\frac{\delta}{\alpha} + \frac{\delta^2}{4\lambda}\right) \tag{5-5}$$

对于直径为 D 的长圆柱状食品和球状食品，用类似的方法可分别获得冻结时间，其表达式分别为

对于长圆柱状： $\qquad t = \dfrac{h\rho}{4(T_i - T_\infty)}\left(\dfrac{D}{\alpha} + \dfrac{D^2}{4\lambda}\right)$ $\qquad$ (5-6)

对于球状： $\qquad t = \dfrac{h\rho}{6(T_i - T_\infty)}\left(\dfrac{D}{\alpha} + \dfrac{D^2}{4\lambda}\right)$ $\qquad$ (5-7)

上述 3 个公式表明,对于相同材料的食品,当平板的厚度与柱状、球状的直径相同时,大平板状食品的冻结时间是长圆柱状食品的 2 倍、球状食品的 3 倍。这 3 个公式可统一表示为

$$t = \dfrac{h\rho}{(T_i - T_\infty)}\left(\dfrac{PL}{\alpha} + \dfrac{RL^2}{\lambda}\right) \qquad (5-8)$$

式中,L 为食品的特征尺寸,单位为 m,对大平板状食品取 $L=\delta$ 厚度;对长圆柱状食品和球状食品取 $L=D$ 直径;P、R 为食品的形状系数(shape factors)。

对于大平板状食品,如猪、牛、羊等半胴体,有

$$P = \dfrac{1}{2}, \qquad R = \dfrac{1}{8}$$

对于长圆柱状食品,如对虾、金枪鱼等,有

$$P = \dfrac{1}{4}, \qquad R = \dfrac{1}{16}$$

对于球状食品,如苹果、草莓等,有

$$P = \dfrac{1}{6}, \qquad R = \dfrac{1}{24}$$

对于方形或长方形的食品,设其 3 个边长的尺寸分别为 a、b、c,且 $a > b > c$。定义特征尺寸 $L = c$,另两边与 c 的比值分别被定义为 β_1 和 β_2:

$$\begin{cases} \beta_1 = \dfrac{b}{c} \\ \beta_2 = \dfrac{a}{c} \end{cases} \qquad (5-9)$$

根据 β_1 和 β_2 值,由图 5-2 或表 5-1 查得形状系数 P 和 R 值,再利用式(5-8)计算方形或长方形状食品的冻结时间。

若食品带有包装材料,则冻结时间式(5-8)应改为

$$t = \dfrac{h\rho}{(T_i - T_\infty)}\left[\dfrac{RL^2}{\lambda} + PL\left(\dfrac{1}{\alpha} + \dfrac{\delta_p}{\lambda_p}\right)\right] \qquad (5-10)$$

式中,δ_p 为包装材料的厚度,单位为 m;λ_p 为包装材料的热导率,单位为 W/(m·K)。

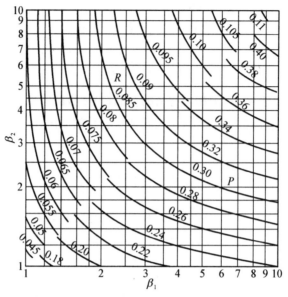

图 5-2　普朗克公式中的形状系数 P、R 值[2]

表 5-1　食品形状系数 P 和 R 值[2]

β_1	β_2	P	R	β_1	β_2	P	R
1.0	1.0	0.166 7	0.041 7	4.5	1.0	0.225 0	0.058 0
1.5	1.0	0.187 5	0.049 1		3.0	0.321 5	0.090 2
	1.5	0.214 3	0.060 4		4.5	0.346 0	0.095 9
2.0	1.0	0.200 0	0.052 5	5.0	1.0	0.227 2	0.058 4
	1.5	0.230 8	0.065 6		2.0	0.294 1	0.082 7
	2.0	0.250 0	0.071 9		5.0	0.357 0	0.098 2
2.5	1.0	0.208 3	0.054 5	6.0	1.0	0.230 8	0.059 2
	2.0	0.263 2	0.075 1		2.0	0.300 0	0.083 9
	2.5	0.277 8	0.079 2		4.5	0.360 2	0.099 0
3.0	1.0	0.214 2	0.055 8		6.0	0.375 0	0.102 0
	2.0	0.272 7	0.077 6	8.0	1.0	0.235 3	0.059 9
	2.25	0.281 2	0.079 9		2.0	0.307 7	0.085 1
	3.0	0.300 0	0.084 9		4.0	0.320 0	0.101 2
3.5	1.0	0.218 6	0.056 7		8.0	0.400 0	0.105 1
	3.5	0.318 1	0.089 3	10.0	1.0	0.238 1	0.060 4
4.0	1.0	0.222 2	0.057 4		2.0	0.312 5	0.086 5
	2.0	0.285 7	0.080 8		5.0	0.384 6	0.103 7
	3.0	0.315 6	0.088 7		10.0	0.416 7	0.110 1
	4.0	0.333 3	0.092 9	∞	∞	0.500 0	0.125 0

例 5 - 1　尺寸为 $1\,m \times 0.25\,m \times 0.6\,m$ 的牛肉放在 $-30℃$ 的对流冻结装置中冻结,已知牛肉含水率为 74.5%,初始冻结温度为 $-1.75℃$,冻结后的密度为 $1\,050\,kg/m^3$,冻结牛肉的热导率为 $1.108\,W/(m \cdot K)$,对流换热系数为 $30\,W/(m^2 \cdot K)$,试用普朗克公式计算所需冻结时间。

解:根据式(5 - 3)得牛肉的冻结潜热为

$$h = 335 \times 10^3 \times 0.745 = 249.6 \times 10^3\,J/kg$$

由式(5 - 9)得形状系数为

$$\beta_1 = \frac{0.6}{0.25} = 2.4,\ \beta_2 = \frac{1}{0.25} = 4$$

从表 5 - 1 中可得 $P = 0.3,\ R = 0.085$。将 P、R 值代入普朗克公式(5 - 8)得

$$t = \frac{h\rho}{T_i - T_\infty}\left(\frac{PL}{\alpha} + \frac{RL^2}{\lambda}\right)$$

$$= \frac{249.6 \times 10^3 \times 1\,050}{-1.75 + 30}\left(\frac{0.3 \times 0.25}{30} + \frac{0.085 \times 0.25^2}{1.108}\right)s$$

$$= 67\,623.8\,s = 18.8\,h$$

5.2.2　普朗克公式的修正式

1. 普朗克无量纲修正式(一)[8]

从普朗克 1913 年提出式(5 - 8)以来,人们通过大量的理论分析和试验研究,不断地对该式进行改进。其中,Cleland 和 Earle(1979)在试验研究基础上提出的普朗克无量纲修正式不但包括了显热量对冻结时间的影响,而且通用性强。其形式如下:

$$Fo = P\left(\frac{1}{Bi \cdot Ste}\right) + R\left(\frac{1}{Ste}\right) \tag{5 - 11}$$

式中,
$$\begin{cases} Fo = \dfrac{at}{\delta^2} \\[2mm] Bi = \dfrac{\alpha\delta}{\lambda} \\[2mm] Ste = \dfrac{c_i(T_i - T_\infty)}{h} \end{cases} \tag{5 - 12}$$

a 为食品冻结后的热扩散系数,单位为 m^2/s;α 为食品表面对流换热系数,单位为

$W/(m^2 \cdot K)$；λ 为冻结层的热导率，单位为 $W/(m \cdot K)$；c_i 为食品冻结后的比热容，单位为 $J/(kg \cdot K)$；h 为食品冻结潜热，单位为 J/kg；T_i 为食品的初始冻结温度，单位为℃；T_∞ 为冷却介质的温度，单位为℃。

式(5-11)中的形状系数 P 和 R 的无量纲表达式分别为

对于大平板状食品：

$$P = 0.5072 + 0.2018P_k + Ste\left(0.3224P_k + \frac{0.0105}{Bi} + 0.0681\right)$$

$$(5-13)$$

$$R = 0.1684 + Ste(0.274P_k + 0.0135) \qquad (5-14)$$

对于长圆柱状食品：

$$P = 0.3751 + 0.0999P_k + Ste\left(0.4008P_k + \frac{0.071}{Bi} - 0.5865\right)$$

$$(5-15)$$

$$R = 0.0133 + Ste(0.0415P_k + 0.3957) \qquad (5-16)$$

对于球状食品：

$$P = 0.1084 + 0.0924P_k + Ste\left(0.231P_k - \frac{0.3114}{Bi} + 0.6739\right)$$

$$(5-17)$$

$$R = 0.0784 + Ste(0.0386P_k - 0.1694) \qquad (5-18)$$

式中，P_k 为普朗克数，反映初始冻结温度以上显热量对冻结时间的影响。

$$P_k = \frac{c(T_0 - T_i)}{h} \qquad (5-19)$$

式中，c 为食品未冻结时的比热容，单位为 $J/(kg \cdot K)$；T_0 为食品初始温度，单位为℃；T_i 为食品初始冻结温度，单位为℃。

在使用无量纲修正式时，大平板状公式(5-13)和式(5-14)的最佳条件是[2]：食品含水率在 77% 左右，初始温度小于 40℃，冷却介质温度在 $-45 \sim -15$℃之间，食品厚度小于 0.12 m，表面对流换热系数在 $10 \sim 500$ W/($m^2 \cdot K$)范围内，此时公式的误差在 $\pm 3\%$ 之间。

对于长圆柱状式(5-15)、式(5-16)和球状式(5-17)、式(5-18)的无量纲公式，食品含水率也要求在 77% 左右，而且在满足下列条件下，长圆柱状和球状公式的误差可分别达到 ±5.2% 和 ±3.8%。

$$0.155 \leqslant Ste \leqslant 0.345$$

$$0.5 \leqslant Bi \leqslant 4.5$$

$$0 \leqslant P_k \leqslant 0.55$$

例 5 - 2　在 −30℃ 空气冻结装置中冻结厚度为 0.025 m 的羊排。已知羊排冻结后的密度为 1 050 kg/m³，初始冻结温度 $T_i = −2.75℃$，羊排冻结后的热导率为 1.35 W/(m・K)；空气和被冻结物之间对流换热系数为 20 W/(m²・K)。试利用普朗克无量纲修正式计算羊排从初始温度 20℃ 降至 −10℃ 所需的时间。

解: 设羊排的冻结潜热 $h \approx 218$ kJ/kg，冻结前后的比热容分别为 $c = 3.30$ kJ/(kg・K) 和 $c_i = 1.66$ kJ/(kg・K)。

计算 Bi、Ste 和 P_k 准则数：

$$Bi = \frac{\alpha \delta}{\lambda} = \frac{20(0.025)}{1.35} = 0.37$$

$$Ste = \frac{c_i(T_i - T_\infty)}{h} = \frac{1.66(-2.75+30)}{218} = 0.207\,5$$

$$P_k = \frac{c(T_0 - T_i)}{h} = \frac{3.30(20+2.75)}{218} = 0.344\,0$$

将以上 3 个准则数代入式(5 - 13)和式(5 - 14)得

$$P = 0.507\,2 + 0.201\,8(0.344) + 0.207\,5\Big(0.322\,4 \times 0.344 +$$
$$\frac{0.010\,5}{0.37} + 0.068\,1\Big)$$
$$= 0.617\,8$$

$$R = 0.168\,4 + 0.207\,5 \times [0.274(0.344) + 0.013\,5]$$
$$= 0.190\,3$$

利用式(5 - 11)得

$$t = \frac{\rho c_i \delta^2}{\lambda}\Big[\frac{P}{Bi \cdot Ste} + \frac{R}{Ste}\Big]$$
$$= \frac{1\,050 \times 1\,660 \times (0.025)^2}{1.35} \times \Big(\frac{0.617\,8}{0.207\,5 \times 0.37} + \frac{0.190\,3}{0.207\,5}\Big)$$
$$= 7\,312.7 \text{ s} = 2.03 \text{ h}$$

2. 普朗克修正式(二)[9]

为了使用方便,上述计算大平板状、长圆柱状和球状食品的形状系数 P、R 已经绘制成图 5-3 和图 5-4,根据 P_k 和 Ste 数即可查得 P 值和 R 值。

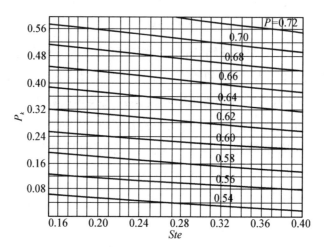

图5-3 式(5-11)中的系数 P 值[9]

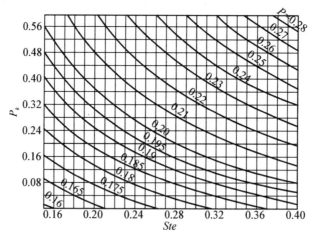

图5-4 式(5-11)中的系数 R 值[9]

对于方形或长方形食品,其当量尺寸定义为

$$ED = 1 + W_1 + W_2 \qquad (5-20)$$

W_1 和 W_2 可从图 5-5 中查得,$ED = 1$ 表示为无限大平板;$ED = 2$ 表示为无限长圆柱;$ED = 3$ 表示为球体。图中横坐标 β 分别代表 β_1 和 β_2,它们由式(5-9)确定。引入当量尺寸 ED(equivalent dimensions)后,Cleland 和 Earle(1982)又给出了另

一个普朗克修正式:

$$t = \frac{\delta^2}{(ED)a}\left(\frac{P}{Bi \cdot Ste} + \frac{R}{Ste}\right) \qquad (5-21)$$

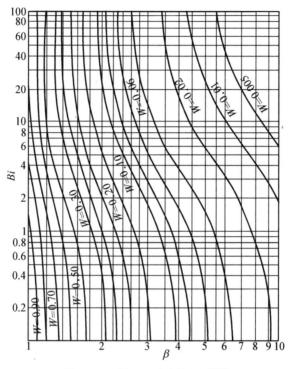

图 5-5　式(5-20)中的 W 值[9]

例 5-3　已知牛肉的成分为:水分 77%、蛋白质 22%、矿物质 1%;被切分成长 0.1 m、宽 0.06 m、厚 0.02 m 的块状。牛肉的初始温度为 10℃,空气对流换热系数为 22 W/(m²·K),计算在 -20℃ 的鼓风式冻结装置中冻结至 -10℃ 所需的时间。

解:(1) 根据食品相关的物性公式得羊肉的初始物理参数:

$$c = 4.18 \times 0.77 + 1.711 \times 0.22 + 0.908 \times 0.01 = 3.604 \text{ kJ/kg}$$

$$1/\rho = 0.77 \times (1/997.6) + 0.22 \times (1/1289.4) + 0.01 \times (1/1743.4)\text{m}^3/\text{kg}$$

$$\rho = 1054.6 \text{ kg/m}^3$$

$$\lambda = 0.61 \times 0.77 + 0.2 \times 0.22 + 0.135 \times 0.01 = 0.508 \text{ W/(m·K)}$$

(2) 设初始冻结温度为 -1.75℃,由相关公式得,在初始冻结温度下未冻结

水的物质的量(摩尔)份额和可溶性固体的有效分子量分别为

$$\frac{6\,003}{8.314}\left(\frac{1}{273}-\frac{1}{271.25}\right)=\ln X_w,\ X_w=0.983\,1$$

$$0.983\,1=\frac{0.77/18}{0.77/18+0.23/M_s},\ M_s=312.4\ \text{kg/mol}$$

(3) 冻结终止温度(-10℃)下的未冻结水的摩尔份额和质量份额分别为

$$\frac{6\,003}{8.314}\left(\frac{1}{273}-\frac{1}{263}\right)=\ln X_{w,u},\ X_{w,u}=0.904\,3$$

$$0.904\,3=\frac{w_{w,u}/18}{w_{w,u}/18+0.23/312.4},\ w_{w,u}=0.138\,5$$

(4) 计算冻结后的物性参数:

$$c_i=4.18\times0.138\,5+2.04\times0.631\,5+1.711\times0.22+0.908\times0.01$$
$$=2.196\ \text{kJ/(kg·K)}$$

$$1/\rho=0.138\,5\times(1/997.6)+0.631\,5\times(1/919.4)+0.22\times(1/1\,289.4)$$
$$+0.01\times(1/1\,743.4)\rho=997.95\ \text{kg/m}^3$$

$$\lambda=0.138\,5\times0.6+0.631\,5\times2.38+0.22\times0.2+0.01\times0.135\,6$$
$$=1.631\ \text{W/(m·K)}$$

(5) 计算式(5-21)中的各项系数:

$$Bi=\frac{22\times0.02}{1.631}=0.27$$

$$Ste=\frac{2.196[-1.75-(-20)]}{0.631\,5\times335}=0.191$$

$$P_k=\frac{3.604[10-(-1.75)]}{0.631\,5\times335}=0.201$$

$$\beta_1=\frac{0.06}{0.02}=3,\ \beta_2=\frac{0.1}{0.02}=5$$

利用 $P_k=0.201$, $Ste=0.191$,从图 5-3 和图 5-4 中得 $P=0.59$, $R=0.185$,再利用 $\beta_1=3$, $Bi=0.27$ 和 $\beta_2=5$, $Bi=0.27$,从图 5-5 中得 $W_1=0.15$ 和 $W_2=0.059$。根据公式(5-20)得,

$$ED=1+W_1+W_2=1.209$$

将上面数据代入公式(5-11)和式(5-21)得

$$Fo = 0.59\left(\frac{1}{0.27 \times 0.191}\right) + 0.185\left(\frac{1}{0.191}\right) = 11.562$$

$$t = \frac{11.562 \times (0.02)^2 \times 997.95 \times 2\,196}{1.631 \times 1.209} = 5\,139.95\ \text{s} = 1.43\ \text{h}$$

3. 普朗克修正式(三)[10, 11]

虽然以上两个修正式对食品几何形状、显热量等因素进行了考虑,但仍然假设冻结过程是在恒定的初始冻结温度下完成。这与食品材料的实际冻结过程相差较大。Cleland 和 Earle(1984)提出了新的普朗克修正式,它不但具有以上两个修正式的优点,同时包含了冻结过程中相变温度下降对冻结时间的影响。

$$t = \frac{h_{10}}{(T_i - T_\infty)(ED)}\left[P\frac{L}{\alpha} + R\frac{L^2}{\lambda}\right]\left[1 - \frac{1.65Ste}{\lambda}\ln\left(\frac{T_f - T_\infty}{-10 - T_\infty}\right)\right]$$

$$(5-22)$$

式中,h_{10} 为食品从初始冻结温度 T_i 降至 $-10℃$时焓差值,单位为 J/m^3;α 为食品表面对流换热系数,单位为 $\text{W/(m}^2 \cdot \text{K)}$;$\lambda$ 为冻结层的热导率,单位为 $\text{W/(m} \cdot \text{K)}$;$T_i$ 为食品的初始冻结温度,单位为$℃$;T_∞ 为冷却介质的温度,单位为$℃$;T_f 为食品的最终冻结温度,单位为$℃$;ED 为当量尺寸(equivalent dimensions),大平板 $ED = 1$;长圆柱 $ED = 2$;球体 $ED = 3$。

$$Ste = c_i\frac{(T_i - T_\infty)}{h_{10}},\ P_k = c\frac{(T_0 - T_i)}{h_{10}}$$

c、c_i 分别是食品冻结前和冻结后的比热容,单位为 $\text{J/(kg} \cdot \text{K)}$;$T_0$ 为食品的初始温度,单位为$℃$;P、R 为食品形状系数。

$$P = 0.5[1.026 + 0.580\,8P_k + Ste(0.229\,6P_k + 0.105)] \qquad (5-23)$$

$$R = 0.125[1.202 + Ste(3.41P_k + 0.733\,6)] \qquad (5-24)$$

式(5-22)的适用条件为

$$0.2 < Bi < 20$$
$$0 < P_k < 0.55$$
$$0.15 < Ste < 0.35$$

例 5-4　已知黑莓(blueberry)含水率为89%,可溶性固体为10%,矿物质为1%,直径为 $0.8\ \text{cm}$,未冻结时密度为 $1\,070\ \text{kg/m}^3$,冻结后密度为 $1\,050\ \text{kg/m}^3$,初始温度为$15℃$,初始冻结温度为$0℃$,最终冻结温度为$-20℃$,表面对流换热系数

为 120 W/(m² · K),冻结后热导率为 2.067 W/(m · K),求在−30℃带式冻结装置中冻结所需的时间。

解:(1) 计算冻结前后黑莓的比热容:

冻结前单位质量比热容:$c = 0.837 + 3.349 \times 0.89 = 3.82$ kJ/(kg · K)

冻结前单位容积比热容:$c_v = 3.82 \times 1\,070 = 4\,084.8$ kJ/(m³ · K)

冻结后单位质量比热容:$c_i = 0.837 + 1.256 \times 0.89 = 1.95$ kJ/(kg · K)

冻结后单位容积比热容:$c_{v,i} = 1.95 \times 1\,050 = 2\,052.58$ kJ/(m³ · K)

(2) 计算焓差值 h_{10},以 0℃时草莓焓值 367 kJ/kg 代替,−10℃时焓值 76 kJ/kg,两者差值为

$$h_{10} = 367 - 76 = 291 \text{ kJ/kg}$$

(3) 计算式(5 - 22)中的系数:

将黑莓视为球体,$ED = 3$,特征尺寸 $L = D = 0.008$ m,

单位容积焓差值为 $2.91 \times 10^5 \times 1\,070 = 3.113\,7 \times 10^8$ J/m³

$$P = 0.5[1.026 + 0.580\,8 \times 0.916\,7 + 1.074\,9(0.229\,6 \times 0.916\,7 + 0.105)]$$
$$= 0.948\,8$$
$$R = 0.125[1.202 + 1.074\,9(3.41 \times 0.916\,7 + 0.733\,6)] = 0.668\,8$$

(4) 由式(5 - 22)计算冻结时间:

$$t = \frac{3.113\,7 \times 10^8}{[0 - (-35)] \times 3}\left[0.948\,8\frac{0.008}{120} + 0.668\,8\frac{(0.008)^2}{2.067}\right]$$

$$\left[1 - \frac{1.65(1.074\,9)}{2.067}\ln\left(\frac{-20 - (-35)}{-10 - (-35)}\right)\right]$$

$t = 0.029\,654\,3 \times 10^8(0.000\,063\,25 + 0.000\,020\,71) \times 1.438\,3 = 358$ s

5.2.3 关于冻结时间的讨论

尽管人们以普朗克模型(Plank's equation)为基础,在完善和修正方面进行了大量的探讨,提出许多修正模型,如食品相变前与相变后的显热量计算问题;相变开始与相变结束所经历的温度范围问题;冻结食品热导率变化问题;不规则形状问题等等[12]。但是在实际应用中还是存在较多的不确定性和偏差。López-Leiva[13]总结了从 1913 年普朗克提出第一个冻结时间预测模型以来,至今 9 个典型预测模型(包括普朗克原始模型),用已经发表的模拟食品冻结试验数据和实际

食品(牛肉、土豆泥、鲤鱼和绞细牛肉)冻结试验数据对 9 个典型模型(均基于普朗克模型)进行对比与验证,发现相对复杂的分析预测模型并未提高预测精度,9 个模型之间个别存在预测偏差达 30%~40%。López-Leiva[13] 等认为在设计计算中,上述模型作为食品冷冻初步设计具有较好的效果,在工业设计中,对冻结时间的估算仍然基于以往的经验值,而不是根据上述模型的预测值。预测模型中主要缺乏有效的食品材料热物性参数,尤其是表面传热系数,它与材料形状、材料表面状况、包装方式、货架摆放位置、材料之间的位置关系等许多因素有关,对预测精度有很大影响。研究符合实际情况的表面传热系数具有更大的意义。Brian 等[14]对普朗克模型以及后续的修正模型进行敏感性分析,用条件绝对值评价表面传热系数误差对冻结时间预测的影响程度。条件值(condition number) η 定义为

$$\eta = \frac{\partial t/t}{\partial \alpha/\alpha} \qquad (5-25)$$

对于采用热传递维数方法的模型,其条件值以大平板条件值 η_{slab} 为基础,表达式如下:

$$\eta_{shape} = \eta_{slab} - \frac{\alpha}{E} \cdot \frac{\partial E}{\partial \alpha} \qquad (5-26)$$

式中,t 为食品冻结时间,α 为表面传热系数,E 为当量热传递维数。η 绝对值小于 1,说明表面传热系数误差对预测的冻结时间影响较小,该预测模型是稳定的。η 绝对值大于 1,说明很小的表面传热系数误差将会对预测的冻结时间产生较大的影响,预测模型是不稳定的。η 绝对值等于 1,说明表面传热系数误差对预测的冻结时间的影响是等量的。将 η 定义式与不同的冻结时间预测模型相结合,得到各种预测模型相应的条件值表达式,并由此得到各种预测模型在不同的 Bi 准则数下对表面传热系数的敏感性。

除了上述普朗克相关模型外,中外许多学者利用数值计算方法对食品冷冻中的传热传质问题进行研究[15, 16]。Pham[17]对食品冻结时间预测模型进行了较全面地综述,概况为:可获得分析解的 Stefan 问题;数值解的导热问题;带相变热的传热问题;变热导率的传热问题以及热质耦合问题。论述了有限差分法、有限元法和有限容积法的特点。指出计算流体力学法(CFD)虽然是很受欢迎的计算方法,但是目前缺少能较好地反映实际状况的湍流模型,而且即使有较接近实际情况的复杂模型,目前的计算机运算速度也很难满足,因此,CFD 法在食品冷冻模

拟研究中还存在许多问题。Cleland 等对数十种冻结时间预测模型进行对比,其中包括各种普朗克修正模型和利用有限差分法、有限元法求解的模型,比较了一维传热的大平板、长圆柱和球,也比较了二维和三维规则形状和不规则形状的食品冻结时间,认为目前冻结时间的预测方法已很充分,其中对预测形状规则的食品的冻结时间已达到很准确的程度,但是缺乏各种食品材料的热力学性质以及符合实际生产状况的表面传热系数,今后重点研究应该放在食品材料和结构的复杂性方面,而不是冻结时间的预测方法方面[18]。

5.3 食品冻结热负荷

5.3.1 理论上估算

食品在冻结过程中,固化相变是在一个温度范围内逐渐完成的。为简化计算,假设相变固化均在初始冻结温度(冰点)下完成。因此,冻结热负荷主要由下面几部分组成:冰点以上的显热量 Q_1;冰点上的相变潜热量 Q_2 和冰点以下的显热量 Q_3 等 3 部分组成。

$$Q = Q_1 + Q_2 + Q_3 \tag{5-27}$$

1. 食品从初始温度降至冰点温度时放出的显热

设单位质量的食品其初始温度为 T_0,冰点温度为 T_i,且 $T_0 > T_i$,在冷却降温时向外放出的热量为 Q_1,则

$$Q_1 = c(T_0 - T_i) \tag{5-28}$$

式中,c 是冰点温度以上食品的比热容(见表 5-2),单位为 kJ/kg℃,是水分和干物质比热容的综合值。

2. 食品中的水冻结时放出的潜热

水在冰点温度下放出的潜热量为

$$Q_2 = f_w w_w h \tag{5-29}$$

式中,w_w 为食品最初含水率,%;f_w 为食品中冻结水的份额,%;h 为水的冻结潜热,一般取 335×10^3 J/kg。

3. 冰点温度以下至最终平均冻结温度放出的显热

显热的表达式为

$$Q_3 = c_i(T_i - \overline{T}_f) \tag{5-30}$$

式中，c_i 为冰点温度以下食品的比热容（见表 5-2），是冰、干物质和少量未冻结水比热容的综合值。$\overline{T}_f$ 为食品最终平均冻结温度，单位为℃，其值等于冻结结束后在绝热条件下，食品各点温度达到一致时的温度。由于食品种类、形状、成分分布等不同，冻结结束时平均温度很难测得，比较简单的方法是取表面温度与中心温度的算术平均值。对于几种简单形状的食品，也可采用下面的方法计算平均冻结温度：

对于大平板状食品：
$$\overline{T}_f = \frac{2T_c + T_s}{3} \tag{5-31}$$

对于长圆柱状食品：
$$\overline{T}_f = \frac{T_c + T_s}{2} \tag{5-32}$$

对于球状食品：
$$\overline{T}_f = \frac{2T_c + 3T_s}{5} \tag{5-33}$$

对一般情况，可取值如下：

牛半胴体（half carcasses of beef）：$\overline{T}_f = 0.37T_c + 0.56T_s$ $\qquad$ (5-34)

猪半胴体（half carcasses of pork）：$\overline{T}_f = 0.41T_c + 0.62T_s$ $\qquad$ (5-35)

式中，T_c 为食品热中心温度，单位为℃；T_s 为食品表面温度，单位为℃。

表 5-2　一些食品材料的含水量、冻前比热容、冻后比热容和融化热数据[19]

食品	含水量（wt%）	初始冻结温度/℃	冻前比热容/[kJ/(kg·K)]	冻后比热容/[kJ/(kg·K)]	融化热/(kJ/kg)
1. 蔬菜					
芦笋	93	−0.6	4.00	2.01	312
干菜豆	41	—	1.95	0.98	37
甜菜根	88	−1.1	3.88	1.95	295
胡萝卜	88	−1.4	3.88	1.95	295
花椰菜	92	−0.8	3.98	2.00	308
芹菜	94	−0.5	4.03	2.02	315
甜玉米	74	−0.6	3.53	1.77	248
黄瓜	96	−0.5	4.08	2.05	322
茄子	93	−0.8	4.00	2.01	312
大蒜	61	−0.8	3.20	1.61	204
姜	87	—	3.85	1.94	291
韭菜	85	−0.7	3.80	1.91	285

（续表）

食品	含水量 （wt%）	初始冻结温度 /℃	冻前比热容/ [kJ/(kg·K)]	冻后比热容/ [kJ/(kg·K)]	融化热/ (kJ/kg)
莴苣	95	−0.2	4.06	2.04	318
蘑菇	91	−0.9	3.95	1.99	305
青葱	89	−0.9	3.90	1.96	298
干洋葱	88	−0.8	3.88	1.95	295
青豌豆	74	−0.6	3.53	1.77	248
四季萝卜	95	−0.7	4.06	2.04	318
菠菜	93	−0.3	4.00	2.01	312
西红柿	94	−0.5	4.03	2.02	315
青萝卜	90	−0.2	3.93	1.97	302
萝卜	92	−1.1	3.98	2.00	308
水芹菜	93	−0.3	4.00	2.01	312
2. 水果					
鲜苹果	84	−1.1	3.78	1.90	281
杏	85	−1.1	3.80	1.91	285
香蕉	75	−0.8	3.55	1.79	251
樱桃（酸）	84	−1.7	3.78	1.90	281
樱桃（甜）	80	−1.8	3.68	1.85	268
葡萄柚	89	−1.1	3.90	1.96	298
柠檬	89	−1.4	3.90	1.96	298
西瓜	93	−0.4	4.00	2.01	312
橙	87	−0.8	3.85	1.94	292
鲜桃	89	−0.9	3.90	1.96	298
梨	83	−1.6	3.75	1.89	278
菠萝	85	−1.0	3.80	1.91	285
草莓	90	−0.8	3.93	1.97	302
3. 鱼					
大马哈鱼	64	−2.2	3.28	1.65	214
金枪鱼	70	−2.2	3.43	1.72	235
青鱼片	57	−2.2	3.10	1.56	191
4. 贝类					
扇贝肉	80	−2.2	3.68	1.85	268
小虾	83	−2.2	3.75	1.89	278
美洲大龙虾	79	−2.2	3.65	1.84	265

（续表）

食品	含水量 （wt%）	初始冻结温度 /℃	冻前比热容/ [kJ/(kg·K)]	冻后比热容/ [kJ/(kg·K)]	融化热/ (kJ/kg)
5. 牛肉					
胴体（60%瘦肉）	49	−1.7	2.90	1.46	164
胴体（54%瘦肉）	45	−2.2	2.80	1.41	151
大腿肉	67		3.35	1.68	224
小牛胴体 （81%瘦肉）	66	—	3.33	1.67	221
6. 猪肉					
腌熏肉	19	—	2.15	1.08	64
胴体（47%瘦肉）	37	—	2.60	1.31	124
胴体（33%瘦肉）	30	—	2.42	1.22	101
后腿（轻度腌制）	57	—	3.10	1.56	191
后腿（74%瘦肉）	56	−1.7	3.08	1.55	188
7. 羊羔肉					
腿肉（83%瘦肉）	65	—	3.30	1.66	218
8. 乳制品					
奶油	16	—	2.07	1.04	54
干酪（瑞士）	39	−10.0	2.65	1.33	131
冰淇淋（10%脂肪）	63	−5.6	3.25	1.63	211
罐装炼乳（加糖）	27	−15.0	2.35	1.18	90
浓缩乳（不加糖）	74	−1.4	3.53	1.77	248
全脂乳粉	2	—	1.72	0.87	7
脱脂乳粉	3	—	1.75	0.88	10
鲜乳（3.7%脂肪）	87	−0.6	3.85	1.94	291
脱脂鲜乳	91	—	3.95	1.99	305
9. 禽肉制品					
鲜蛋	74	−0.6	3.53	1.77	247
蛋白	88	−0.6	3.88	1.95	295
蛋黄	51	−0.6	2.95	1.48	171
加糖蛋黄	51	−3.9	2.95	1.48	171

（续表）

食品	含水量（wt%）	初始冻结温度/℃	冻前比热容/[kJ/(kg·K)]	冻后比热容/[kJ/(kg·K)]	融化热/(kJ/kg)
全蛋粉	4	—	1.77	0.89	13
蛋白粉	9	—	1.90	0.95	30
鸡	74	−2.8	3.53	1.77	248
火鸡	64	—	3.28	1.65	214
鸭	69	—	3.40	1.71	231
10. 杂项					
蜂蜜	17	—	2.10	1.68	57
奶油巧克力	1	—	1.70	0.85	3
花生酥	2	—	1.72	0.87	7
带皮花生	6	—	1.82	0.92	20
带皮花生(烤熟)	2	—	1.72	0.87	7
杏仁	5	—	1.80	0.9	17

5.3.2 工程上估算

食品冻结中的热负荷除用上式计算外，在工程上应用较多的是食品的焓值图表（见表5-3），即用食品初始温度和最终冻结温度的焓差表示。

$$Q = h_0 - h_f \qquad (5-36)$$

式中，h_0 为食品在初始状态下的焓值，单位为 J/kg；h_f 为食品在冻结结束时的焓值，单位为 J/kg。

常见的焓值表有两种基准，一种是设 −20℃ 时的焓值为零；另一种是设 −40℃ 或更低温度时的焓值为零。前者适用于库温在 −20～−18℃、冻结食品温度在 −15℃ 左右的焓值计算。后者适用于低温冷库中食品的焓值计算。过去我国在冷库设计方面常用前者，而日本、美国和西欧广泛采用后者。

由表5-3可看出，对于含水量很高的食品，当温度稍低于0℃时，就有部分水被冻结。未冻水分数很快降低。以含90%水量的食品为例，当温度降到−3℃时，其中已有多于60%的水被冻结；而对于含水量60%食品，只有温度降至−7～−6℃才开始冻结；而到−20℃左右，才能使其中约60%的水被冻结。

表5-3　部分食品材料在冷冻时未冻水分数和焓值[19, 20]

食品	含水量/(wt%)	比热容/[kJ/(kg·K)]	参数	温度/℃																	
				−40	−30	−20	−18	−16	−14	−12	−10	−9	−8	−7	−6	−5	−4	−3	−2	−1	0
1. 蔬菜																					
去皮芦笋	92.6	3.98	焓 h/(kJ/kg)	0	19	40	45	50	55	61	69	73	77	83	90	99	108	123	155	243	381
			未冻水/%	—	—	—	—	—	5	6	—	7	8	10	12	15	17	20	29	58	100
胡萝卜	95.4	4.02	焓 h/(kJ/kg)	0	21	46	51	57	64	72	81	87	94	102	111	124	139	166	218	357	361
			未冻水/%	—	—	—	7	8	9	11	14	15	17	18	20	24	29	37	53	100	—
黄瓜	85.5	3.81	焓 h/(kJ/kg)	0	18	39	43	47	51	57	64	67	70	74	79	85	93	104	125	184	390
			未冻水/%	—	—	—	—	—	—	—	—	5	—	—	—	—	11	14	20	37	100
洋葱	90.2	3.90	焓 h/(kJ/kg)	0	23	50	55	62	71	81	91	97	105	115	125	141	163	196	263	349	353
			未冻水/%	—	5	8	10	12	14	16	18	19	20	23	26	31	38	49	71	100	—
菠菜			焓 h/(kJ/kg)	0	19	40	44	49	54	60	66	70	74	79	86	94	108	117	145	224	371
			未冻水/%	—	—	—	—	—	—	6	7	—	—	9	11	13	16	19	28	53	100
2. 水果																					
草莓	89.3	3.94	焓 h/(kJ/kg)	0	20	44	49	54	60	67	76	81	88	95	102	114	127	150	191	318	367
			未冻水/%	—	5	—	6	7	9	11	12	14	16	18	20	24	30	43	86	100	—
无核樱桃(甜)	77.0	3.60	焓 h/(kJ/kg)	0	26	58	66	76	87	100	114	123	133	149	166	190	225	276	317	320	324
			未冻水/%	—	—	9	15	17	19	21	26	29	32	36	40	47	55	67	86	100	—
番茄酱	92.9	4.02	焓 h/(kJ/kg)	0	20	42	47	52	57	63	71	75	81	87	93	103	114	131	166	266	382
			未冻水/%	—	—	—	—	5	—	6	7	8	10	12	14	16	18	24	33	65	100
3. 蛋																					
蛋白	86.5	3.81	焓 h/(kJ/kg)	0	18	39	43	48	53	58	65	68	72	75	81	87	96	109	134	210	352
			未冻水/%	—	—	—	—	5	—	—	8	—	13	—	18	20	23	28	40	82	100

（续表）

食品	含水量/(wt%)	比热容/[kJ/(kg·K)]	项目	温度/℃																	
				−40	−30	−20	−18	−16	−14	−12	−10	−9	−8	−7	−6	−5	−4	−3	−2	−1	0
蛋黄	50.0	3.10	焓 h/(kJ/kg)	0	18	39	43	48	53	59	65	68	71	75	80	85	91	99	113	155	228
			未冻水/%	—	—	—	—	—	—	—	16	—	—	—	—	21	22	27	34	60	100
蛋黄	40.0	2.85	焓 h/(kJ/kg)	0	19	40	45	50	56	62	68	72	76	80	85	92	99	109	128	182	191
			未冻水/%	20	—	22	22	24	24	—	27	28	29	31	33	35	38	45	58	94	100
带皮蛋	66.4	3.31	焓 h/(kJ/kg)	0	17	36	40	45	50	55	61	64	67	71	75	81	88	98	117	175	281
4. 鱼，肉																					
鳕鱼	80.3	3.69	焓 h/(kJ/kg)	0	19	42	47	53	59	66	74	79	84	89	96	105	118	137	177	298	323
			未冻水/%	10	10	11	12	12	13	14	16	17	18	19	21	23	27	34	48	92	100
鲈鱼	79.1	3.60	焓 h/(kJ/kg)	0	19	41	46	52	58	65	72	76	81	86	93	101	112	129	165	284	318
			未冻水/%	10	10	11	12	12	13	14	15	16	17	18	20	22	26	32	44	87	100
瘦牛肉（鲜）	74.5	3.52	焓 h/(kJ/kg)	0	19	42	47	52	58	65	72	76	81	88	95	105	113	138	180	285	304
			未冻水/%	10	10	11	12	13	14	15	16	17	18	20	22	24	31	40	55	95	100
5. 面包																					
白面包	37.3	2.60	焓 h/(kJ/kg)	0	17	35	39	44	49	56	67	75	83	93	104	117	124	128	131	134	137
全粉面包	42.4	2.68	焓 h/(kJ/kg)	0	17	36	41	48	56	66	78	86	95	106	119	135	150	154	157	160	163

5.4 冻结装备

5.4.1 机械制冷冻结装置

机械制冷冻结装置主要指依靠氨或者氟利昂压缩循环制冷,用冷风、冷媒体或者冷板使食品冻结。冷风是常用媒介,其最大优点是可与食品直接接触且无污染。根据冷风通道结构和与食品换热方式不同,常见的冷风冻结装置有:隧道式冻结装置(传送带式冻结隧道,吊篮式连续冻结隧道,推盘式连续冻结隧道);螺旋式冻结装置;流态化冻结装置(斜槽式流态化冻结装置,一段带式流态化冻结装置,两段带式流态化冻结装置,往复振动式流态化冻结装置)。

1. 隧道式冻结装置(tunnel freezer)

隧道式冻结装置共同的特点是:冷空气在隧道中循环,食品通过隧道时被冻结。根据食品通过隧道的方式,可分为传送带式、吊篮式、推盘式冻结隧道等几种。图 5-6 是传送带式冻结装置,食品可散放在传送带上或者置于传送带上的托盘内,通过调节传送带速度、冷风速率、温度以及风向,可调控冻结质量和生产率。

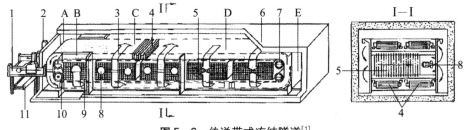

图 5-6 传送带式冻结隧道[1]

1—装卸设备;2—除霜装置;3—空气流动方向;4—冻结盘;5—板片式蒸发器;6—隔热外壳;
7—转向装置;8—轴流风机;9—光管蒸发器;10—液压传动机构;11—冻结块输送带;
A—驱动室;B—水分分离室;C、D—冻结间;E—旁路

2. 螺旋式冻结装置(spiral belt freezer)

为了克服传送带式隧道冻结装置占地面积大的缺点,可将传送带做成多层,由此出现了螺旋式冻结装置,它是 20 世纪 70 年代初发展起来的,结构示意图如图 5-7 所示[7]。

这种装置由转筒、蒸发器、风机、传送带及一些附属设备等组成。其主体部分为一转筒,传送带由不锈钢扣环组成,按宽度方向成对的接合,在横、竖方向上都

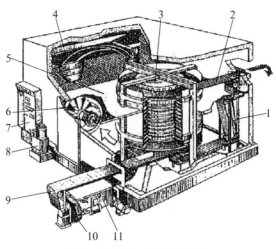

图 5-7　螺旋式冻结装置[7]

1—进料口；2—出料口；3—转筒；4—皮带张紧装置；
5—风扇；6—翅片蒸发器；7—分隔气流通道的顶板；
8—液压装置；9—控制板；10—传送带清洗系统；
11—干燥传送带的风扇

具有挠性。当运行时，拉伸带子的一端就压缩另一边，从而形成一个围绕着转筒的曲面。借助摩擦力及传动机构的动力，传送带随着转筒一起运动，由于传送带上的张力很小，故驱动功率不大，传送带的寿命也很长。传送带的螺旋升角约 2°，由于转筒的直径较大，所以传送带近于水平，食品不会下滑。传送带缠绕的圈数由冻结时间和产量确定。

被冻结的食品可直接放在传送带上，也可采用冻结盘，食品随传送带进入冻结装置后，由下盘旋而上，冷风则由上向下吹，与食品逆向对流换热，提高了冻结速率，与空气横向流动相比，冻结时间可缩短 30% 左右。食品在传送过程中逐渐冻结，冻好的食品从出料口排出。传送带是连续的，它由出料口又折回到进料口。

螺旋式冻结装置也有多种型式，近几年来，人们对传送带的结构、吹风方式等进行了许多改进。图 5-8 所示为两股吹风方式，其中一股从传送带下面向上吹，另一股则从转筒中心到达上部后，由上向下吹。最后，两股气流在转筒中间汇合，并回到风机。这样，最冷的气流分别在转筒上下两端与最热和最冷的物料直接接触，使刚进来的食品表面快速冻结，减少干耗，也减少了装置的结霜量。两股冷气流同时吹到食品上，大大提高了冻结速度，比常规气流快 15%～30%。

螺旋式冻结装置适用于冻结单体不大的食品，如饺子、烧麦、对虾，经加工整理的果蔬，还可用于冻结各种熟制品，如鱼饼、鱼丸等。

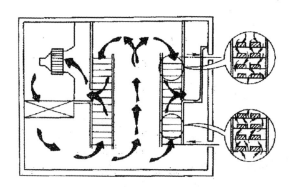

图 5-8　气流分布示意图(York Food System 1995)[8]

螺旋式冻结装置有以下特点:

(1) 结构紧凑。由于采用螺旋式传送,整个冻结装置的占地面积较小,其占地面积仅为一般水平输送带面积的 25%。

(2) 在整个冻结过程中,食品与传送带相对位置保持不变。冻结易碎食品所保持的完整程度较其他型式的冻结器好,这一特点也允许同时冻结不能混合的食品。

(3) 可以通过调整传送带的速度来改变食品的冻结时间,用以冷却不同种类或品质的食品。

(4) 进料、冻结等在一条生产线上连续作业,自动化程度高。

(5) 冻结速度快,干耗小,冻结质量高。

该装置的缺点是,在小批量、间歇式生产时,耗电量大,成本较高。

3. 流态化冻结装置(fluidized bed)

食品流态化冻结装置,按其机械传送方式可分为:斜槽式流态化冻结装置;带式流态化冻结装置(一段带式和两段带式);振动流态化冻结装置(往复振动和直线振动)。如果按流态化形式可分为全流态化和半流态化冻结装置。

图 5-9 为一段带式流化冻结装置示意图,冻品首先经过脱水振荡器 2,去除表面的水分,然后随进料带 4 进入"松散相"区域 5,此时的流态化程度较高,食品悬浮在高速的气流中,从而避免了食品间的相互粘结。待到食品表面冻结后,经"匀料棒"6 均匀物料,到达"稠密相"区域 7,此时仅维持最小的流态化程度,使食品进一步降温冻结。冻结好的食品最后从出料口 14 排出。

流态化冻结装置适用于冻结球状、圆柱状、片状、块状颗粒食品,尤其适于果蔬类单体食品的快速冻结,具有传热面积大、换热强度高、冻结速度快,易于实现机械化连续生产等优点。

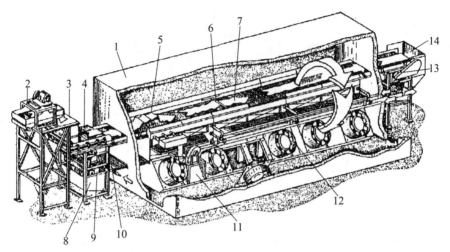

图 5-9　一段带式流态化冻结装置示意图[12]

1—隔热层；2—脱水振荡器；3—计量漏斗；4—变速进料带；5—"松散相"区；6—匀料棒；
7—"稠密相"区；8、9、10—传送带清洗、干燥装置；11—离心风机；12—轴流风机；
13—传送带变速驱动装置；14—出料口

5.4.2　低温介质冻结装置

在食品冷冻工业中,以液氮(LN₂)、液体二氧化碳(LCO₂)和氟利昂作冷源的低温介质速冻装备应用越来越多。低温介质速冻装备具有冻结速率高、食品水分损失小(强冷风速冻 4% 以上,低温介质速冻 0.5% 以下)、对量小品种多的加工企业更合适。液氮常温常压下的沸点为 -196℃,在低温介质中具有更大的应用前景。图 5-10 为液氮喷淋式冻结装置示意图,由隔热隧道式箱体、喷淋装置、不锈钢丝网格传送带、传动装置、风机等组成。冻品由传送带送入,经过预冷区、冻结

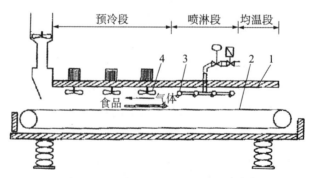

图 5-10　液氮喷淋冻结装置示意图[12]

1—壳体；2—传送带；3—喷嘴；4—风扇

区、均温区,从另一端送出。风机将冻结区内温度较低的氮气输送到预冷区,并吹到传送带送入的食品表面上,经充分换热,食品预冷。进入冻结区后,食品受到雾化管喷出的雾化液氮的冷却而被冻结。冻结温度和冻结时间,根据食品的种类和形状,可调整贮液罐压力以改变液氮喷射量,以及通过调节传送带速度来加以控制,以满足不同食品的工艺要求。由于食品表面和中心的温度相差很大,所以完成冻结过程的食品需在均温区停留一段时间,使其内外温度趋于均匀。

随着大气氮液化技术的不断改进,有望在冷冻食品工厂内建造氮液化装备,使液氮速冻食品成本大幅度下降。图5-11为低温介质速冻装备分类情况,在形式是与传统机械制冷装备相似,主要不同点是没有机械制冷系统。浸没式冻结速率非常高,食品材料表面会迅速被固化,内部产生的应力将使材料破裂。液氮喷淋方式比较缓和,实时控制液氮喷淋量和冻结食品生产量,可获得较好的速冻效果。表5-4是几种食品低温介质速冻成本与常规强冷风速冻成本,这方面的数据很少,Khadatkar等[21](2004)对低温介质速冻装备综述时,仍然采用20世纪70~80年代的试验数据,这里也给出仅供参考。

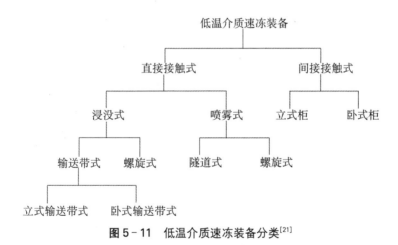

图5-11 低温介质速冻装备分类[21]

介质消耗是低温介质速冻加工的主要成本,因此,多年来人们努力研究低温介质的利用率问题。在食品冷冻工业中,控制低温介质喷入量和产品冻结时间常用开关控制(bang-bang control),介质喷入量的调整主要根据某一位置上的预设温度,由于工业生产中食品品种的不确定性和进料量的波动,在低温介质喷入速率和产品输送速率之间存在复杂的非线性关系,速冻产品存在冻结不足或者冻结过度等问题。近几年,食品工业上采用PLCs控制输送带的速度,但是效果并不十分理想,仍然存在冻结过度现象和加工成本增加等问题。Shaikh等[22]将模型

表 5 - 4　几种食品材料不同速冻方式成本比较

序号	食品材料	速冻方式	投资/$	制冷剂成本/(cents/lb)	运行成本/(cents/lb)	生产率/(lb/h)	制冷剂消耗量(lb/lb产品)	每天班次	参考文献
1	汉堡包(0.85 $/lb,含水量50%)	强冷风速冻	600 000		1.5	3 600.0		1	Fennema[25]
		LCO$_2$	150 000	1.8	0.7	3 600.0	0.83	1	
		LN$_2$	150 000	2.1	0.7	3 600.0	1.00	1	
2	汉堡包	强冷风速冻	600 000		0.97	6 000.0		1	Briley[26]
		LCO$_2$	250 000	3.5	7.8	6 000.0	1.8	1	
		LN$_2$	240 000	5.0	6.61	6 000.0	1.8	1	
3	汉堡包	强冷风速冻	600 000		0.90	6 000.0		2	Briley[26]
		LCO$_2$	250 000	3.5	3.22	6 000.0	0.7	2	
		LN$_2$	240 000	5.0	3.91	6 000.0	0.8	2	
4	油炸圆葱圈	强冷风速冻	510 000		1.12	6 000.0		1	Briley[26]
		LCO$_2$	150 000	3.5	6.79	6 000.0	1.5	1	
		LN$_2$	140 000	5.0	7.79	6 000.0	1.8	1	
5	油炸圆葱圈	强冷风速冻	510 000		0.97	6 000.0		2	Briley[26]
		LCO$_2$	150 000	3.5	7.8	6 000.0	1.8	2	
		LN$_2$	140 000	5.0	6.61	6 000.0	1.8	2	
6	豌豆	强冷风速冻	165 000		0.8~0.85	3 000.0		1	Imatani[27]
		流化床	165 000		0.4~0.45	3 000.0		1	
		LFF	125 000	30.0	0.95~1.1	3 000.0	0.015	1	
		LN$_2$	75 000	2.0	2.5~2.75	3 000.0	1.2		
7	对虾	LCO$_2$		2.5	5.0	3 000.0	1.5~2.0		Silvar[28]

注:$为美元,lb为磅,1 lb=0.453 6 kg, cents为美分.

预测控制法(MPC)与网络摄像系统(webcam)相结合,通过捕捉进入速冻装备食品大小、形状和热负荷,可有效地控制输送带的速度,从而达到速冻效果好,低温介质利用率高的目的。该方法已在工业生产中试用成功。Riverol 等[23]对自适应模糊控制方法进行研究,通过在流化床上草莓速冻试验,控制效果优于状态反馈控制。Ramakrishnan[24]利用正馈控制方法,对输送带速度和低温介质喷入量进行模拟控制,获得 10%～25% 的节能效果。

5.5　食品冻结与解冻

5.5.1　干耗问题(dehydration or drying)

食品在冷冻加工和冷冻贮藏中均会发生不同程度的干耗,使食品重量减轻,质量下降。干耗是由食品中水分蒸发或升华造成的结果,在冷却冷藏中,干耗过程是水分不断从食品表面向环境中蒸发,同时食品内部的水分又会不断地向表面扩散,干耗造成食品形态萎缩。而冻结冻藏中的干耗过程为,水分不断从食品表面升华出去,食品内部的水分却不能向表面补充,干耗造成食品表面呈多孔层。这种多孔层大大地增加了食品与空气中氧的接触面积,使脂肪、色素等物质迅速氧化,造成食品变色、变味、脂肪酸败、芳香物质挥发损失、蛋白质变性和持水能力下降等后果。这种在冻藏中的干耗现象称为冻伤。发生冻伤的食品,其表面变质层已经失去营养价值和商品价值,只能刮除扔掉。避免冻伤的办法是首先避免干耗,其次是在食品中或镀冰衣的水中添加抗氧化剂。

干耗问题主要与食品表面和环境空气的水蒸气压差的大小有关。

(1) 根据食品表面对流传质理论可得干耗量为

$$m = \alpha_m A(p_s - p_\infty) \tag{5-37}$$

式中,m 为单位时间内食品的干耗量,单位为 kg/s;α_m 为对流传质系数,单位为 kg/(m²·s·Pa),其值与对流换热系数的关系为[2]:$\alpha_m \approx 62.1 \times 10^{-10} \alpha$,这里 α 的单位是 W/(m²·K);A 为与空气接触的食品表面积,单位为 m²;p_s、p_∞ 为分别为食品表面与其周围环境空气的水蒸气压力,单位为 Pa。在计算时,食品表面水蒸气压力可取其温度下的饱和压力;环境空气水蒸气压力可由空气的干、湿球温度计求出。

在 t 时间内的绝对干耗量为

$$\Delta G = mt \tag{5-38}$$

而相对干耗量为
$$g = \frac{\Delta G}{G} \times 100\% \tag{5-39}$$

式中,G 为食品的初始重量,单位为 kg。

(2) 根据冷却设备表面的热湿传递计算干耗。在没有加湿去湿的情况下,设空气中的湿度不变,冷却设备表面的结霜量与食品水分蒸发量近似相等(即干耗量)。在冷却或冻结过程中,其值可表示为

冷却或冻结过程中的绝对干耗量

$$\Delta G = \frac{G(h_0 - h_f)}{\varepsilon} \tag{5-40}$$

冷却或冻结过程中的相对干耗量

$$g = \frac{h_0 - h_f}{\varepsilon} \times 100\% \tag{5-41}$$

贮藏期间的绝对干耗量

$$\Delta G = \frac{KAt(T_\infty - T_{in})(1 - \varepsilon_F)}{\varepsilon} \tag{5-42}$$

贮藏期间的相对干耗量

$$g = \frac{KAt(T_\infty - T_{in})(1 - \varepsilon_F)}{\varepsilon G} \times 100\% \tag{5-43}$$

式中,h_0、h_f 分别为食品冷冻加工前后的焓值,单位为 J/kg;K 为冷库围护结构传热系数,单位为 W/(m²·K);A 为冷库围护结构传热面积,单位为 m²;T_∞、T_{in} 分别为冷库外和冷库内温度,单位为℃;t 为食品在冷库内的贮藏期,单位为 s;ε_F 为冷库冷却设备对外界传入库内热流的封锁系数;ε 为湿空气冷却过程的热湿比,单位为 J/kg,其值可由前苏联学者 A. B. 阿列克谢也夫提出的计算式获得:

$$\varepsilon = \left[2\,500 + \frac{\Delta T(270 + 1.07T_{in})B_1}{B_2\phi - 1} \right] \times 1\,000 \tag{5-44}$$

式中,T_{in} 为冷库内空气温度,单位为℃;ΔT 为冷库内冷却设备表面温度与空气温度之差,单位为 K;ϕ 为冷库内空气相对湿度,%;B_1、B_2 为系数,可由下式计算:

$$B_1 = (1.086 - 3.7 \times 10^{-4} T)^{\Delta T - T} \tag{5-45}$$

$$B_2 = [1.086 + 3.7 \times 10^{-4}(\Delta T - T)]^{\Delta T} \tag{5-46}$$

例 5 - 5　在自然对流条件下，在冷冻柜中冻结鸡，鸡在冻结前的质量为 1 635 g，鸡的表面积为 0.145 9 m²，由初始温度 2.6℃冻至表皮平均温度－6℃，冻结时间为 19 h。冻结过程中空气平均水蒸气压力为 159.1 Pa，空气自然对流换热系数为 3.3 W/(m²·K)，试计算鸡在冻结过程中的重量损失。

解：应用式(5-37)计算：

$$\alpha_m = 62.1 \times 10^{-10}\alpha = 61.2 \times 10^{-10} \times 3.3 \approx 202 \times 10^{-10} \text{ kg/(m}^2 \cdot \text{s} \cdot \text{Pa)}$$

设鸡表皮的平均温度所对应的饱和水蒸气压约为 $p_s = 373.4$ Pa

$$\begin{aligned}
m &= \alpha_m A(P_s - P_\infty) \\
&= 202 \times 10^{-4} \times 0.145\,9 \times (373.4 - 159.1) \\
&= 6.316 \times 10^{-7} \text{ kg/s}
\end{aligned}$$

绝对干耗量　　　　　$\Delta G = mt$

$$= 6.316 \times 10^{-7} \times 19 \times 3\,600 = 0.043\,2 \text{ kg}$$

相对干耗量　　　　　$g = \dfrac{43.2}{1\,635} \times 100\% = 2.64\%$

例 5 - 6　在－23℃的冻结间将初始温度为 30℃的猪半胴体冻结至－18℃，求猪肉在冻结过程中的相对干耗量。已知冻结间相对湿度为 100%，空气与冷风机管束外表面换热温差为 10 K。

解：猪肉冻结前后的焓差值为

$$\Delta h = h_0 - h_f = (302.7 - 4.6) \times 1\,000 = 298.1 \times 10^3 \text{ J/kg}$$

$$B_1 = [1.086 - 3.7 \times 10^{-4} \times (-23)]^{10-(-23)} = 19.69$$

$$B_2 = \{1.086 + 3.7 \times 10^{-4}[10 - (-23)]\}^{10} = 2.55$$

$$\varepsilon = \left\{ 2\,500 + \frac{10 \times [270 + 1.07 \times (-23)] \times 19.69}{2.55 \times 1 - 1} \right\} \times 1\,000$$

$$= 33\,672.45 \times 10^3 \text{ J/kg}$$

$$g = \frac{298.1 \times 10^3}{33\,672.45 \times 10^3} \times 100\% = 0.89\%$$

5.5.2　食品解冻

理论上讲，解冻(thawing)是冻结的逆过程。但由水和冰点物理性质可知，0℃水的热导率[0.561 W/(m·K)]仅是冰的热导率[2.24 W/(m·K)]的 1/4 左右,因此,在解冻过程中,热量不能充分地通过已解冻层传入食品内部。此外,为避免首先解冻的表面食品被微生物污染和变质,解冻所用的温度梯度也远小于冻结所用的温度梯度。因此,解冻所用的时间远大于冻结所用的时间。

冻结食品在消费或加工前必须解冻,解冻状态可分为半解冻($-5℃$)和完全解冻,视解冻后的用途而定。但无论是半解冻还是完全解冻,都应尽量使食品在解冻过程中品质下降最少,使解冻后的食品质量尽可能接近于冻结前的食品质量。食品在解冻过程中常出现的主要问题是汁液流失(extrude 或 drip loss),其次是微生物繁殖和酶促或非酶促等不良生化反应。

除了玻璃化低温保存和融化外,汁液流失一般是不可避免的。造成汁液流失的原因与食品的切分程度、冻结方式、冻藏条件以及解冻方式等有关。切分得越细小,解冻后表面流失的汁液就越多。如果在冻结与冻藏中冰晶对细胞组织和蛋白质的破坏很小,那么,在合理解冻后,部分融化的冰晶也会缓慢地重新渗入到细胞内,在蛋白质颗粒周围重新形成水化层,使汁液流失减少,保持了解冻后食品的营养成分和原有风味。

微生物繁殖和食品本身的生化反应速度随着解冻升温速度的增加而加速。关于解冻速度对食品品质的影响存在两种观点,一种认为快速解冻使汁液没有充足的时间重新进入细胞内;另一种观点认为快速解冻可以减轻浓溶液对食品质量的影响,同时也缩短微生物繁殖与生化反应的时间。因此,解冻速度多快为最好是一个有待研究的问题。一般情况下,小包装食品(速冻水饺、烧麦、汤圆等)、冻结前经过漂烫的蔬菜或经过热加工处理的虾仁、蟹肉、含淀粉多的甜玉米、豆类、薯类等,多用高温快速解冻法,而较厚的畜胴体、大中型鱼类常用低温慢速解冻。

解冻方法很多,常用方法有:①空气和水以对流换热方式对食品解冻;②电解冻;③真空或加压解冻;④上述几种方式的组合解冻。

空气解冻(air thawing)多用于对畜胴体的解冻。通过改变空气的温度、相对湿度、风速、风向达到不同的解冻工艺要求。一般空气温度为 $14\sim15℃$,相对湿度为 $95\%\sim98\%$,风速 2 m/s 以下。风向有水平、垂直或可换向送风。

水解冻(water thawing)速度快,而且避免了重量损失。但存在的问题有:①食品中的水溶性物质流失;②食品吸水后膨胀;③被解冻水中的微生物污染等。因此,适用于有包装的食品、冻鱼以及破损小的果蔬类的解冻。利用水解冻,可以采用浸渍或喷淋的方法使冻结食品解冻,水温一般不超过 20℃。

电解冻包括高压静电解冻和不同频率的电解冻。不同频率的电解冻包括低频(50~60 Hz)解冻、高频(1~50 MHz)解冻和微波(915 或 2 450 MHz)解冻。低频解冻(electrical resistance thawing)是将冻结食品视为电阻,利用电流通过电阻时产生的焦耳热,使冰融化。由于冻结食品是电路中的一部分,因此,要求食品表面平整,内部成分均匀,否则会出现接触不良或局部过热现象。一般情况下,首先利用空气解冻或水解冻,使冻结食品表面温度升高到−10℃左右,然后再利用低频解冻。这种组合解冻工艺不但可以改善电极板与食品的接触状态,同时还可以减少随后解冻中的微生物繁殖。高频(dielectric thawing)和微波解冻(microwave thawing)是在交变电场作用下,利用水的极性分子随交变电场变化而旋转的性质,产生摩擦热使食品解冻。利用这种方法解冻,食品表面与电极并不接触,而且解冻更快,一般只需真空解冻时间的 20%。缺点是成本高,难于控制。

高压静电(电压 5 000～100 000 V;功率 30～40 W)强化解冻是一种新的解冻新技术。日本于 20 世纪 90 年代开发并用于肉类解冻上。上海食品(集团)公司于1998 年从日本引进该装置,并在上海天天配送有限公司生产试用(见图 5−12)。静电装置置于 0℃左右的冷库内,冷库地面铺设电绝缘胶,不锈钢静电装置上端接高压静电输出端(10 kV),下端支脚是绝缘子。该技术有待进一步研究与验证。

图 5−12　高压静电解冻装置与解冻肉温度监测[29]

真空解冻(vacuum-steam thawing)是利用真空室中水蒸气在冻结食品表面凝结所放出的潜热解冻。它的优点是:①食品表面不受高温介质影响,而且解冻快;②解冻中减少或避免了食品的氧化变质;③食品解冻后汁液流失少。它的缺点是,解冻食品外观不佳,且成本高。

5.6　典型食品冻结工艺

5.6.1　畜、禽肉类冻结工艺

对于畜肉冻结,常利用冷空气经过两次冻结或一次冻结完成。两次冻结是,屠宰后的肉首先在冷却间内用冷空气冷却,温度从 37～40℃降至 0～4℃,然后移送到冻结间内,用更低温度的空气将胴体最厚部位中心温度降至－15℃左右。一次冻结是,屠宰后的胴体在一个冻结间内完成全部冻结过程。两种方法比较,两次冻结的肉品质好,尤其是对于易产生寒冷收缩的牛、羊肉更明显。但两次冻结生产率低,干耗大。一般情况下,一次冻结比两次冻结可缩短时间 40%～50%;每吨节省电量 17.6 kW·h;节省劳力 50%;节省建筑面积 30%;干耗减少 40%～45%。我国目前的冷库大多采用一次冻结工艺。为了改善肉的品质,也可以采用介于上述两种方法之间的冻结工艺。即,先将屠宰后的鲜肉冷却至 10～15℃,随后再冻结至－15℃。

禽肉冻结可用冷空气或液体喷淋完成。其中,采用冷空气循环冻结较多。禽肉在冻结时视有无包装、整只禽体还是分割禽体等不同,其冻结工艺略有不同。无包装的禽体多采用空气冻结,冻结之后在禽体上镀冰衣或用包装材料包装。有包装的禽体可用冷空气冻结,也可用低凝固点的液体浸渍或喷淋。禽肉冻结工艺与畜肉冻结工艺略有不同。主要是禽肉体积较小,表面积大,对低温寒冷收缩也较轻,一般采用直接冻结工艺。从改善肉的嫩度出发,也可先将肉冷却至 10℃左右后再冻结。从保持禽肉的颜色出发,应该在 3.5 h 内将禽肉的表面温度降至－7℃。

5.6.2　鱼类冻结工艺

鱼类冻结可采用冷空气、金属平板或低温液体浸渍与喷淋。空气冻结往往在隧道内完成,鱼在低温高速冷空气的直接冷却下快速冻结。冷风温度一般在－25℃以下,风速在 3～5 m/s。为了减少干耗,相对湿度应该大于 90%。由于在隧道内鱼均由货车或吊车自动移送和转向,这种冻结方法易实现机械化,生产效率高。金属平板冻结是将鱼放在鱼盘内压在两块冷平板之间,靠导热方式将鱼冻结。施加的压力约在 40～100 kPa,冻结后的鱼外形规整,易于包装和运输。与空气冻结比较,平板冻结法的能耗和干耗均比较少。低温液体浸渍或喷淋冻结可用低温盐水浸渍,或用液氮喷淋。特点是冻结快,干耗少。

冻结后鱼的中心温度约在－18～－15℃之间,特殊种类的鱼可能要求冻结至－40℃左右。鱼在冻藏前应该在鱼体表面镀冰衣或适当包装,冰衣厚度一般在1～3 mm 之间。在镀冰衣时,对于体积较小的鱼或低脂鱼可在约 2℃的清水中浸没 2～3 次,每次 3～6 s。大鱼或多脂鱼浸没一次,浸没时间约 10～20 s。此外,在镀冰衣时可适当添加抗氧化剂或防腐剂,也可适当添加附着剂(如藻朊酸钠等)

以增加冰衣对鱼体的附着。在冻藏中还应定时向鱼体喷水。对近出入口、冷排管等处的鱼,其冰衣更易升华,因此,更应及时喷水加厚。

5.6.3 果蔬冻结工艺

果蔬采摘后,组织中仍进行着活跃的代谢过程,在很大程度上是母体发生过程的继续。未成熟的可继续发育成熟,已成熟的可发展至老化腐烂的最后阶段。多数果蔬经过冻结后将失去生命的正常代谢过程,由有生命体变为无生命体。这一点与果蔬冷却与冷藏截然不同。因此,果蔬的冻结工艺也与冷却工艺差别较大,可概括为以下几点:

(1) 由于果蔬品种、组织成分、成熟度等多因素不同,对低温冻结的承受能力差别很大。如质地柔软的西红柿,不但要求有较低的冻结温度,而且解冻后质量也较差。而冻结的豆类,解冻后与未冻结的豆类几乎无差别。因此,有些果蔬是适合冻结的,有些是不适合或在较严格的条件下才可冻结。选择适合冻结的果蔬品种是冻结工艺的第一步。

(2) 果蔬质膜均由弹性较差的细胞壁包裹,冻结过程对细胞的机械损伤和溶质损伤较为突出。因此,果蔬冻结多采用速冻工艺,以提高解冻后果蔬的质量。

(3) 果蔬采摘后即进行冻结,失去了后熟的作用过程。因此,对采用冻结的果蔬,应在其完熟阶段采摘。即果蔬达到其色、香、味俱佳状态时采摘。

(4) 在冻结前,多数蔬菜要经过漂烫处理,而水果更常用糖处理或酸处理。

1. 果蔬的漂烫(blanching)

漂烫的主要目的是钝化其中的过氧化酶(peroxidase)和多酚氧化酶(polyphenoloxidase)等(见图 5-13)。这些酶在果蔬冻结与冻藏中,尤其在解冻升温时极易引起果蔬变色、变味等质量问题。漂烫可在热水(75~95℃)或蒸气(95~105℃)中进行,漂烫时间应根据果蔬的品种(绿刀豆和花椰菜在 95℃热水中漂烫 2~3 min;芦笋 4~5 min;豌豆 1~2 min。)、几何尺寸、成熟度等确定。有些酶对热有较强的耐受力,可在 100℃湿热条件下保持活性数分钟(如酚酶)。

果蔬在热水中浸没漂烫对酶的钝化效果最好,但却会使部分水溶性营养成分流失。蒸气熏蒸虽然可避免水溶性营养成分的损失,但过程时间长,使果蔬中的热敏成分和风味物质损失较多。

无论采用哪种方法,漂烫既必须彻底又不能过度。尤其是厚度较大的果蔬,其中心部位的酶钝化较慢,在漂烫时应特别注意。漂烫是否合适可采用过氧化酶活性(peroxidase activity)检验,酶活性过高或过低均不合理。如花椰菜酶活性应

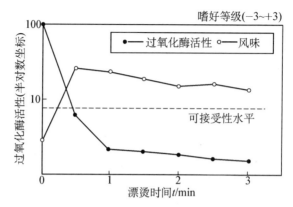

图 5-13 绿刀豆经 98℃ 不同时间漂烫后过氧化酶失活率及 -18℃ 下冻藏 12 个月后风味变化[4]

该保持在 2.9%～8.2%;绿刀豆在 0.7%～3.2%;芦笋在 7.5%～11.5%;豌豆在 2%～6.3%之间[4]。漂烫后的果蔬要迅速冷却,沥干表面附着水后即可冻结。

糖处理和酸处理也是果蔬预处理的常用方法,尤其对水果的预处理更常见。水果经糖液(浓度 30%～50%)浸渍后,果品甜度增加;质地柔软;同时也可部分抑制不良的生化反应。为了更好地保持果品的鲜艳颜色和特有风味,目前,多在糖液中添加少量的维生素 C、柠檬酸、苹果酸等。SO₂ 溶液浸渍或熏蒸也是一种抑制酶促褐变和非酶褐变的有效方法,在水果加工预处理中经常应用。但 SO₂ 对果品的风味有一定的影响,可采用氮气稀释法减少 SO₂ 的副作用[4]。

2. 果蔬冻结

水果与蔬菜的冻结工艺相似,都要求速冻以获得较佳的产品。为此,通常采用流态化冻结,在高速冷风中呈沸腾悬浮状,达到了充分换热快速冻结的目的。此外,也采用金属平板接触式冻结或低温液体浸渍或喷淋的冻结方法。冻结温度视果蔬品种而定。对一般质地柔软的水果;含有机酸、糖类等成分多的蔬菜,冻结温度应低一些。

参考文献

［1］ Celsso O B W, Jim V. Emerging-freezing technologies. in Food processing: recent developments［M］. Elsevier, 1995,227－240.

［2］ Heldman R, Singh R P. Food process engineering［M］.（2nd edition）. USA: AVI Publishing Company, 1981.

［3］ Hall G M. Fish processing technology［M］.（2nd ed）. London：Blackie Academic & Professional，1997.

［4］ Lester E J. Freezing Effects on Food Quality［M］. New York：Marcel Dekker Inc. ，1995.

［5］ 冯志哲，张伟民，沈月新等编著. 食品冷冻工艺学［M］. 上海：上海科学技术出版社，1984.

［6］ Ciobanu A，et al. Cooling technology in the Food Industry［M］. England：Abacus Press，1976.

［7］ Dellino C V J. Cold and chilled storage technology［M］. New York：Blackie and Son Ltd，1990.

［8］ Singh P，Heldman D R. Introduction to food engineering［M］. USA：Academic Press Inc. ，1984.

［9］ Heldman R，Lund D B. Handbook of food engineering［M］. New York：Marcel Dekker，Inc. ，1992.

［10］ Toledo R T. Fundamentals of food process engineering［M］.（2nd ed）. New York：Van Nostrand Reinhold，1991.

［11］ Cleland A C. Food refrigeration processes. Analysis，design and simulation［M］. Barking，England：Elsevier，1990.

［12］ 华泽钊，李云飞，刘宝林编著. 食品冷冻冷藏原理与设备［M］. 北京：机械工业出版社，1999，104 - 122.

［13］ López-Leiva M，Hallström B. The original Plank equation and its use in the development of food freezing rate predictions［J］. Journal of Food Engineering，2003，58(3)：267 - 275.

［14］ Fricke B A，Becker B R. Sensitivity of freezing time estimation methods to heat transfer coefficient error［J］. Applied Thermal Engineering，2006，26：350 - 362.

［15］ Huan Z J，He S S，Ma Y T. Numerical simulation and analysis for quick-frozen food processing［J］. Journal of Food Engineering，2003，60(3)：267 - 273.

［16］ Hamdami N，Monteau J Y，Bail A L. Heat and mass transfer in par-baked bread during freezing［J］. Food Research International，2004，37(5)：477 - 488.

［17］ Pham Q T. Modelling heat and mass transfer in frozen foods：A review［J］. International Journal of Refrigeration，2006，xx：1 - 13.

［18］ Cleland A C，Özilgen S. Thermal design calculations for food freezing equipment—past，present and future［J］. International Journal of Refrigeration，1998，21(5)：359 - 371.

［19］ Ashrae. Ashrae handbook（fundamentals）［M］. SI Edition. Atlanta：American Society of Heating，Refrigerating and Air-conditioning Engineers，1993.

［20］ Sweat V E. Thermal properties of foods，in "Engineering properties of foods"［M］.（2nd. ed）. by Rao M A. New York：Marcel Dekker，Inc. 1995.

［21］ Khadatkar R M，Kumar S，Pattanayak S C. Cryofreezing and cryofreezer［J］. Cryogenics，2004，44(9)：661 - 678.

［22］ Shaikh N I，Prabhu V. Vision system for model based control of cryogenic tunnel freezers［J］. Computers in Industry，2005，56：777 - 786.

［23］ Riverol C，Carosi F，Di Sanctis C. The application of advanced techniques in a fluidised bed freezer for fruits：Evaluation of linguistic interpretation vs. stability［J］. Food Control，2004，15(2)：93 - 97.

［24］ Ramakrishnan S，Wysk R A，Prabhu V V. Prediction of process parameters for intelligent

control of tunnel freezers using simulation [J]. Journal of Food Engineering, 2004,65(1):
23 - 31.

[25] Fennema O. Cryogenic freezing of foods [J]. Adv. Cryogen Engineering, 1978:712 - 720.

[26] Briley G C. Energy cost comparison: Cryogenics vs freezing system [J]. ASHRAE J,
1980,30 - 32.

[27] Imatani K, Timmerhaus K D. Current status of cryogenic and air-blast food freezing
system [J]. Adv. Cryogen Engineering, 1972,17:137 - 146.

[28] Silva J L, Handumrongkul C. Storage stability and some costs of cryogenically frozen,
whole freshwater prawns [R]. Agricultural Communications Bulletin, Mississippi State
University, B1073.

[29] 绿色技术——冻肉高压静电复鲜机理的研究,上海市教育委员会重点学科研究项
目,1999.

第6章 货架期预测方法

6.1 货架期定义[1]

目前在世界范围内,关于食品货架期(shelf life of foods)的定义还没有统一的表述。多数认为,食品货架期仅仅取决于食品的质量,而与安全问题无关,认为作为食品,其前提条件必须是安全的,在安全框架内确定货架期的时间节点;另一种说法是,认为影响食品安全的因素也是一个渐进过程(例如,腐败或者致病微生物生长过程,包装材料中有害物质的释放过程,某种毒素反应与形成过程等),同质量因素一样,对货架期具有同样影响作用。早在 1974 年,美国食品工艺师协会(Institute of Food Technologists, IFT)曾定义食品货架期为:食品从生产出来之日起,至食品营养、风味、质构和外观等指标仍处于能够满足消费者要求的某零售之日止,该期间为食品货架期。很明显,该定义仅仅考虑了食品的质量因素。1993 年,食品科学与技术协会(Institute of Food Science and Technology, IFST)发布一个关于食品货架期预测与指引的文件,认为食品货架期应该包括 3 个方面:①安全;②保持良好的感官特性和物理、化学、微生物以及功能特性;③在推荐的贮藏条件下,食品营养指标与包装标签指标一致。该定义不仅考虑了食品的质量因素,也将食品安全列为第一条。此外,强调了流通条件与货架期的关系,突出商品包装标示作用。2000 年欧盟委员会定义的食品货架期是,食品在规定的贮藏条件下,能够满足确定需要的最短期限。该定义虽然字数较少,但是其内容突出了食品质量因素对货架期的意义。与 IFT(1974)定义比较,该货架期关注的对象从零售商延伸到了消费者,货架期的标示作用更具有实际意义。

从上述关于食品货架期的定义的表述可以看出,食品货架期是一个与多个因素相关联的时间尺度。该尺度长短与评判方法和评判人密切相关,在实际操作中往往取决于食品制造商、供应商和食品消费者。

(1) 食品制造商。食品制造商对于自己生产的产品质量比较清楚,从原料、辅配料、加工工艺、生产管理、配送环境等整个环节具有较强的控制能力。优质原料、先进的加工工艺和严格的生产与配送管理是获得较长货架期的前提条件。食品制造商往往通过市场质量调查和实验室模拟实验两种方法确定货架期。市场质量调查主要根据消费者对产品质量的认可程度,以感官评价为主进行评定。市场质量调查也包括企业对产品质量的跟踪取样,以理化分析为主进行评定。实验室模拟实验往往在产品研发阶段进行,主要以一定的生产条件和流通环境为背景,采用生物学、化学、物理、微生物学等理论分析,选择能够反映产品质量的营养指标和卫生指标进行模拟评定,并建立相关的质量标示性指标和微生物数量变化模型。实验室模拟条件往往与实际流通环境差别较大,因此,实验模拟结果仅仅作为实际生产流通的参考值。

食品制造商在产品包装上标明主要营养物质含量以及生产日期、保质期等信息,制造商必须保证消费者在此保质期之前消费该产品,其营养物质含量必须大于或者等于包装标示的含量。同时,制造商也必须保证该产品在保质期内的卫生安全。因此,食品货架期除了保证产品质量外,还必须保证食用安全。也就是说,食品货架期应该小于或者等于两者中(质量和安全)期限最短者。图 6-1 是部分食品货架期与质量和安全的关系,从图中可见,货架期 t 取决于食品质量标示性指标,即在 t_q 时刻该产品的质量指标仍大于或者等于包装上的指标,当 $t > t_q$ 时,虽然食品是安全的,但是质量指标可能低于包装上的标示性指标。多数情况下,经过加工的食品其 t_s 都会大于 t_q,除非加工条件不好(卫生不合格)或者加工工艺不合理(例如杀菌不充分)。

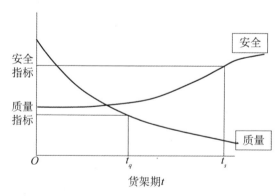

图 6-1 影响食品货架期的因素

由于所选择的质量指标或者微生物指标受多种因素影响,在正常条件下,其变化过程是一个连续渐进过程,很难确定或者预测是否存在突变点,以及突变点发生的时间。也就是说货架期截止时间很难明确。食品制造商为了避免产品出现质量和安全问题,往往采用预留安全边际较大的做法。例如,在包装上建议"最好×年×月×日前食用"、"最佳食用期"、"开封后一次性消费完"等字样。

(2) 消费者。消费者对货架期的理解主要取决于感官嗜好性,其次是营养指标。产品包装上的货架期或者保质期是消费者选择该产品的主要依据,但是不是唯一的依据。消费者往往根据自身的经验和消费嗜好,对产品的质量有一个综合的判断。所以尽管产品是安全的,也是营养的,但是能否被消费者接受却是最关键的。因此,在货架期研究方面,由消费者或者准消费者(感官评价人员)对货架期进行感官判断是不可或缺的环节。选择出现 25% 的消费者开始不看好某种产品的时候作为该产品的货架期,还是选择出现 50% 的消费者开始不看好产品的时候作为货架期,关系到制造商和零售商的经济效益,影响到产品的销售量、召回量和市场风险。目前,多数制造商选择以 25% 的消费者开始不看好某种产品的时候作为该产品的货架期,当然也有个别企业或者对个别产品甚至选择 10% 的消费者开始不看好产品的时候作为货架期。选择的比例越低或者说要求的货架期越严格,带来的资源浪费问题也越突出,这将是一个需要科学选择的社会效益和经济效益问题。

6.2　货架期实验方案

图 6-2 是常用的取样方法示意图,其中取样间隔时间和取样数量取决于具体产品。对于差异性较大的产品(例如同批次水果,也存在大小、颜色和成熟度不一致的现象),一般采取随机取样和尽可能大的样本,降低实验误差。对于货架期短的产品,应该根据产品质量变化速率,调整取样间隔时间,在质量下降较快阶段增加取样密度,在质量下降平缓阶段减少取样次数。图 6-2(a)是每隔一定时间从实验环境下(例如 4℃)取样进行分析或者进行消费者接受度调查,可获得一定比例的认可度或者评定分数与贮藏时间的关系,例如,由 10 人组成的评定小组,对每一贮藏阶段的样品每人都会独立地给出评定分数(或者可接受或者不可接受),由此可获得 10 个样本的平均分数和标准差。如果采用理化分析,则可获得某种成分数量与贮藏时间的变化关系。图 6-2(b)是每隔一定时间从一理想贮藏环境下(认为食品在该环境下质量不变化或者可以忽略其变化)取样放在实验环境下进行贮藏试验,贮藏试验至预设货架期截止时(例如 9 d)进行集中理化分析或者消费者接受度调查。很显然,方式(a)更适合于易腐食品(果蔬、水产品等)

的货架期试验。如果每次取样量相同,可获得该产品某种特性的变化规律。而方式(b)适合于货架期较长的食品(如常温食品),同时也有利于组织实施,即对于不同贮藏时间的产品可以一次性完成理化分析或者消费者可接受度调查。图 6-2 (c)是更简易的试验方案,这种方案略去了前期的试验内容,试验工作主要集中在贮藏中后期,即产品易腐阶段或者说集中在货架期截止前后阶段。与(a)、(b)方案比较,这种方案不但试验工作量小,而且突出了货架期的信息量,有利于对货架期的取舍和判断。从生物学角度看,影响食品货架期的因素(理化反应或生物代谢等)往往会经历适应与调整期和快速变化期,判断货架期截止与否的关键环节在于快速变化期前后。因此,(c)方案省略前期试验工作,而突出中后期工作是合理的。

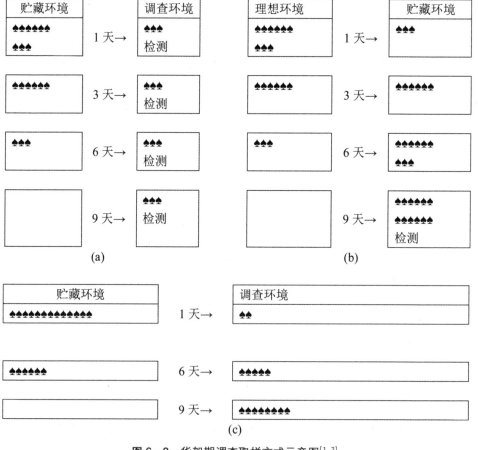

图 6-2　货架期调查取样方式示意图[1, 2]

6.3　常用分布模型简介

6.3.1　基本函数

1. 生存函数 $S(t)$

$$S(t) = P(X > t) = 1 - P(X \leqslant t)$$
$$= 1 - F(t) \tag{6-1}$$

式中，X 为货架期时间，是一个随机变量（受原料状态、加工和流通等条件影响）；t 为贮藏时间，也是货架期 X 的具体取值；$P(X>t)$ 表示在大于贮藏时间 t 时刻仍然生存的概率，即仍在货架期内的概率，用生存函数 $S(t)$ 表示；$F(t)$ 是货架期在 t 时刻或者之前已截止的累计概率函数，即从贮藏开始至 t 时刻，货架期已经截止的分数，称为概率分布函数或者分布函数。

在食品货架期研究中，通过消费者问卷调查，可获得不同贮藏时间的认可度（接受或者拒绝），拒绝表示该消费者认为该产品货架期已过，无法食用或者不能购买。如表 6-1 所示，100 名消费者对某种产品的感官认可度，从表中数据可知，这是一个离散型随机变量（当然，我们将会通过这些离散点，找到适合它的分布，从而成为连续型随机变量）。X 取值在 $0 \sim 7$ 之间，如果考察 $t=4$ d 的货架期情况，根据式（6-1）和表 6-1 数据可知，$F(4)=0.6$，$S(4)=0.4$，说明货架期小于或者等于 4 d 的概率为 60%，或者说货架期大于 4 d 的概率仅有 40%。

表 6-1　某种产品货架期

贮藏时间/d	接受/人	拒绝/人	$F(t)$
0	100	0	0
1	95	5	0.05
2	90	10	0.1
3	70	30	0.3
4	40	60	0.6
5	10	90	0.9
6	5	95	0.95
7	0	100	1.0

如果货架期的概率密度为连续函数 $f(t)$，则分布函数为

$$F(t) = \int_0^t f(u)\,\mathrm{d}u \tag{6-2}$$

分布函数是我们研究食品货架期更关心的函数,如果知道某种产品的货架期分布函数,则可根据消费者的不同拒绝率(如 25% 或者 50%)确定该产品的货架期。

2. 危险率函数 $h(t)$

$$h(t) = \lim_{\Delta t \to 0} \frac{1}{\Delta t} P(X \leqslant t + \Delta t \mid X > t) \tag{6-3}$$

从式(6-3)可以看出,危险率函数表示在单位时间内 t 时刻一个事件瞬时发生的概率,即瞬时失效概率。对于易腐食品,货架期 X 往往以天计算,但是对于罐头食品、冷冻食品等加工产品,其货架期 X 往往以月计算,危险率函数表示某种产品的货架期在大于某日或者某月后($t < X \leqslant t + \Delta t$)发生突然截止的可能性。危险率函数 $h(t)$、概率密度函数 $f(t)$ 和生存函数 $S(t)$ 关系如下(见图 6-3):

$$h(t) = \frac{f(t)}{1 - F(t)} = \frac{f(t)}{S(t)} \tag{6-4}$$

3. 累积危险率函数 $H(t)$

$$H(t) = \int_0^t h(t)\,\mathrm{d}t = -\ln[1 - F(t)] \tag{6-5}$$

或者
$$F(t) = 1 - \mathrm{e}^{-H(t)} \tag{6-6}$$

累积危险率函数也称为累积损坏函数、累积失效率函数。

4. 分位数函数 t_p

$$t_p = \frac{1}{F(p)} \tag{6-7}$$

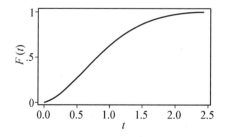
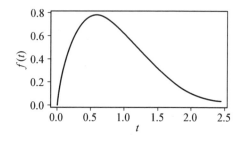

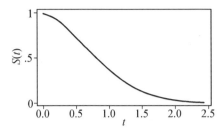 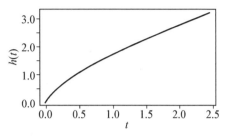

图6-3　分布函数、概率密度函数、生存函数、危险率函数示意图[3]

t_p 是一个时间变量。p 为分位数（$0 < p < 1$），表示货架期已经截止的量占总量的份额。分位数可以是 5 分位、10 分位或者 100 分位等等，可根据具体情况设定。$F(t_p) = p$ 为递增的分布函数，因此，式（6-7）表示某种产品货架期已经截止达到 p 份额时所经历的时间 t_p，即 p 份额的货架期，例如，$t_{0.5}$ 即为 50% 的产品已失效的时间。

6.3.2　典型分布函数

典型分布函数在生物医学统计领域和机电工程统计领域都有广泛的应用范例，在数据统计方面属于预设分布的参数估计问题。在生物医学领域，人们常常研究某种药物对某种疾病的治疗效果，观察患者的生存时间；在机电工程领域，人们需要研究某种新型元器件的寿命或者工作性能稳定性。这些观察事件与食品货架期截止与否很相似，因此，近些年国外相关学者引用上述领域的常用分布函数和分析方法，研究食品货架期问题。

1. 指数分布函数（$\theta > 0$）

$$F(t;\ \theta,\ \gamma) = 1 - \exp\left(-\frac{t-\gamma}{\theta}\right) \quad (t > \gamma) \tag{6-8}$$

$$f(t;\ \theta,\ \gamma) = \frac{1}{\theta}\exp\left(-\frac{t-\gamma}{\theta}\right)$$

$$h(t;\ \theta,\ \gamma) = \frac{1}{\theta}$$

这是两个参数的指数函数，当 $\gamma = 0$ 时，则是常见的指数分布形式。由式看见，指数分布的危险率函数与时间无关，是一个常数，表明后续的失效概率或者货架期发生截止的概率与前期经历无关，显然，这与实际情况不符合。由于指数函数的这种特性，在分析类似于质量随时间而耗损的问题中存在很大局限性。根据数学期望和方差定义可知，指数分布的数学期望 $E(X) = \gamma + \theta$，方差 $\mathrm{Var}(X) = \theta^2$。

由式（6-7）、式（6-8）可知，货架期时间 t_p 为

$$t_p = \gamma - \theta \ln(1-p) \tag{6-9}$$

2. 正态分布$(\mu, \sigma^2 > 0)$

$$F(t; \mu, \sigma) = \Phi\left[\frac{t-\mu}{\sigma}\right] \quad (t > 0) \tag{6-10}$$

式中,$\Phi(\cdot)$为标准化正态分布函数,数学期望为$E(X) = \mu$,方差$\mathrm{Var}(X) = \sigma^2$。

$$f(t) = \frac{1}{\sqrt{2\pi}\sigma} e^{-\frac{1}{2}\left(\frac{t-\mu}{\sigma}\right)^2}$$

$$h(t) = \left(\frac{1}{\sigma}\right) \frac{f(t)}{1-\Phi\left[\frac{t-\mu}{\sigma}\right]} \quad (t > 0)$$

货架期时间t_p为

$$t_p = \mu + \sigma \Phi^{-1}(p) \tag{6-11}$$

式中,$\Phi^{-1}(p)$是$\Phi(p)$的反函数。

3. 韦伯(Weibull)分布$(\alpha > 0, \beta > 0)$

$$F(t; \alpha, \beta) = P(X \leqslant t; \alpha, \beta) = 1 - \exp\left[-\left(\frac{t}{\alpha}\right)^\beta\right] \quad (t \geqslant 0) \tag{6-12}$$

$$f(t) = \frac{\beta}{\alpha^\beta} t^{\beta-1} \cdot e^{-(t/\alpha)^\beta}$$

$$h(t) = \frac{\beta}{\alpha^\beta} \cdot t^{\beta-1}$$

由此可见,韦伯分布包含两个参数,其中β称为形状参数,β取值不同,分布形态不同。从危险率函数可以进一步看出,当$\beta > 1$时,危险率函数单调上升,当$\beta < 1$时,危险率函数单调下降,当$\beta = 1$时,危险率函数为常数,此时韦伯分布等同于指数分布,危险率函数曲线呈"浴缸"状(见图6-4)。危险率函数很适合于某些生物体的生存规律,在哺乳阶段夭折率较高,在老弱阶段死亡率较高,而在青壮年阶段危险率较低且平稳。对于多数食品,其货架期发生截止的概率在贮藏初期往往较低且平稳($\beta = 1$),但是在贮藏后期发生货架期截止的概率较高,即危险率函数单调上升。对于少数食品(例如水果),消费者对初期产品认为过硬、过酸或者过涩,对中期产品认为风味最佳,对后期产品认为过软或者过熟等,消费者对产

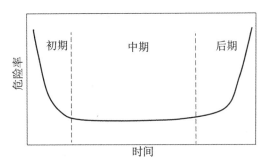

图 6-4　韦伯分布危险率函数

品的认可度也呈韦伯分布的"浴缸"状。由于韦伯分布具有上述特点,在生物统计领域得到广泛应用。

货架期时间 t_p 为

$$t_p = \alpha[-\ln(1-p)]^{1/\beta} \tag{6-13}$$

韦伯分布的数学期望 $E(X) = \alpha\Gamma(1+\beta^{-1})$,方差 $\mathrm{Var}(X) = \alpha^2[\Gamma(1+2\beta^{-1}) - \Gamma^2(1+\beta^{-1})]$,均为伽玛函数。当 $\beta = 1$ 时,韦伯分布降为指数分布。在实际应用中,往往采用韦伯分布的另一种形式, 即

$$F(t;\ \mu,\ \sigma) = \Phi_{sev}\left[\frac{\ln(t)-\mu}{\sigma}\right] \tag{6-14}$$

$$f(t;\ \mu,\ \sigma) = \frac{1}{\sigma \cdot t}\phi_{sev}\left[\frac{\ln(t)-\mu}{\sigma}\right]$$

$$h(t;\ \mu,\ \sigma) = \frac{1}{\sigma\exp(\mu)}\left[\frac{t}{\exp(\mu)}\right]^{\frac{1}{\sigma}-1}$$

式中,$\Phi_{sev}(\cdot)$ 为极小值分布函数,其形式为 $\Phi_{sev}(w) = 1-\exp(-e^w)$,$\phi_{sev}(\cdot)$ 为 $\Phi_{sev}(\cdot)$ 微分式。

货架期时间 t_p 为

$$t_p = \exp\lfloor\mu + \sigma\Phi_{sev}^{-1}(p)\rfloor \tag{6-15}$$

式中,$\Phi_{sev}^{-1}(p) = \ln[-\ln(1-p)]$,

4. 对数正态分布$(\mu,\ \sigma^2 > 0)$

$$F(t;\ \mu,\ \sigma) = \Phi\left(\frac{\ln(t)-\mu}{\sigma}\right) \quad (t > 0) \tag{6-16}$$

式中 $\Phi(\cdot)$ 为标准化正态分布函数。

$$f(t;\ \mu,\ \sigma) = \frac{1}{\sqrt{2\pi}\sigma t}e^{-\frac{1}{2}\left(\frac{\ln(t)-\mu}{\sigma}\right)^2}$$

$$h(t;\ \mu,\ \sigma) = \left(\frac{0.434\ 3}{\sigma t}\right)\frac{f(t)}{1-\Phi\left[\frac{\ln(t)-\mu}{\sigma}\right]}$$

对数正态分布的数学期望 $E(X) = \exp(\mu + 0.5\sigma^2)$，而方差 $\mathrm{Var}(X) = \exp(2\mu + \sigma^2)[\exp(\sigma^2) - 1]$。

货架期时间 t_p 为

$$t_p = \exp\lfloor\mu + \sigma\Phi^{-1}(p)\rfloor \tag{6-17}$$

式中，$\Phi^{-1}(p)$ 是 $\Phi(p)$ 的反函数。

5. 极小值分布

$$F(t;\ \mu,\ \sigma) = \Phi_{sev}\left[\frac{t-\mu}{\sigma}\right] \quad (-\infty < t < +\infty) \tag{6-18}$$

$$f(t;\ \mu,\ \sigma) = \frac{1}{\sigma}\phi_{sev}\left[\frac{t-\mu}{\sigma}\right]$$

$$h(t;\ \mu,\ \sigma) = \frac{1}{\sigma}\exp\left[\frac{t-\mu}{\sigma}\right]$$

式中，$\Phi_{sev}(z) = 1 - \exp[-\exp(z)]$，$\phi_{sev}(z) = \exp[z - \exp(z)]$，当 $\mu = 0$，$\sigma = 1$ 时，称为标准极值分布。极小值分布的数学期望 $E(X) = \mu - \sigma \cdot \gamma$，方差 $\mathrm{Var}(X) = \sigma^2\pi^2/6$，$\gamma = 0.577\ 2$（欧拉常数）。

货架期时间 t_p 为

$$t_p = \mu + \sigma\Phi_{sev}^{-1}(p) \tag{6-19}$$

式中，$\Phi_{sev}^{-1}(p) = \ln[-\ln(1-p)]$。

6. Logistic 分布

$$F(t;\ \mu,\ \sigma) = \Phi_{logis}\left[\frac{t-\mu}{\sigma}\right] \tag{6-20}$$

$$f(t;\ \mu,\ \sigma) = \frac{1}{\sigma}\phi_{logis}\left[\frac{t-\mu}{\sigma}\right]$$

$$h(t;\ \mu,\ \sigma) = \frac{1}{\sigma}\Phi_{logis}\left[\frac{t-\mu}{\sigma}\right]$$

式中，$\Phi_{logis}(z) = \exp(z)/[1+\exp(z)]$，$\phi_{logis}(z) = \exp(z)/[1+\exp(z)]^2$。当 $\mu = 0$，$\sigma = 1$ 时，为标准化的 Logistic 分布。

货架期时间 t_p 为

$$t_p = \mu + \sigma\Phi_{logis}^{-1}(p) \tag{6-21}$$

式中，$\Phi_{logis}^{-1}(p) = \ln[p/(1-p)]$。

7. LogLogistic 分布

$$F(t; \mu, \sigma) = \Phi_{logis}\left[\frac{\ln(t)-\mu}{\sigma}\right] \tag{6-22}$$

$$f(t; \mu, \sigma) = \frac{1}{\sigma t}\phi_{logis}\left[\frac{\ln(t)-\mu}{\sigma}\right]$$

$$h(t; \mu, \sigma) = \frac{1}{\sigma t}\Phi_{logis}\left[\frac{\ln(t)-\mu}{\sigma}\right]$$

货架期时间 t_p 为　　　$t_p = \exp[\mu + \sigma\Phi_{logis}^{-1}(p)]$，

式中，$\Phi_{logis}^{-1}(p) = \ln[p/(1-p)]$。

6.4　货架期——基于化学反应速率

表 6-2 是食品在三种常见温度区间的质量问题，其中由于生物化学反应导致的质量问题比较突出，主要是脂肪氧化反应、酶促反应和非酶褐变反应。生化反应导致的质量问题不仅仅反映在物质浓度方面，也反映在食品感官方面，包括部分力学指标（如硬度、脆度、黏性等）。因此，基于化学反应速率的货架期指标不仅仅是化学方面，也包括物理方面和感官方面。

表 6-2　常见食品生化反应与问题

三种温度区	生物化学反应	质量问题
常温食品	脂肪氧化 非酶褐变	主要发生在脂类较多的食品、油炸食品、休闲食品、罐头食品、脱水干制食品等。其特征是酸败和变色
冷鲜食品	酶促反应	主要发生在新鲜果蔬、鲜切果蔬、冷鲜肉等冷藏易腐食品。其特征是颜色、风味、质构和营养物质流失
冻结食品	脂肪氧化 酶促反应	主要发生在水产品、海产品、肉及肉制品 主要发生在速冻果蔬或者酶钝化不彻底的冷冻食品、微波冷冻食品、快捷方便食品等

一般认为，反映食品货架期的营养物质在贮藏过程中，其反应速率遵循化学反应动力学，如式(6-23)所示：

$$\frac{\mathrm{d}Q}{\mathrm{d}t} = kQ^n \qquad (6-23)$$

式中，Q 为食品质量标示性指标，在实际应用中，应该选择能反映食品货架期的成分或者某种特性(包括感官特性和物理特性)作为质量标示性指标；t 为贮藏时间，也是食品组分间的化学反应时间；k 为反应速率常数，该常数包含了食品质量标示性指标之外的、对反应速率有影响的一些因素，例如，包装方式和材料、贮藏温度和湿度等，其中温度对 k 影响最大；n 为反应级数，不同的反应级数其表达式如表 6-3 所示。在一定条件下，人们通过实验可以很容易地获得食品的某种特性随时间的变化数据，并确定反应速率常数和反应级数。

表6-3 反应速率方程(Q_0 为初始质量标示性指标)

反应级数	反应速率方程形式	反应级数	反应速率方程形式
$n=0$	$Q = kt + Q_0$	$n=2$	$\frac{1}{Q} = kt + \frac{1}{Q_0}$
$n=1$	$\ln Q = kt + \ln Q_0$	$n \neq 1$	$Q^{1-n} = (1-n)kt + Q_0^{1-n}$

如果质量标示性指标 Q 为营养物质量或者浓度，在贮藏过程中该量呈下降趋势，因此，反应速率常数 k 往往是负值。

对于零级反应速率，式(6-23)改写为

$$\frac{\mathrm{d}Q}{\mathrm{d}t} = -k \qquad (6-24)$$

对上式进行积分，并整理得

$$t_q = \frac{Q_0 - Q_c}{k} \qquad (6-25)$$

式中，t_q 为质量货架期，Q_0 为初始质量标示性指标或者浓度，Q_c 为货架期截止时所对应的质量标示性指标或者浓度。当 Q_0 与 Q_c 确定后，货架期长短取决于反应速率常数 k，如图 6-5 所示。

图 6-6 是不同反应级数下食品质量标示性指标的变化曲线。由于影响食品化学反应速率的因素较多，这些因素之间的相互作用也很复杂，因此，食品质量标示性指标的变化曲线形态各不相同。在实验数据拟合过程中，反应级数可能不是

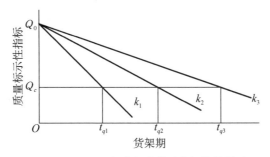

图 6-5 不同反应速率常数对货架期的影响

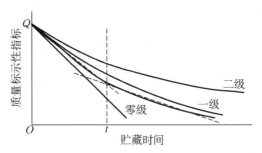

图 6-6 食品质量标示性指标变化形态

整数($n \neq 1$),拟合函数的时间变量也可能不是整个贮藏过程,因此,采用多项式和分段函数预测食品货架期也是一种选择。如图 6-6 所示,两条拟合虚线在 t 时刻相交,整个货架期内食品的质量变化可由两段线性函数描述。

6.4.1 化学反应级数的确定

由表 6-3 所示公式可见,对于不同的反应级数,其所对应的线性化公式也不同。在应用时,用实验数据分别在 Q、$\ln Q$、$1/Q$、$1/Q^{(n-1)}$ 与时间 t 的坐标内作图,选择线性相关系数最大的曲线图并由此确定反应级数。对于 $n \neq 1$ 的情况,一般根据实验数据曲线形状,预先设定一个反应级数,例如 $n = 0.5$,通过线性化拟合,由相关系数大小确定合适的反应级数。

冯国平等[4](2003)对七成熟和九成熟的杨梅进行气调(modified atmosphere package,MAP)保鲜研究,选择相对电导率(RCE)作为质量标示性指标。图 6-7 和图 6-8 分别是两种成熟度的杨梅在不同贮藏温度下的相对电导率,从实验数据曲线可以看出,相对电导率与时间呈非线性关系,说明反应级数不符合 $n = 0$。为了进一步确定合适的反应级数,利用表 6-3 所示公式和 EXCEL 软件,对图 6-7 和图 6-8 实验数据进行线性化处理,得到表 6-4 所示结果。比较相关系

表 6-4 杨梅相对电导率反应级数拟合的相关系数值[4]

温度/℃	0 级反应		0.5 级反应		1 级反应		2 级反应	
	七成	九成	七成	九成	七成	九成	七成	九成
(C)2	0.84	0.79	0.90	0.90	0.92	0.94	0.81	0.84
2	0.78	0.91	0.80	0.96	0.81	0.97	0.82	0.82
8	0.86	0.78	0.94	0.91	0.98	0.98	0.93	0.87
15	0.75	0.94	0.79	0.99	0.84	0.99	0.94	0.90

注:C 为对照实验组。

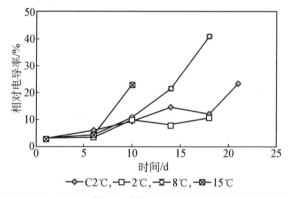

图 6-7 不同温度下七成熟 MAP 处理的杨梅相对电导率变化("C"表示对照组)[4]

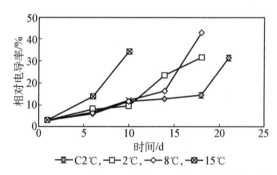

图 6-8 不同温度下九成熟 MAP 处理的杨梅相对电导率变化[4]

数大小,可知杨梅在气调贮藏过程中其相对电导率变化较符合一级化学反应,如图 6-9 和图 6-10 所示。

研究报道表明,食品加工与贮藏过程中的大部分反应都接近于 0 级反应或者 1 级反应,表 6-5 给出部分研究结果。由于研究条件不同和影响因素较多,不同学者研究报道的反应级数并不完全一致。

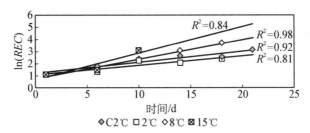

图6-9　七成熟杨梅相对电导率的自然对数对时间作线性
回归分析[4]

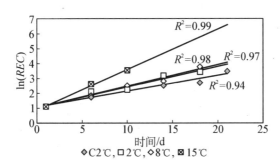

图6-10　九成熟杨梅相对电导率的自然对数对时
间作线性回归分析[4]

表6-5　部分食品的化学反应级数

化学反应级数	质量标示性指标	表现与类型	产　品
零级反应	过氧化氢值	油脂氧化反应	油炸马铃薯条 三文鱼油
	420 nm 吸光度	非酶褐变反应	苹果浓缩汁 乳粉 脱水胡萝卜片
	硬度	应力松弛	巧克力饼 甜点 面包圈
一级反应	维生素 C 叶绿素 a 叶绿素 b 氧气浓度 胡萝卜素 颜色 黏度 质构 O_2，CO_2	氧化反应 非酶褐变 蠕变	鲜切果蔬 花椰菜气调贮藏 冷冻蔬菜 冷冻面团 冷冻虾 饮料等

6.4.2 化学反应速率常数

反应温度对化学反应速率常数影响最大,其公认的关系式是 Arrhenius 方程:

$$k = k_0 \exp\left(-\frac{E_A}{RT}\right) \tag{6-26}$$

式中,k_0 为指前因子;R 为气体常数,8.314 $(J \cdot mol^{-1} \cdot K^{-1})$;$E_A$ 为表观活化能,$(J \cdot mol^{-1})$;T 为绝对温度,K。

对式(6-26)取对数得

$$\ln k = \ln k_0 - \frac{E_A}{RT} \tag{6-27}$$

在实际应用中,往往选择三个以上的不同温度,由化学反应速率方程确定不同温度下所对应的反应速率常数 k,如表 6-6 所示。反应速率常数 $\ln k$ 与 $1/T$ 拟合,获得指前因子 k_0 和表观活化能 E_A,并由此可以计算出不同温度下的反应速率常数 k。

表 6-6 杨梅相对电导率一级反应的反应速率常数(d^{-1})

温度/℃	七成熟杨梅	九成熟杨梅
(C)2	0.091 7	0.105 0
2	0.080 4	0.137 9
8	0.160 3	0.148 4
15	0.220 6	0.272 5

反应速率常数随温度变化而变化,为了反映一定温度区间的反应速率常数,对式(6-26)引进参考温度 T_{ref} 和该温度下的反应速率常数 k_{ref}。在应用中常常取温度区间的平均值,例如表 6-6 实验温度区间,取 8.5℃作为参考温度,获得七成熟杨梅 $k_{ref}=0.145/d$,九成熟杨梅 $k_{ref}=0.180/d$;七成熟杨梅表观活化能 $E_A=50.27 (kJ \cdot mol^{-1})$,九成熟杨梅 $E_A=34.95 (kJ \cdot mol^{-1})$。

引入参考温度后,Arrhenius 方程改为

$$k = k_{ref} \exp\left(-\frac{E_A}{R}\left(\frac{1}{T} - \frac{1}{T_{ref}}\right)\right) \tag{6-28}$$

两边取对数线性化后,得

$$\ln k = \ln k_{ref} - \frac{E_A}{R}\left(\frac{1}{T} - \frac{1}{T_{ref}}\right) \tag{6-29}$$

通过表 6-3 反应速率方程和式(6-28)Arrhenius 方程,我们可以估算出以某种质量标示性指标作为判断依据的货架期。即通过两次拟合步骤完成货架期的计算。然而,在实际应用中,也有将化学反应速率方程和 Arrhenius 方程整合成一个表达式的研究报道,如式(6-30)—式(6-33)所示。整合后的表达式在计算步骤上得到简化,但是在统计分析方面增加了更多的不确定性。

$$-\frac{\mathrm{d}Q}{\mathrm{d}t} = k_{ref}\exp\left[-\frac{E_A}{R}\left(\frac{1}{T} - \frac{1}{T_{ref}}\right)\right]Q^n \tag{6-30}$$

两边积分得

$$\int_{Q_0}^{Q_t}\frac{\mathrm{d}Q}{Q^n} = \int_0^t k_{ref}\exp\left[-\frac{E_A}{R}\left(\frac{1}{T} - \frac{1}{T_{ref}}\right)\right]\mathrm{d}t \tag{6-31}$$

若是零级反应,且温度与时间无关,为

$$Q_t = Q_0 + t \cdot k_{ref}\exp\left[-\frac{E_A}{R}\left(\frac{1}{T} - \frac{1}{T_{ref}}\right)\right] \tag{6-32}$$

货架期时间为

$$t = \frac{Q_t - Q_0}{k_{ref}\exp\left[-\dfrac{E_A}{R}\left(\dfrac{1}{T} - \dfrac{1}{T_{ref}}\right)\right]} \tag{6-33}$$

若是一级反应,且温度与时间无关,

$$Q_t = Q_0\exp\left\{k_{ref}\exp\left[-\frac{E_A}{R}\left(\frac{1}{T} - \frac{1}{T_{ref}}\right)\right]t\right\} \tag{6-34}$$

货架期时间为

$$t = \frac{\ln\left(\dfrac{Q_t}{Q_0}\right)}{k_{ref}\exp\left[-\dfrac{E_A}{R}\left(\dfrac{1}{T} - \dfrac{1}{T_{ref}}\right)\right]} \tag{6-35}$$

其他反应级的货架期时间 t,且温度与时间无关,

$$t = \frac{\int_{Q_0}^{Q_t} \dfrac{1}{Q^n} \mathrm{d}Q}{k_{ref} \exp\left[-\dfrac{E_A}{R}\left(\dfrac{1}{T} - \dfrac{1}{T_{ref}}\right)\right]} \qquad (6-36)$$

对于表 6-4 和表 6-6 所示数据,七成熟杨梅相对电导率预测模型(2~15℃)为

$$REC(t) = 3.0\exp\left\{0.145\exp\left[-\frac{50.77\times10^3}{8.314}\left(\frac{1}{T}-\frac{1}{281.5}\right)\right]t\right\} \quad (6-37)$$

而九成熟杨梅相对电导率预测模型(2~15℃)为

$$REC(t) = 3.0\exp\left\{0.180\exp\left[-\frac{34.95\times10^3}{8.314}\left(\frac{1}{T}-\frac{1}{281.5}\right)\right]t\right\} \quad (6-38)$$

式中,$REC(t)$ 为贮藏 t 时刻的杨梅相对电导率;初始质量标示性指标 Q_0,即贮藏开始时杨梅的相对电导率由实验测得 $Q_0 = 3.0\%$;参考温度 $T_{ref} = 8.5℃$。

如果能够定义出达到货架期截止时的相对电导率值,即最大可接受相对电导率值,那么式(6-37)和式(6-38)即可以预测杨梅采后的品质变化和货架期。在上述研究中,如果以相对电导率 9.92% 和 9.51% 分别作为七成熟和九成熟杨梅的货架期质量指标,由式(6-37)可以计算出七成熟杨梅在 2℃下 MAP 贮藏,其货架期约为 15.8 d,而在 15℃下 MAP 贮藏,其货架期约为 5.1 d。利用式(6-38)可以计算出九成熟杨梅在 2℃ 和 15℃下 MAP 贮藏的货架期分别为 9.4 d 和 4.6 d。

七成熟杨梅 2℃下 MAP 贮藏,货架期为

$$\begin{aligned}
t &= \frac{\ln\left(\dfrac{Q_t}{Q_0}\right)}{k_{ref}\exp\left[-\dfrac{E_A}{R}\left(\dfrac{1}{T}-\dfrac{1}{T_{ref}}\right)\right]} \\
&= \frac{\ln\left(\dfrac{9.92}{3.0}\right)}{0.145\exp\left[-\dfrac{50.77\times10^3}{8.314}\left(\dfrac{1}{275}-\dfrac{1}{281.5}\right)\right]} \\
&= 15.8\ \mathrm{d}
\end{aligned}$$

七成熟杨梅 15℃下 MAP 贮藏,货架期为

$$t = \frac{\ln\left(\frac{9.92}{3.0}\right)}{0.145\exp\left[-\frac{50.77 \times 10^3}{8.314}\left(\frac{1}{288} - \frac{1}{281.5}\right)\right]}$$

$$= 5.1 \text{ d}$$

同理，九成熟杨梅 2℃下 MAP 贮藏，货架期为

$$t = \frac{\ln\left(\frac{9.51}{3.0}\right)}{0.180\exp\left[-\frac{34.95 \times 10^3}{8.314}\left(\frac{1}{275} - \frac{1}{281.5}\right)\right]}$$

$$= 9.4 \text{ d}$$

九成熟杨梅 15℃下 MAP 贮藏，货架期为

$$t = \frac{\ln\left(\frac{9.51}{3.0}\right)}{0.180\exp\left[-\frac{34.95 \times 10^3}{8.314}\left(\frac{1}{288} - \frac{1}{281.5}\right)\right]}$$

$$= 4.6 \text{ d}$$

6.5　货架期——基于微生物指标

6.5.1　微生物与货架期关系

食品中的微生物分为三类：一类是有益微生物，可以改善食品的风味和营养，延长食品保鲜期，例如，肠膜明串珠菌乳脂亚种（leuconostoc mesenteroides spp. cremoris），乳明串珠菌（leuconostoc lactis）等。第二类是致病菌，这类微生物随食品进入人体后释放毒素或者侵害活细胞，导致人体患病。例如，小肠结肠炎耶尔森菌（yersinia enterocolitica），肠炎沙门氏菌（salmonella enteritidis），空肠弯曲菌（campylobacter jejuni），单增李斯特菌（listeria monocytogenes），金黄色葡萄球菌（S. aureus），副溶血性弧菌（V. parahaemolyticus）等。在食品加工与贮藏过程中必须严格控制，对于一定量的样品一般不得检出（例如，法国和德国都规定在 25 g 鲜切蔬菜中不允许检测到沙门氏菌）。第三类是腐败微生物，这类微生物导致食品风味、色泽和口感等指标下降，是食品腐败的主要因素。例如，热死环丝菌（brochothrix thermosphacta），明亮发光杆菌（photobacterium phosphoreum），假单胞菌属（pseudomonas spp.）等。

食品原料不同或者加工的程度不同,对于微生物种类和初始状态影响较大。未加工的农产品往往带有大量的田间微生物,导致腐败的微生物以霉菌和酵母菌居多。而经过加工的食品,其微生物种类和数量往往受加工环境、操作人员卫生状况以及贮运设施等影响较大。对于具有良好操作规范(GMP)和完整的HACCP控制体系的企业,其产品卫生指标总体较好。

食品的货架期也取决于微生物的数量,通常情况下,当微生物数量达到一定程度时,其代谢产物和对食品感官特性以及对营养物质的破坏达到显见的程度,食品将失去食用价值。实际上,这个过程与食品的化学反应过程密切关联。微生物数量一旦超过限定指标,食品质量的标示性指标(如风味、色泽、口感、营养成分等)也将达到或者超过限定指标(见表6-7),即食品货架期截止。因此,用微生物数量标示食品货架期既有食品安全含义也有食品质量含义。

表6-7 香港即食食品微生物数量与消费者接受度的关系[5]

标示性微生物	食品等级	微生物限定指标(cfu/g)		
		A(满意)	B(可接受)	C(不可接受)
菌落总数	1	$<10^3$	$10^3 \sim <10^4$	$=10^4$
	2	$<10^4$	$10^4 \sim <10^5$	$=10^5$
	3	$<10^5$	$10^5 \sim <10^6$	$=10^6$
	4	$<10^6$	$10^6 \sim <10^7$	$=10^7$
	5	N/A	N/A	N/A
大肠杆菌	所有等级	<20	$20 \sim <100$	$=100$

需要指出的是,各国对食品中的致病菌有严格的限定标准,而对于腐败菌的限定标准却很少,且不统一。主要原因是微生物生长代谢过程受多种因素影响,货架期与微生物的数量并不是严格的定量关系,例如,同等数量但是不同种的微生物对货架期的影响将不同。

在实际应用中,往往以菌落总数(aerobic plate count, cfu/g)、大肠菌群(coliforms, cfu/g)、大肠埃希菌(E. coli, cfu/g)、肠杆菌科(enterobacteriaceae, cfu/g)等微生物作为标示性指标较多。不同国家和不同产品均有不同的限定标准,如表6-8所示[5]。表中 n 为同一批次产品采集的样品个数,其中允许有 c 个样品,其微生物数量介于 m 至 M 之间,但是不允许有超过 M 限定指标的样品。

表 6‐8　部分国家的食品卫生限定指标[5]

国家	食品名称	标示性菌	取样数		限定指标(cfu/g 或 cfu/mL)		备注
			n	c	m	M	
加拿大	冰淇淋	菌落总数	5	2	10^5	10^6	
		大肠菌群	5	1	10	10^3	
	鲜果蔬	大肠杆菌	5	2	10^2	10^3	
新西兰	原料乳	菌落总数	5	0	2.5×10^4	2.5×10^5	
		大肠菌群	5	1	10^2	10^3	
		大肠杆菌	5	1	3	9	
欧盟	巴氏灭菌乳	肠杆菌科	5	2	$\geqslant 1/mL$	$\geqslant 5/mL$	加工结束
	活双壳软体动物	大肠杆菌	1	0	230 MPN/100 g		货架期内
	即食食品	单增李斯特菌	1	0	100		货架期内
中国	巴氏灭菌乳	菌落总数	5	2	5×10^4	10^5	
		大肠菌群	5	2	1	5	

6.5.2　微生物生长模型

1. 微生物生长基本模型

由图 6‐11 可知,微生物生长过程中,存在迟滞期、快速生长期、稳定期和衰亡期等 4 个阶段。食品货架期只与迟滞期、快速生长期和稳定期有关,与微生物衰亡期无关,食品在微生物衰亡期已腐烂。从延长货架期角度,食品制造商应该尽量降低初始微生物数量,并尽量延长迟滞期。微生物生长一旦进入快速生长

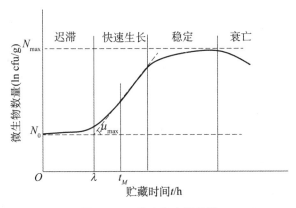

图 6‐11　微生物生长曲线

期,其数量将很快达到国家或者行业的限定指标(见表 6 - 8),也即达到了相应的食品安全货架期。

微生物生长模型是关于食品中微生物生长、残存和死亡的量化关系式,它与微生物生长环境、初始状态等因素有关。目前研究报道的模型有基于实验数据的经验模型,也有基于代谢机理的理论模型,在形式上有指数型和多项式等。随着计算软件的开发,人们探索更为复杂的数学模型,以期实现快速准确地预测食品货架期。

微生物生长模型一般分为三种类型,即一级生长模型、二级生长模型和三级生长模型。一级生长模型描述微生物数量与时间的关系,包括初始菌数,迟滞期、生长速率和细菌的最大浓度等参变量。二级生长模型描述了一级模型的特征量随环境参数的变化,例如,迟滞期随 pH、温度、水分活度和防腐剂浓度等因素的变化。三级生长模型综合了一级生长模型和二级生长模型的函数关系,通过程序设计形成一个具有用户友好界面的系统模型。

多数研究表明,Gompertz 改进模型和 Logistic 改进模型在描述微生物 S 型生长曲线时具有较好的拟合效果,同时模型也简单,易于计算。下面以 Gompertz 模型式(6 - 39)为例进行讨论[6]。

$$y = a\exp[-\exp(b - ct)] \tag{6-39}$$

式中,$y = \ln[N(t)/N_0]$,$N(t)$ 为任意时间 t 的微生物菌落数,$(\text{cfu} \cdot \text{g}^{-1})$;$N_0$ 为微生物初始菌落数,$(\text{cfu} \cdot \text{g}^{-1})$;$a$,$b$,$c$ 为系数;t 为微生物生长时间,h。

为了给 Gompertz 模型中的系数更直观的意义,Zwietering 对式(6 - 39)进行推导[6]:

$$\frac{\mathrm{d}y}{\mathrm{d}t} = ac\exp[-\exp(b - ct)]\exp(b - ct) \tag{6-40}$$

$$\frac{\mathrm{d}^2 y}{\mathrm{d}t^2} = ac^2\exp[-\exp(b - ct)]\exp(b - ct)[\exp(b - ct) - 1] \tag{6-41}$$

首先确定快速生长期的拐点 t_M,由数学分析可知,

$$\frac{\mathrm{d}^2 y}{\mathrm{d}t^2} = 0,\text{则 } t_M = \frac{b}{c} \tag{6-42}$$

微生物生长速率 μ 实际上是一个相对的生长速率,是某时刻微生物增加速率与该时刻数量之比,即

$$\mu = \frac{\dfrac{\mathrm{d}N(t)}{\mathrm{d}t}}{N(t)} = \frac{\mathrm{d}[\ln N(t)]}{\mathrm{d}t}$$

在对数与时间坐标系中,微生物生长速率即是微生物生长曲线的斜率。由此可知微生物最大相对生长速率为

$$\mu_{\max} = \left(\frac{\mathrm{d}y}{\mathrm{d}t}\right)_{t=t_M} = \frac{ac}{e} \tag{6-43}$$

微生物生长迟滞期 λ 由拐点切线与 N_0 线的交点确定,拐点切线方程为

$$y = \mu_{\max}t + \frac{a}{e} - \mu_{\max}t_M \tag{6-44}$$

当 $N = N_0$, $y = \ln(N/N_0) = 0$,由式(6-42)、式(6-43)、式(6-44)可得迟滞期为

$$\lambda = \frac{(b-1)}{c} \tag{6-45}$$

当 $t \to \infty$, $y \to a$,即 $a = A$,由图6-11可知, $A = \ln(N_{\max}/N_0)$,在对数坐标上即为 $N_{\max} - N_0$,是两条渐近线之间的垂直距离。由以上推导可知

$$b = \frac{\mu_{\max}e}{A}\lambda + 1 \tag{6-46}$$

将上述系数 a , b , c 的表达式代入式(6-39)得 Gompertz 改进模型:

$$y = A\exp\left\{-\exp\left[\frac{\mu_m e}{A}(\lambda - t) + 1\right]\right\} \tag{6-47}$$

式(6-47)是反映微生物菌落数的自然对数与时间的关系。在实际应用中,微生物菌落数往往采用以10为底的常用对数,因此,上式可改写为,

$$N(t) = N_0 + (N_{\max} - N_0)\exp\left\{-\exp\left[\frac{\mu_{\max}e}{N_{\max} - N_0}(\lambda - t) + 1\right]\right\} \tag{6-48}$$

式中, $N(t)$ 为任意贮藏时间微生物数量的对数值,$\lg(\mathrm{cfu} \cdot \mathrm{g}^{-1})$; N_0 为微生物初始菌落数 $\lg(\mathrm{cfu} \cdot \mathrm{g}^{-1})$; $N_{\max}$ 为微生物最大生长菌落数,$\lg(\mathrm{cfu} \cdot \mathrm{g}^{-1})$; $\mu_{\max}$ 为最大相对生长速率,h^{-1} ; λ 迟滞期,是最大相对生长速率切线与 N_0 线交点对应的时间,h ; t 为贮藏时间,h 。

迟滞期 λ、最大相对生长速率 μ_{max}、$N_{max} - N_0$ 微生物最大生长菌落数与初始菌落数之差,即图6-11所示的两条渐近线渐近值之差,这4个参数基本上确定了微生物生长曲线的主要形态,也是预测微生物生长特性和食品货架期的关键参数。

在实际应用中,根据样品特性和待检微生物种类,设定微生物培养条件。在一定时间内检测微生物数量,并选择微生物生长模型对检测到的微生物数量进行拟合,确定模型中的参数。刘芳等[7]利用 Gompertz 改进模型对小包装猪肉、茭白和鲜切圆葱在气调环境下的货架期进行了研究,其中,以菌落总数、大肠菌群、乳酸菌、假单胞菌、热死丝环菌、沙门氏菌等细菌作为鲜猪肉的标示性微生物,而以菌落总数、大肠菌群、乳酸菌、假单胞菌、酵母菌等作为茭白和圆葱的标示性微生物。微生物菌落计数以平板涂布法为主,Gompertz 改进模型中的参数:迟滞期 λ、最大相对生长速率 μ_{max}、微生物初始菌落数 N_0、微生物最大生长菌落数 N_{max} 等4个参数均采用 Stable Curve 2D(SYSTAT Software Inc.)计算软件拟合,并利用 SAS 等统计软件对拟合度进行了相关性分析。表6-9和图6-12分别是猪肉菌落总数拟合数据和生长曲线。

表6-9 猪肉片在不同贮藏温度和气体条件下菌落总数生长参数比较表[7]

实验组	初始菌数 N_0 /(lg (cfu·g⁻¹))	最大菌数 N_{max} /(lg (cfu·g⁻¹))	最大生长速率 /(μ_{max}/h⁻¹)	迟滞时间 λ/d	拟合度 R^2
A(40%CO₂+59%N₂ +1%O₂,−2℃)	2.695 (0.699)b	7.601 (1.230)a	0.022 (0.093)d	7.316 (1.617)a	0.933
B(40%CO₂+59%N₂ +1%O₂,4℃)	2.616 (0.444)b	7.693 (1.176)a	0.030 (0.054)c	2.613 (0.947)c	0.968
C(40%CO₂+59%N₂ +1%O₂,10℃)	2.869 (0.664)a	7.282 (1.753)b	0.050 (0.123)b	2.344 (1.131)d	0.941
D(环境空气,−2℃)	2.784 (1.100)ab	7.835 (1.251)a	0.017 (0.004 8)f	5.308 (1.616)b	0.955
E(环境空气,4℃)	2.499 (0.351)c	7.658 (0.528)a	0.027 (0.011)c	2.446 (0.517)cd	0.997
F(环境空气,10℃)	2.997 (0.912)a	7.286 (0.521)b	0.087 (0.016)a	2.517 (0.540)cd	0.984

注:多重比较采用邓肯式新复极差法,同一行中数字后面的不同小写字母表示显著性达到($P < 0.05$水平),括号内数据为标准差。

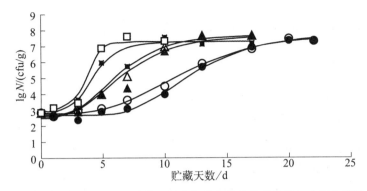

图 6-12　猪肉片在不同贮藏温度和气体条件下菌落总数的生长曲线[7]

A(●)，B(▲)，C(✖)，D(○)，E(△)，F(□)同表 6-9 所示。实线为式
(6-48)计算值

由 Gompertz 改进模型式(6-48)可预测食品货架期，

$$t_s = \lambda - \frac{N_{max} - N_0}{2.718\,3\mu_{max}}\left[\ln\left(-\ln\frac{N_s - N_0}{N_{max} - N_0}\right) - 1\right] \qquad (6-49)$$

式中，t_s 为货架期时间，h；N_s 为货架期截止时标示性微生物数量（specific
spoilage organisms，SSOs），lg(cfu · g⁻¹)。在应用中应该参照相关标准并实际
验证 N_s 值的有效性。以表 6-9 实验组 A(40%CO₂＋59%N₂＋1%O₂，－2℃)
数据为例，说明货架期预测模型的应用。根据冷鲜肉的卫生指标，选择杂菌作为
标示性微生物。根据色泽、气味、表面黏度等感官指标，确定菌落总数 10⁷ 为货架
期截止数量，即 $N_s = 7$。将相关数据代入式(6-49)得

$$\begin{aligned}
t_s &= \lambda - \frac{N_{max} - N_0}{2.718\,3\mu_m}\left[\ln\left(-\ln\frac{N_s - N_0}{N_{max} - N_0}\right) - 1\right] \\
&= 7.316 \times 24 - \frac{7.601 - 2.695}{2.718\,3 \times 0.022}\left[\ln\left(-\ln\frac{7 - 2.695}{7.601 - 2.695}\right) - 1\right] \\
&= 424.6\ h \\
&= 17.7\ d
\end{aligned}$$

从图 6-12 可知，与迟滞期 λ 和最大相对生长速率 μ_{max} 比较，Gompertz 改进
模型中的参数 N_0 和 N_{max} 与实验条件关联较小，当贮藏时间继续延长时，各实验
组的最大微生物数量 N_{max} 将趋于一致，而各实验组的初始微生物数量也比较接
近。实际应用中，N_0 和 N_{max} 均设为常数，可利用 Gompertz 改进模型拟合确定，
也可以利用实验数据通过统计估算确定。对于食品货架期的预测，N_0 比 N_{max} 更
具有实际意义。如果前道工序处理不好，将明显影响 N_0 值，进而影响货架期时

间。迟滞期 λ 和最大相对生长速率 μ_{max} 受微生物种类和环境因素(温度、pH 值、水分活性、氧气浓度、二氧化碳浓度、氧化还原电势、营养物浓度和利用率以及防腐剂等)影响较大,尤其是温度。如图 6-12 所示,A 组实验($-2℃$)的迟滞期达到 7 h 以上,而 B 组实验($4℃$)的迟滞期仅为 2 h 以上,两组实验条件气体成分相同,而仅仅是温度不同。同样,温度不同,最大相对生长速率也明显不同,这从图中曲线的形态即可看出。为此,研究人员提出了许多迟滞期、最大相对生长速率与温度、pH、水分活度等之间关系的经验式,即微生物二级生长模型。

关于迟滞期 λ 和最大相对生长速率 μ_{max} 与温度的关系,报道较多的有 Arrhenius 方程和平方根方程。Ratkowsky(1982)[8] 等根据微生物在 $0\sim40℃$ 条件下生长速率或迟滞期倒数的平方根与温度之间存在的线性关系,提出一个简单的经验模型。关系式如下:

$$\sqrt{\mu_{max}} = b_\mu (T - T_{min}) \tag{6-50}$$

$$\sqrt{1/\lambda} = b_\lambda (T - T_{min}) \tag{6-51}$$

式中,λ 为迟滞期时间,h; b_μ、b_λ 为系数;T 为培养温度,℃;T_{min} 为设想的微生物停止代谢活动时的温度,℃。T_{min} 分别由 $\sqrt{\mu_{max}}=0$ 和 $\sqrt{1/\lambda}=0$ 时确定,即由图 6-13 和图 6-14 回归线与横轴的交点确定。相反,当温度高于某一温度时,由于蛋白质变性等原因,微生物失活,生长速率也将为零。Ratkowsky 根据上述情况将方程(6-50)扩展为如下形式(6-52),即温度 T 的取值范围 $[T_{min}, T_{max}]$。

$$\sqrt{\mu_{max}} = b_2 (T - T_{min})\{1 - \exp[C_2(T - T_{max})]\} \tag{6-52}$$

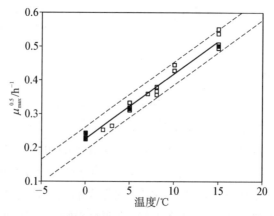

图 6-13 绿脓杆菌最大相对生长速率与温度的关系[9]

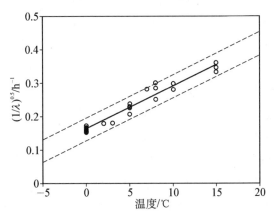

图 6-14　绿脓杆菌迟滞期时间与温度的关系[9]

式中，T_{max} 为微生物理论上能够生长的最高温度，℃；b_2、C_2 为系数，$℃^{-1}$。

作为二级生长模型应用示例[9]，图 6-13 和图 6-14 是金头鲷鱼（gilthead seabream）绿脓杆菌（pseudomonads）在 0、2、5、8、10、15℃冷藏下最大相对生长速率、迟滞期时间与温度的关系。表 6-10 为上述方程拟合系数和相关性。

表 6-10　二级模型拟合示例[9]

公式	参数	平均值	下限	上限	R^2
式(6-45)	b_μ	0.019 3	0.018 1	0.020 5	0.982
	T_{min}	−11.80	−12.96	−10.64	
式(6-46)	b_λ	0.012 8	0.011 6	0.014 0	0.960
	T_{min}	−12.81	−14.65	−10.95	

2. 微生物生长动态组合模型

微生物生长一级模型模拟微生物生长的基本曲线，二级模型反映一级模型中的参数与微生物生长环境（温度、pH 值等）的关系。由一级模型和二级模型组合可以模拟一定环境条件下的微生物生长数量或者货架期。例如，图 6-13 和图 6-14 说明在 0～15℃范围内，任意温度下都有确定的 λ 和 μ_{max}，由一级模型即可预测该恒定温度下的微生物数量或者货架期。但是在实际生产中，食品可能经历初加工、深加工、配送和仓储等多个不同环节，这些环节时间长度不定，温度也有较大波动。例如，某种食品从冷库出库到摆放在超市货架上，在短时间内可能经历如下过程,冷库出库——货台停放待装车——冷藏车——超市货架。在时间方面,微生物连续经历4个阶段,但是在温度方面,微生物经历了4个不同的温度区间。此时的微生物数量或者货架期如何? 这是一个实际问题。如果用上一小节所述的一级模型和二级模型方法,将存在两方面的问题:①除了第一阶段外,其余后续阶段均存在着微生物初始菌落数($N_{0,i}$)如何准确确定的问题。理论上,后续阶段的初始菌落数应该等于前一阶段结束时的菌落数 $N(t_{i-1})$;②微生物对温度突然波动的响应问题。反映在微生物生长曲线上,即是否存在迟滞期? 微生物生长能否随温度波动同步响应? 为此,有人提出重复利用一级模型和二级模型,将不同温度段的预测结果进行叠加。Kreyenschmidt 等[10]基于一级模型和二级模型,提出针对温度波动情况下的微生物生长预测方法。其前提假设条件是微生物最大菌落数与温度无关,且同批次的产品其微生物最大菌落数一致。同批次的产品其微生物初始菌落数不变。即所有温度波动引起的生长曲线的波动均在 N_{max}和 N_0 两个渐近线之间。换句话说,同一批次的产品,无论由多少个温度段组成,在模拟过程中 N_{max} 和 N_0 是常数,而变化的只是 t_M 和 μ_{max}。t_M 通过菌落数 $N_{t_{i-1}}$反映了温度的变化情况,而 μ_{max}通过二级模型直接与温度相关。该模型与上一小节介绍的模型方法没有实质性差别,仅仅是将多个不同恒定温度区间的预测值进行叠加,其不同点在于通过 t_M 关系式将温度变化引起的菌落数变化前后衔接起来。

以 Gompertz 模型为例,具体应用方法是:①利用上一小节介绍的方法确定模型中的 N_{max}、N_0、μ_{max} 和 λ;②利用不同温度下的菌落数实验值,建立 μ_{max} 与温度 T 的二级模型;③从第二阶段开始至最后一个阶段,即 $i=2,3,\cdots,n$,利用 μ_{max}的二级模型以及式(6-53)和式(6-54)迭代计算菌落数 $N(t_i)$。图6-15是熟火腿片上乳酸菌在2~12℃间9个温度段的预测结果[10]。模型中忽略了各阶段的迟滞期。

$$N(t_i) = N_0 + (N_{max} - N_0)\exp\{-\exp[-\mu_{max,T}(t-t_M)]\} \quad (6-53)$$

式中,$N(t_i)$为第 $i(i=1,2,\cdots,n)$ 段结束时微生物菌落数,$\lg(cfu \cdot g^{-1})$;$\mu_{max,T}$为利用二级模型(Arrhenius 方程或者平方根方程)计算的最大生长速率,h^{-1};t为时间,h;t_M 微生物最大生长速率所对应的时间,由下式确定:

$$t_M = \ln\left[-\ln\left(\frac{N_{t_{i-1}} - N_0}{N_{max} - N_0}\right) + t\right] \quad (6-54)$$

式中,$N_{t_{i-1}}$为前一阶段结束时的微生物菌落数,$\lg(cfu \cdot g^{-1})$。其他参数同前。

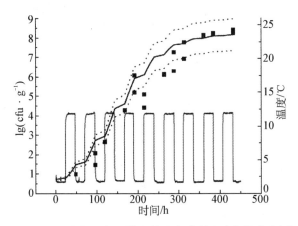

图6-15 动态温度下微生物生长曲线(孤点■为实测值,实线为模拟值,虚线为±10%偏差)[10]

6.6 货架期——基于消费者的认可度

在生产流通中,基于消费者认可度的货架期才有实际意义,从这个角度讲,食品的货架期不是取决于食品自身,而是取决于消费者的认可度。消费者对食品的认可度主要基于对食品的色泽、形态和风味等感官指标进行判断,对具体食品给出"可接受"或者"不可接受"等选择。消费者可以是市场上被随机采访的人员,也可以是生产或者流通部门的技术人员或者是研发机构的研究人员。市场上被随机采访的人员对产品的背景信息了解很少,他(她)们仅仅根据自己的经验和嗜好对产品做出取舍,其优点是数据来源于真实的消费者,而缺点是被采访人员的背景信息和采访环境很难控制,数据完整性较差。由于研究人员预先知道产品的相关信息,在取舍选择方面可能存在一定的倾向性。因此,在对消费者进行产品认可度的调查中,数据处理非常必要。目前,主要有4种类型:①根据调查数据、以往经验和相关文献资料,人为认定货架期截止点(cut-off point,COP),由此截止点确定货架期;②根据对消费者的调查数据直接建立货架期模型(如下面所述的生存分析法);③根据食品质量指标直接建立货架期模型(如前所述);④根据消费者调查数据和质量指标的综合关联指标建立货架期模型(见图6-16)。

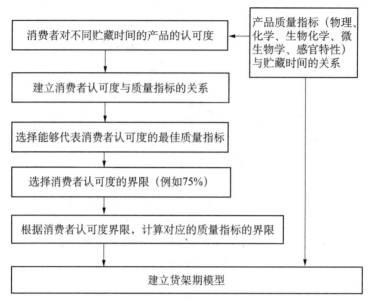

图 6‑16　基于消费者认可度和质量指标的货架期模型

6.6.1　货架期样本

生存分析法(survival analysis)是近几年引用较多的一种数据处理方法,该方法源自于生物医学领域和机电工程领域,用于研究人或者元器件的寿命。食品(包括食用农产品)本身是有生命的生物材料,其寿命即是货架期或者称为保质期。下面内容将适当介绍生存分析法在食品货架期样本处理、货架期预测等方面的应用情况,更多的数理统计内容参阅相关文献[3, 11, 12]。

在对某种产品的货架期进行消费者接受度调查中,可能会出现"可接受"或者"不可接受","可接受"表示该消费者认为该产品仍可食用或者可以购买,即产品仍在货架期内;"不可接受"表示该消费者认为该产品已过保质期,不可食用或者不会购买(当然应该排除该消费者从来就不喜欢吃该种产品,或者说,接受调查的消费者应该属于该种产品的正常消费者)。我们获得的样本数据可能有如下类型:

(1) 假设用 100 个样品进行货架期调查,直至所有的 100 个样品的货架期全部截止,我们记录每个样品的货架期截止时间($0 \leqslant t_1 \leqslant t_2 \leqslant \cdots \leqslant t_{100}$),这种将试验全部做完而获得的样本称为完全样本。

(2) 对于某些产品,其货架期可能较长而很难完成全部试验或者消费者调查。对于这种情况,往往预设一个可行的试验时间 t_n,记录该时间段货架期截止的样品数量(设为 $m < 100$)和时间($0 \leqslant t_1 \leqslant t_2 \leqslant \cdots \leqslant t_m \leqslant t_n$),这种预设试验时间而获得的样本称为定时截断样本,也称为第一类截断(type Ⅰ censoring)。

(3)试验中预设一定样品数量,设为 $m < 100$,当试验进行到有 m 个样品货架期发生截止时即结束试验,记录 m 个样品的货架期截止时间($0 \leqslant t_1 \leqslant t_2 \leqslant \cdots \leqslant t_m$),这种方式获得的样本称为定数截断样本,也称为第二类截断(type Ⅱ censoring)。

(4)实际试验中,我们观察数据或者取样往往是按一定时间间隔进行,当发现样品货架期已经截止时,其截止的确切时间可追溯到前一次观察时间,或者说货架期截止事件发生在两次临近观察之间,我们无法得知货架期截止的确切时间而只知道发生在一个区间内,这样的样本点称为区间截断(interval censoring)。如果我们第一次观察即发现样品货架期已经截止,其确切时间一定处于开始至第一次观察这一时间段内,这样的样本点称为左截断(left censoring),也可看作为区间截断($0 \leqslant t \leqslant t_1$)。如果只知道某样品的货架期大于某一时刻,则称为右截断(right censoring),在第一类截断样本中,货架期尚未截止的样品即属于右截断。表 6-11 是消费者对酸奶风味接受度调查数据,表中数据除了表明上述截断类型外,个别消费者对产品的接受度也存在一定的波动,其中第三位消费者对第 8 天产品拒绝,说明第三位消费者不接受该产品的可能性发生在第 4 天至第 8 天时间段内,之后产生一个波动,对第 12 天产品重新接受。对于这种情况,选择区间截断 4～24 优于区间 4～8,前者反映了波动区间较大这一信息。与第三位消费者相似,第四位消费者对产品的接受度也存在一定波动,在数据处理上同第三位消费者。第五位消费者对新鲜酸奶不接受,表明该消费者可能不喜欢新鲜酸奶,或者不清楚受访的目的,在采访对象选择方面存在不妥,故第五位消费者数据为无效数据。

表 6-11　消费者对酸奶风味(42℃)接受度调查(0:接受,1:拒绝)[14]

消费者	贮藏时间/h							截断类型
	0	4	8	12	24	36	48	
1	0	0	0	0	1	1	1	区间:12～24 h
2	0	0	0	0	0	0	0	右:>48 h
3	0	0	1	0	1	1	1	区间:4～24 h
4	0	1	0	1	1	1	1	左:≤24 h
5	1	1	0	0	0	0	1	无效

在样本数据分析中,数据截断问题往往不可避免,除了上述几种截断外,还有随机截断(random censoring)和与截断相似的截尾数据(truncated data)。忽略截断样本将损失部分信息甚至是重要信息,随着计算机计算软件的不断开发,解决带有截断样本的商业统计软件已经很成熟[TIBCO Spotfire S+(TIBCO Inc.,Seattle,WA);R Statistical Package,http://www.rproject.org/;S-PLUS(Insightful Corp.,Seattle,WA);SAS SYSTEM][13]。

6.6.2 货架期截止点——人为认定

1. 影响因素

人为认定是基于感官评定人员的喜好程度给出的感官评定分数,人为选择其中某一分值作为判断货架期的截止点(COP)。人为认定的货架期截止点主观随意性比较强,往往缺乏必要的统计分析。目前常用的感官评定分值有 5 分、7 分、9 分、10 分、12 分、100 分等。最高分和最低分分别代表某种感官特性的两种极端状态,从最不好到最好,从最不喜欢到最喜欢,其中没有"可接受"或者"不可接受"的选择,而仅仅是喜欢或者不喜欢的程度。例如,对桃子硬度采用 7 分值评定,1 代表最硬,而 7 代表最软,随着贮藏时间的延长,分值由 1 逐渐增加,至其中某分值时(假设为 3.5)桃子硬度最适合。如果继续贮藏,桃子硬度继续下降、感官评定分值继续增加,至某分值时(假设为 5.5)桃子即将失去商品价值,此值即为货架期的截止点。人为认定 5.5 分作为货架期截止点,可能基于以下 5 个方面因素,但是人为因素还是比较明显的,即缺少统计意义上的可信度区间。影响人为认定货架期截止点的 5 个因素:①基于感官评定人员或者消费者的个人嗜好给出的平均分数。例如,10 人小组对某种产品打分,当算术平均分数大于或者等于某值时,即认为该批次产品货架期已截止。至于该批次平均分与其临近的前后两个批次的平均分是否有显著性差异? 每组数据离散程度如何? 这些统计问题往往是空白。②参考某些物理、化学指标变化而确定的截止点。例如,影响葡萄货架期的不仅仅是果粒的色香味,还有果穗和果柄褐变程度、落粒率、腐烂率、水分损失率等指标。果穗和果柄虽然不是食用部分,但是在判断葡萄货架期方面可能更有实际意义。③参考微生物的数量变化。感官评定的样品一定要符合国家或者行业卫生标准,如果微生物数量超过卫生标准,则不允许进行感官评定(涉及道德问题和感官评定人员的健康问题)。④参考行业标准或者国家标准(如果有的话)。⑤参考相关文献。从以上 5 个方面可以看出,人为认定的货架期截止点存在很多不确定性和人为的主观因素,因此,由此预测或者确定的货架期也可能不同。例如,如上所述,如果选择 3.5 而不是 5.5 作为桃子货架期截止点,在相同条件下桃子货架期将明显变短。

目前,在学术研究领域往往借鉴相关文献资料确定货架期截止点,当然也有部分研究采用完全人为认定的货架期截止点。这些研究多侧重于贮藏工艺技术或者品质变化规律,而不是关于货架期截止点如何认定问题。如表 6-12 所示,葡萄冷藏(0±1℃)60 d 后再常温(20℃)存放 5 d 的品质变化情况,其中葡萄果粒的货架期截止点参考 Kader 等[15]方法,认为葡萄的风味、香味和外观综合得分: 1 分为极差;3 分为差;5 分为可接受(是具有商品性的最低标准);7 分为好;9 分为非常好。而果梗褐变程度按 Crisosto 等[16]方法,分为 4 等级,1 分为穗轴和果柄无褐变;2 分为穗轴无褐变,果柄轻微褐变;3 分为主穗轴无褐变,果柄和副穗轴褐变;4 分为穗轴和果柄均褐变。表中数据充分反映了贮藏条件对各项指标的影响程度,很显然作者关注的重点是葡萄质量变化过程而不是货架期的截止点(COP)。

表 6-12　葡萄水分损失、落粒率、腐烂率和感官品质在贮藏期内的变化[17]

贮藏时间 /d	水分损失 /%	落粒率 /%	腐烂率 /%	果梗褐变 (1~4)	风味 (1~9)	香味 (1~9)	外观 (1~9)
0	0k	0m	0k	1.0f	8.5a	9.0a	9.0a
15	0.39i	1.28k	3.73i	1.4d	8.0de	8.4c	8.5c
30	1.31e	3.91i	9.31e	2.0c	7.5i	7.5ef	7.6f
45	2.12d	8.03e	10.01d	2.1c	7.2j	7.4f	7.1h
60	2.71c	10.77d	13.23b	2.4b	6.8k	7.0g	6.8i
60+5	5.87a	18.66a	20.11a	3.7a	5.9l	6.5h	4.9j

注:表中同一竖栏中数字后面的相同字母表示无显著差异($P<0.05$)。

2. 应用范例——冻结食品的 TTT(time-temperature-tolerance)

冻结食品的 TTT 概念是美国 Arsdel 等人在 1948~1958 年对食品在冻藏下经过大量实验总结归纳出来的,揭示了食品在一定初始质量、加工方法和包装方式—即 3P 原则(product of initial quality, processing method and packaging, PPP factors)下,冻结食品的容许冻藏期与冻藏时间、冻藏温度的关系,对食品冻藏具有实际指导意义。

研究资料表明,冻结食品质量随时间的下降是累积性的,而且为不可逆的。在这个期间内,温度是影响质量下降的主要因素。温度越低,质量下降的过程越缓慢,容许的冻藏期也就越长。冻藏期一般可分为实用冻藏期(practical storage life，PSL)和高质量冻藏期(high quality life，HQL)。也有将冻藏期按商品价值丧失时间(time to loss of consumer acceptability，ACC)和感官质量变化时间(time to first noticeable change，Stab)划分的。

实用冻藏期指在某一温度下不失去商品价值的最长时间；高质量冻藏期是指初始高质量的食品，在某一温度下冻藏，组织有经验的食品感官评价者定期对该食品进行感官质量检验(organoleptic test)，检验方法可采用三样两同鉴别法(duo-trio test)或三角鉴别法(triangular test)，若其中有70％的评价者认为该食品质量与冻藏在-40℃温度下的食品质量出现差异，此时间间隔即为高质量冻藏期。显然，在同一温度下高质量冻藏期短于实用冻藏期。高质量冻藏期通常从冻结结束后开始算起。而实用冻藏期一般包括冻藏、运输、销售和消费等环节。

一种食品的实用冻藏期和高质量冻藏期均是通过反复实验后获得。实验温度范围一般在-10～-40℃之间，实验温度水平至少有4～5个。鉴别方法除感官质量评价外，根据不同食品，可采用相应的理化指标分析。例如，果蔬类食品常进行维生素C含量的检验。根据实验数据，画出相应的TTT曲线(见图6-17、图6-18)[18]。

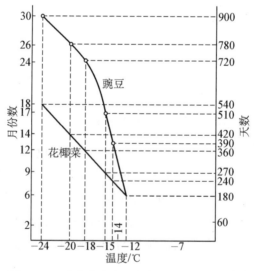

图6-17 花椰菜和豌豆的实用冻藏期(PSL)[18]

由于冻结食品质量下降是累积的，因此，根据TTT曲线可以计算出冻结食品在贮运等不同环节中质量累积下降程度和剩余的可冻藏性。

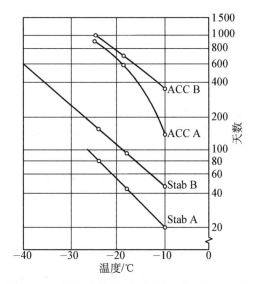

图 6 - 18　鸡肉冻藏中商品价值丧失时间(ACC)
与感官质量改变时间(Stab)[18]

A—用聚乙烯复合膜包装；B—真空包装

　　例 6 - 1　上等花椰菜经过合理冻结后,在 −24℃ 低温库冻藏 150 d,随后运至销售地,运输过程中温度为 −15℃,时间为 15 d,在销售地又冻藏了 120 d,温度为 −20℃。求此时冻结花椰菜的可冻藏性为多少。

　　解:由图 6 - 17 可知,花椰菜在 −24℃ 下经过 540 d 或 −20℃ 下经过 420 d 或 −15℃ 下经过 270 d,其可冻藏性完全丧失,变为零。根据质量下降的累积性,得质量下降率为

$$\left(\frac{150}{540}+\frac{15}{270}+\frac{120}{420}\right)\times100\% = (0.28+0.06+0.29)\times100\% = 63\%$$

剩余的可冻藏性为

$$\frac{100}{100}-\frac{63}{100} = 37\%$$

　　这说明如果仍在 −20℃ 下冻藏,最多只能冻藏 155 d,若在 −12℃ 下仅能冻藏 67 d 即失去了商品价值。

　　上述计算方法对多数冻结食品的冻藏是有指导意义的,但由于食品腐败变质的原因与多因素有关,如温度波动给食品质量造成的影响(冰晶长大、干耗等);光线照射对光敏成分的影响等。这些因素在上述计算方法中均未包括,因

此,实际冻藏中质量下降要大于用 TTT 法的计算值,即冻藏期小于 TTT 的计算值。

6.6.3　非参数估计法[3]

1. 忽略截断问题

货架期的非参数估计法是基于样本数据,建立一定数量的样本的货架期已经截止(或者被一定比例的消费者拒绝)的分布函数 $F(t)$,由此分布函数确定总体货架期长短。非参数估计法不需要预设(猜测)可能的最佳参数模型,直接利用样本数据,避免猜错模型带来的误判。非参数估计比较直观地反映概率分布与时间的关系,可为进一步选择参数模型提供参考信息。设样本数量为 n,在 $(t_{i-1} < t \leqslant t_i)$ 时间段内有 d_j 个样本过期或者失效(died),则样本分布函数 $F(t)$ 的非参数估计为 $\overset{\frown}{F}(t_i)$,由二项分布可知,$\overset{\frown}{F}(t_i)$ 也是 $F(t)$ 的最大似然估计。

$$\overset{\frown}{F}(t_i) = \frac{\sum_{j=1}^{i} d_j}{n} \qquad (6-55)$$

例如,观察 100 个样本,每个月记录发生过期(货架期截止)的个数,设第一个月出现 1 个,第二个月出现 2 个,第三个月也出现 2 个,至此非参数估计为,$\overset{\frown}{F}(1) = 1/100$,$\overset{\frown}{F}(2) = 3/100$,$\overset{\frown}{F}(3) = 5/100$,这里注意选择的时间点为 t_i,即一个时间段 $(t_{i-1}, t_i]$ 的上限。

基于逐点二项分布的置信区间 $[\underline{F}(t_i), \overline{F}(t_i)]$ 为

$$\underline{F}(t_i) = \left[1 + \frac{(n - n\overset{\frown}{F} + 1)F_{(1-\alpha/2;\, 2n-2n\overset{\frown}{F}+2,\, 2n\overset{\frown}{F})}}{n\overset{\frown}{F}}\right]^{-1} \qquad (6-56)$$

$$\overline{F}(t_i) = \left[1 + \frac{n - n\overset{\frown}{F}}{(n\overset{\frown}{F} + 1)F_{(1-\alpha/2;\, 2n\overset{\frown}{F}+2,\, 2n-2n\overset{\frown}{F})}}\right]^{-1} \qquad (6-57)$$

式中,$F_{(\alpha;\, \nu_1,\, \nu_2)}$ 是 F 分布,下标 α,ν_1,ν_2 分别代表显著性水平、自由度 1 和自由度 2。同样以前例为例,取显著性水平 $\alpha = 0.05$,查 F 分布表可知 $F_{(0.975;\, 196, 6)} = 4.8831$,$F_{(0.975;\, 8,\, 194)} = 2.2578$。对于 $F(2)$ 的置信区间:

置信区间下限为

$$F(2) = \left[1 + \frac{(100 - 100 \times 0.003 + 1)F_{(1-0.05/2;\ 200-200\times0.03+2,\ 200\times0.03)}}{100 \times 0.03}\right]^{-1} = 0.006\ 2$$

置信区间上限为

$$\overline{F}(2) = \left[1 + \frac{100 - 100 \times 0.03}{(100 \times 0.03 + 1)F_{(1-0.05/2;\ 200\times0.03+2,\ 200-200\times0.03)}}\right]^{-1} = 0.085\ 2$$

说明该产品两个月过期的概率在 $[0.006\ 2,\ 0.085\ 2]$，其置信度为 95%。用同样方法，我们可以获得 $F(1)$ 和 $F(3)$ 的置信区间，其结果如图 6-19 所示。

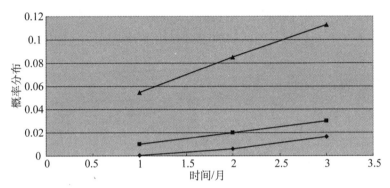

图 6-19　产品在 3 个月内过期的概率与置信区间(上下两条线为置信区间线)

2. 样本右截断问题

对于样本有右截断的货架期问题，其概率分布 $F(t)$ 可用下列表达式估计。

$$n_i = n - \sum_{j=0}^{i-1} d_j - \sum_{j=0}^{i-1} r_j,\ i = 1, \cdots, m \qquad (6\text{-}58)$$

式中，d_j 表示在 $(t_{i-1} < t \leqslant t_i)$ 时间段内过期或者失效的样本数量；r_j 表示右截断的样本数量，即在 t_i 时刻，即终止试验的时刻，其货架期尚未过期，但是在 $t_i < t < t_{i+1}$ 时间段存在着过期的可能性；n 为试验样本数量，n_i 为 t_i 时刻将继续进行试验的样本数量；m 为时间段的个数。很显然，式 $(6\text{-}58)d_0 = r_0 = 0$，即试验起始点既无过期样本也无右截断样本。

$$\overset{\backprime}{p}_i = \frac{d_i}{n_i},\ i = 1, \cdots, m \qquad (6\text{-}59)$$

式中，$\overset{\backprime}{p}_i$ 是 p_i 的最大似然估计。生存函数(即仍在货架期内)的最大似然估计 $\overset{\backprime}{S}(t_i)$ 为

$$\overset{)}{S}(t_i) = \prod_{j=1}^{i} (1 - \overset{)}{p_j}), \; i = 1, \cdots, m \qquad (6-60)$$

分布函数 $F(t)$ 的最大似然估计 $\overset{)}{F}(t_i)$ 为

$$\overset{)}{F}(t_i) = 1 - \overset{)}{S}(t_i), \; i = 1, \cdots, m \qquad (6-61)$$

仍用前例说明，样本数量增至 300 个，分 3 组，每组 100 个样本，记录每个月过期样品数量 d_j，在有右截断情况下，分布函数估计如表 6-13 所示。置信区间由式 (6-64) 确定，其中方差 $\mathrm{Var}[\overset{)}{F}(t_i)]$，标准差 $\overset{)}{se}$ 由式 (6-62)、式 (6-63) 确定。因为下式统计量服从于正态分布，因此，对于样本量较小的情况，其估计偏差可能较大。

$$\mathrm{Var}[\overset{)}{F}(t_i)] = \mathrm{Var}[\overset{)}{S}(t_i)] = [\overset{)}{S}(t_i)]^2 \sum_{j=1}^{i} \frac{\overset{)}{p_j}}{n_j(1 - \overset{)}{p_j})} \qquad (6-62)$$

$$\overset{)}{se} = \sqrt{\mathrm{Var}[\overset{)}{F}(t_i)]} \qquad (6-63)$$

$$[\underline{F}(t_i), \overline{F}(t_i)] = \overset{)}{F}(t_i) \pm z_{(1-\alpha/2)}\overset{)}{se} \qquad (6-64)$$

取置信度 95%，则第一个月分布函数估计值的置信区间为

$$\mathrm{Var}[\overset{)}{F}(1)] = (0.986\ 7)^2 \times \frac{0.013\ 3}{300(1-0.013\ 3)} = 0.000\ 043\ 8$$

$$\overset{)}{se} = \sqrt{0.000\ 043\ 8} = 0.006\ 62$$

$$[\underline{F}(1), \overline{F}(1)] = 0.013\ 3 \pm z_{(1-0.05/2)} \times 0.006\ 62$$

$$= 0.013\ 3 \pm 1.960 \times 0.006\ 62$$

$$= [0.000\ 3, 0.026\ 3]$$

第二个月分布函数的估计值的置信区间为

$$\mathrm{Var}[\overset{)}{F}(2)] = (0.961\ 6)^2 \left[\frac{0.013\ 3}{300(1-0.013\ 3)} + \frac{0.025\ 4}{197(1-0.025\ 4)} \right] = 0.000\ 163\ 9$$

$$\overset{)}{se} = \sqrt{0.000\ 163\ 9} = 0.012\ 8$$

$$[\underline{F}(2), \overline{F}(2)] = 0.038\ 4 \pm z_{(1-0.05/2)} \times 0.012\ 8$$

$$= 0.038\ 4 \pm 1.960 \times 0.012\ 8$$

$$= [0.013\ 3, 0.063\ 5]$$

第三个月分布函数的估计值的置信区间略，计算结果列于表 6-13。

表 6-13　样本右截断情况下的分布函数估计[3]

组别与样品数量	试验时间（月）		
	(0~1]	(1~2]	(2~3]
1 组(100)	100—1	99—2	97—2
2 组(100)	100—2	98—3	右截断
3 组(100)	100—1	右截断	
n_i	300	197	97
d_j	4	5	2
r_j	99	95	95
$\overset{\frown}{p_i}$	4/300	5/197	2/97
$1-\overset{\frown}{p_i}$	296/300	192/197	95/97
$\overset{\frown}{S}(t_i)$	0.986 7	0.961 6	0.941 8
$\overset{\frown}{F}(t_i)$	0.013 3	0.038 4	0.058 2
$[\underline{F}(t_i), \overline{F}(t_i)]$	[0.000 3, 0.026 3]	[0.013 3, 0.063 5]	[0.021 6, 0.094 9]

6.6.4　参数估计法

参数估计法是基于已知（或者预设）分布模型基础上，利用样本数据对已知模型中的参数进行估计，从而获得分布函数。预设模型与样本数据的拟合度如何，模型参数估计误差如何，这些都影响模型对货架期预测的可靠性。下面介绍三种方法，一种是矩估计法，利用样本矩估计总体矩，从而确定出模型的特征参数。第二种是对已知模型进行线性化，通过在特定尺度坐标纸上绘图或者通过分析计算，由斜率和截距确定模型参数。这种方法比较直观，可以明显看出预设模型与样本数据的拟合程度，是为样本数据初选模型的常用简易方法。当然，由这种方法确定的模型参数精确度比较低，受模型与样本数据的拟合程度影响较大。第三种方法是最大似然估计法，该方法获得的模型参数精确度比较高，但在影响因素较多情况下，该方法计算比较复杂。在统计软件日益强大的今天，最大似然估计法在食品货架期预测和评估中，尤其是有样本截断问题的估计中得到较多的应用。

1. 矩估计法[19]

设随机变量 X 的概率密度函数（连续型）为 $f(t; \theta_1, \theta_2, \cdots, \theta_k)$ 或者（离散

型)$P(X=t)=p(t; \theta_1, \theta_2, \cdots, \theta_k)$,其中 $\theta_1, \theta_2, \cdots, \theta_k$ 为待估参数,即 6.3 节介绍的常用分布函数中的 $\gamma, \theta, \alpha, \beta, \mu, \sigma$ 等参数。t 为货架期时间。X 总体的前 k 阶矩为

$$\mu_l = E(X^l) = \int_{-\infty}^{\infty} t^l f(t; \theta_1, \theta_2, \cdots, \theta_k)\mathrm{d}t$$

或 $$\mu_l = E(X^l) = \sum_{t \in T} t^l p(t; \theta_1, \theta_2, \cdots, \theta_k), l=1, 2, \cdots, k \quad (6-65)$$

样本矩为

$$A_i = \frac{1}{n}\sum_{i=1}^{n} X_i^l \quad (6-66)$$

$$\hat{\theta}_i = \theta_i(A_1, A_2, \cdots, A_k), i=1, 2, \cdots, k \quad (6-67)$$

由上述一阶矩和二阶矩即可推导出我们常用的数学期望和方差:

$$\mu_1 = E(X) = \mu$$
$$\mu_2 = E(X^2) = D(X) + [E(X)]^2 = \sigma^2 + \mu^2$$

即 $$\begin{cases} \mu = \mu_1 \\ \sigma^2 = \mu_2 - \mu_1 \end{cases}$$

用式$(6-67)A_1, A_2$ 代替 μ_1, μ_2 得矩的估计量为

$$\hat{\mu} = A_1 = \overline{X}$$

$$\hat{\sigma}^2 = A_2 - A_1^2 = \frac{1}{n}\sum_{i=1}^{n} X_i^2 - \overline{X}^2 = \frac{1}{n}\sum_{i=1}^{n}(X_i - \overline{X})^2$$

2. 模型线性化

以指数分布为例,由式$(6-8)$可知其线性化方程为

$$t_p = \gamma - \theta\ln(1-p) \quad (6-68)$$

式中,p 为分位数,取值$[0, 1]$,$p=0.25$,即表示有 25% 的产品过期或者有 25% 的消费者认为产品已经过期。此时 $t_p = t_{0.25}$ 表示有 25% 的产品已经过期所经历的时间。如果以 25% 的消费者认为产品已经过期作为货架期,则 $t_{0.25}$ 即为货架期截止时间。

以 t_p 和 $\ln(1-p)$ 为坐标,在半对数坐标轴上绘图,可知是一条直线。当 $\ln(1-p) = 0$ 时,由式$(6-68)$可知,$t_p = \gamma$,即在图 6-20 右侧坐标 0 点,画水平线交于直线,交点对应在水平坐标的时间即为参数 γ。图 6-20 所示为截距参数 $\gamma = 0$,

200,斜率参数为 $1/\theta = 1/50$，$1/200$。

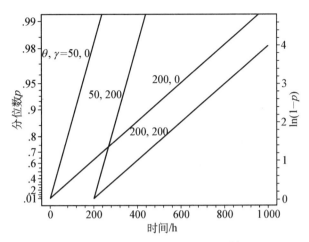

图 6-20　指数分布线性化图例[3]

同样，对于标准正态分布，其线性化方程为

$$t_p = \mu + \sigma \Phi^{-1}(p) \tag{6-69}$$

当 $\Phi^{-1}(p) = 0$ 时，$t_p = \mu$，此时 $p = 0.5$。在图 6-21 右侧坐标 0 点画水平虚线，可知与直线的交点对应于水平坐标的时间即是参数 μ，而斜率为 $1/\sigma$。图 6-19 所示参数分别为 $\mu = 40$，80，而由斜率得到的参数 $\sigma = 10$，5。

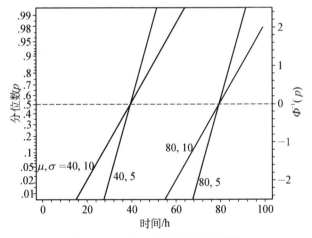

图 6-21　正态分布线性化图例[3]

表 6-14 是常见分布函数的线性化方程与参数。

表 6 - 14   常用分布函数的线性化方程[3]

分布模型	概率分布函数	线性化关系		特定参数	待定参数	
		时间坐标	概率坐标		时间轴截距	斜率
指数分布	$1-\exp\left(-\dfrac{t-\gamma}{\theta}\right)$	t_p	$-\ln(1-p)$	γ		$\dfrac{1}{\theta}\approx\dfrac{1}{t_{0.63}}$
极小极值分布	$\Phi_{sev}\left(\dfrac{y-\mu}{\zeta}\right)$	y_p	$\Phi_{sev}^{-1}(p)$		$\mu=y_{0.63}$	$\dfrac{1}{\sigma}$
韦伯分布（两参数）	$\Phi_{sev}\left(\dfrac{\ln(t)-\mu}{\sigma}\right)$	$\ln(t_p)$	$\Phi_{sev}^{-1}(p)$		$\eta=\mathrm{e}^{\mu}\approx t_{0.63}$	$\beta=\dfrac{1}{\sigma}$
正态分布	$\Phi\left(\dfrac{t-\mu}{\sigma}\right)$	t_p	$\Phi^{-1}(p)$		$\mu=t_{0.5}$	$\dfrac{1}{\sigma}$
对数正态分布（两参数）	$\Phi\left(\dfrac{\ln(t)-\mu}{\sigma}\right)$	$\ln(t_p)$	$\Phi^{-1}(p)$		$\mathrm{e}^{\mu}=t_{0.5}$	$\dfrac{1}{\sigma}$
对数正态分布（三参数）	$\Phi\left(\dfrac{\ln(t-\gamma)-\mu}{\sigma}\right)$	t_p	$\exp[\Phi^{-1}(p)\sigma]$	σ	γ	$\mathrm{e}^{-\mu}=\dfrac{1}{t_{0.5}}$
伽马函数（三参数）	$\Gamma_1\left(\dfrac{t-\gamma}{\theta};\kappa\right)$	t_p	$\Gamma_1^{-1}(p;\kappa)$	κ	γ	$\dfrac{1}{\theta}$

3. 最大似然估计法

1) 仅有右截断问题

若总体 X 属于离散型，其分布律 $P(X=t)=p(t;\theta)$ 的形式为已知，θ 为待估参数。设 $t_1, t_2, \cdots, t_n$ 是相应于样本 $X_1, X_2, \cdots, X_n$ 的一个样本值，样本 $X_1, X_2, \cdots, X_n$ 取 $t_1, t_2, \cdots, t_n$ 的概率为，

$$L(\theta)=L(t_1, t_2, \cdots, t_n; \theta)=\prod_{i=1}^{n}p(t_i;\theta) \qquad (6-70)$$

式中，$t_1, t_2, \cdots, t_n$ 是已知的样本值，是常数。$L(\theta)$ 仅是 θ 的函数。如果 $\hat{\theta}$ 使式 (6-70) 最大，即

$$L(t_1, t_2, \cdots, t_n; \hat{\theta})=\max L(t_1, t_2, \cdots, t_n; \theta) \qquad (6-71)$$

则 $\hat{\theta}$ 称为参数 θ 的最大似然估计值，这样得到的 $\hat{\theta}$ 与样本值 $t_1, t_2, \cdots, t_n$ 有关。

若总体 X 属于连续型，其概率密度为 $f(t;\theta)$，似然函数为

$$L(\theta)=L(t_1, t_2, \cdots, t_n; \theta)=\prod_{i=1}^{n}f(t_i;\theta) \qquad (6-72)$$

最大似然函数为

$$L(t_1,\ t_2,\ \cdots,\ t_n;\ \overset{\wedge}{\theta}) = \max L(t_1,\ t_2,\ \cdots,\ t_n;\ \theta)$$

2）有多种截断问题

（1）区间截断。

如图 6-22 所示，对于在 $t_i=1.0$ 时刻仍在货架期内，而在 $t_i=1.5$ 时刻货架期已经截止这种区间截断问题，其似然函数是

$$L_i(p) = \int_{t_{i-1}}^{t_i} f(t)\mathrm{d}t = F(t_i) - F(t_{i-1}) = \int_{1.0}^{1.5} f(t)\mathrm{d}t = F(1.5) - F(1.0)$$

$$(6-73)$$

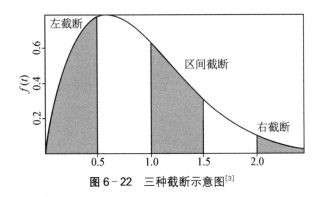

图 6-22　三种截断示意图[3]

（2）左截断。

$$L_i(p) = \int_0^{t_i} f(t)\mathrm{d}t = F(t_i) - F(0) = F(t_i)$$

$$= \int_0^{0.5} f(t)\mathrm{d}t = F(0.5) - F(0) = F(0.5)$$

$$(6-74)$$

（3）右截断。

$$L_i(p) = \int_{t_i}^{\infty} f(t)\mathrm{d}t = F(\infty) - F(t_i) = \int_{2.0}^{\infty} f(t)\mathrm{d}t = 1 - F(2.0)$$

$$(6-75)$$

（4）三种截断总似然函数。

$$L_t(p) = \prod_{i \in R}[1 - F(t_i)] \prod_{i \in L} F(t_i) \prod_{i \in I}[F(t_i) - F(t_{i-1})] \qquad (6-76)$$

式中，R，L，I 分别代表右截断、左截断和区间截断。

在很多情况下，$p(t;\ \theta)$ 和 $f(t;\ \theta)$ 关于 θ 可微，利用高等数学微积分求最大值知识，可从下面方程中求得 $\overset{\wedge}{\theta}$：

$$\frac{\mathrm{d}}{\mathrm{d}\theta}L(\theta) = 0 \qquad\qquad (6-77)$$

由于 $L(\theta)$ 和 $\ln L(\theta)$ 在同一 θ 处取到极值，因此，θ 的最大似然估计也可以从下列方程获得：

$$\frac{\mathrm{d}}{\mathrm{d}\theta}\ln L(\theta) = 0 \qquad\qquad (6-78)$$

以一个参数的指数函数为例，说明利用最大似然估计法确定分布函数中的未知参数。指数函数概率密度如下，是一个与货架期时间 t 和一个未知参数 θ 有关的关系式。

$$f(t) = \begin{cases} \dfrac{1}{\theta}\mathrm{e}^{-\frac{t}{\theta}}, & t > 0 \\ 0, & t \leqslant 0 \end{cases}$$

由式（6-72）可知，其似然函数为

$$L(\theta) = \frac{1}{\theta^m}\mathrm{e}^{-\frac{1}{\theta}[t_1 + t_2 + \cdots + t_m + (n-m)t_m]}$$

式中，n 是总样本个数；m 是发生货架期截止的样本个数 $(m \leqslant n)$；$t_1, t_2, \cdots, t_m$ 分别表示 m 个样本货架期截止的时间；$(n-m)t_m$ 表示仍在货架期内的样本经历的实验时间。引用式（6-78），有

$$\ln L(\theta) = -m\ln\theta - \frac{1}{\theta}[t_1 + t_2 + \cdots + t_m + (n-m)t_m]$$

对上式微分并求最大值，得

$$\frac{\mathrm{d}}{\mathrm{d}\theta}\ln L(\theta) = -\frac{m}{\theta} + \frac{1}{\theta^2}[t_1 + t_2 + \cdots + t_m + (n-m)t_m] = 0$$

求得

$$\hat{\theta} = \frac{t_1 + t_2 + \cdots + t_m + (n-m)t_m}{m} = \frac{s(t_m)}{m} \qquad\qquad (6-79)$$

很显然，式（6-79）存在样本右截断问题，在 n 个样本中出现 m 个样本货架期截止时即结束实验（第二类截断），货架期在 t_i 时间发生截止的概率服从于指数分布。

　　用同样的分析方法，可获得有第一类截断问题的最大似然参数估计。设 t_e 为实验结束时间：

$$0 \leqslant t_1 \leqslant t_2 \leqslant \cdots \leqslant t_m \leqslant t_e$$

应用式(6-77)和式(6-78)，有

$$L(\theta) = \frac{1}{\theta^m} \mathrm{e}^{-\frac{1}{\theta}[t_1+t_2+\cdots+t_m+(n-m)t_e]}$$

得

$$\hat{\theta} = \frac{t_1 + t_2 + \cdots + t_m + (n-m)t_e}{m} = \frac{s(t_e)}{m} \tag{6-80}$$

式中，n 是总样本个数，m 是发生货架期截止的样本个数。

　　对于含有多个未知参数的分布函数，其最大似然估计法同上，此时微分改为偏微分。

$$\frac{\partial}{\partial \theta_i} L = 0, \ i = 1, 2, \cdots, k \tag{6-81}$$

或者

$$\frac{\partial}{\partial \theta_i} \ln L = 0, \ i = 1, 2, \cdots, k$$

　　例如，在标准正态分布中 μ，σ 为未知参数，由式(6-81)可得其最大似然估计值：

$$\frac{\partial \ln L(\mu, \sigma)}{\partial \mu} = 0, \ \hat{\mu} = \overline{X}$$

$$\frac{\partial \ln L(\mu, \sigma)}{\partial \sigma} = 0, \ \hat{\sigma}^2 = \frac{1}{n} \sum_{i=1}^{n} (X_i - \overline{X})^2$$

　　Hough 等人研究报道了酸奶感官货架期问题[14]，5 位受访对象在 48 h 区间内对样品的评价(见表6-11)，其中存在三种截断问题。图 6-23 是 6 种常用分布的线性化描述，根据线性化直线与样本点的切合程度，选择对数正态分布作为该样本的最佳分布模型，通过最大似然估计法得到模型参数的估计值为 $\mu=2.99$，$\sigma=0.93$。图 6-24 是非参数估计和对数正态分布拟合比较，两者总体趋势一致。

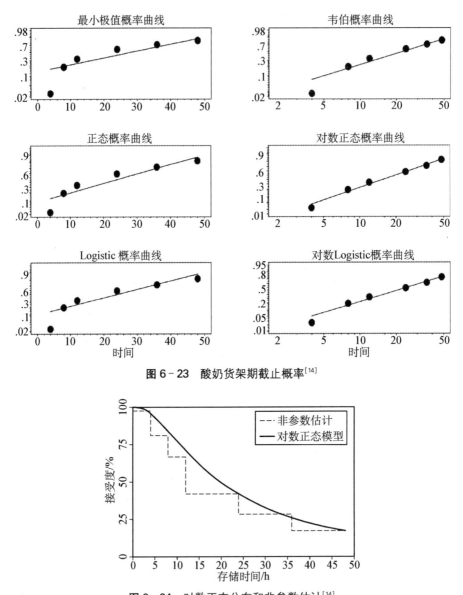

图 6‑23　酸奶货架期截止概率[14]

图 6‑24　对数正态分布和非参数估计[14]

参考文献

[1] Nicoli M C. Shelf life assessment of food [M]. New York：CRC Press，2012.

[2] Gacula M C. The design of experiments for shelf life study [J]. Journal of Food Science,

1975,40:399 - 403.

[3] Meeker W Q, Escobar L A. Statistical methods for reliability data [M]. NewYork: John Wiley & Sons, 1998.

[4] 冯国平. 果蔬气调冷藏品质变化与品质预测[D]. 上海:上海交通大学,2005.

[5] 徐进,庞璐. 食品安全微生物学指示菌国内外标准应用的比较分析[J]. 中国食品卫生杂志,2011,23(5):472 - 477.

[6] Zwietering M H, Jongenburger I, Rombouts F M, et al. Modeling of the bacterial growth curve [J]. Applied and Environmental Microbiology, 1990,56:1875 - 1881.

[7] 刘芳. 低温改良气调包装半加工菜贮藏特性研究[D]. 上海:上海交通大学,2007.

[8] Ratkowsky D A, Olley J, Mcmeekin T A. Relationship between temperature and growth rate of bacterial cultures [J]. Journal of Bacteriology, 1982,149(1):1 - 5.

[9] Koutsoumanis K. Predictive modeling of the shelf life of fish under nonisothermal conditions [J]. Applied and Environmental Microbiology, 2001,67(4):1821 - 1829.

[10] Kreyenschmidt J, Hübner A, Beierle E, et al. Determination of the shelf life of sliced cooked ham based on the growth of lactic acid bacteria in different steps of the chain [J]. Journal of Applied Microbiology, 2010,108:510 - 520.

[11] 黎子良,郑祖康. 生存分析[M]. 杭州:浙江科学技术出版社,1993.

[12] Klein J P, Moeschberger M L. Survival analysis-techniques for censored and truncated data [M]. (2nd Ed.). New York: Springer, 2003.

[13] Hough G, Garitta L. Methodology for sensory shelf life estimation: A review [J]. Journal of Sensory Studies, 2012,27:137 - 147.

[14] Hough G, Langohr K, Gómez G, et al. Survival analysis applied to sensory shelf life of foods [J]. Journal of Food Science, 2003,68(1):359 - 362.

[15] Kader A A, Ben-Yehoshua S. Effects of superatmospheric oxygen levels on postharvest physiology and quality of fresh fruits and vegetables [J]. Postharvest Biology and Technology, 2000,20:1 - 13.

[16] Crisosto C H, Smilanick J L, Dokoozlian N K, et al. Maintaining table grape post-harvest quality for long distant markets [C]// Proceedings of the International Symposium on Table Grape Production, California: Anaheim, 1994. 195 - 199.

[17] 吴颖. 气调冷藏对葡萄品质及落粒的影响[D]. 上海:上海交通大学,2006.

[18] Lester E J. Freezing effects on food quality [M]. New York: Marcel Dekker Inc., 1995.

[19] 盛骤,谢千式,潘承毅. 概率论与数理统计[M]. (第三版). 北京:高等教育出版社,2003.

第7章 包装与包装材料

7.1 食品包装概论

食品包装,是指采用适当的包装材料、容器和包装技术,把食品包裹起来,以使食品在运输和贮藏过程中保持其价值和原有状态。此外,食品包装还具有许多其他功能,例如包装材料上附带的信息是现代物流管理的重要组成部分;包装材料上的图案和色调是商家对产品的促销媒介;包装材料的结构与组分是光和气体通透与否的调控者。"包装"在现代工业时代也承载着文化、情感、信仰等等许多"内容物"之外的价值。

包装材料是包装技术的核心内容,应该满足如下条件[1]:①阻隔性(空气、水蒸气、光、风味等等);②强度;③热封和可塑性;④印刷性;⑤稳定性(迁移问题、温度耐受性、化学试剂等);⑥抗静电性;⑦食品安全法规。在生态问题日益突出的社会环境下,包装材料在性能、成本和环保方面力求平衡(见图7-1),包装材料的回收成本、可循环利用寿命、天然可降解性等问题备受关注。

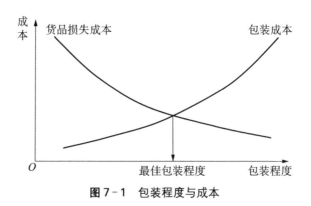

图 7-1 包装程度与成本

7.1.1　包装类型

按包装结构和功能分类,有如下四种:

(1) 基本包装(primary pack)。基本包装是指包装材料与食品直接接触的包装体,也称为内包装或者小包装,是包装的最小单元。为满足消费者需求,包装材料上印有详细的食品信息,属于商业销售包装[见图 7-2(a)]。

(2) 辅助包装(secondary pack)。辅助包装是若干基本包装单元的组合,仍然属于商业销售包装类型[见图 7-2(b)]。

(3) 运输包装(ship pack)。运输包装属于工业包装,是大包装[见图 7-2 (c)]。其尺寸、重量、强度等性能以满足流通业要求为目的,一般有瓦楞纸板箱、木板箱、金属桶、托盘等形式。为了避免食品在流通环节的损失,包装材料是一般印有提示性文字或者图案,如"不可倒置"、"易碎"等。

(4) 单元体(unit load)。是以托盘为底的简单大包装,以满足车站、码头等流通环节的搬运设施要求[见图 7-2(d)]。托盘有木质托盘和塑料托盘等。为了方便叉车搬运,叉车叉齿可从托盘的两面或者四面插入。为了提高货物堆积密度,一般设计较小的地隙。托盘常见结构和规格如图 7-3、表 7-1 所示。

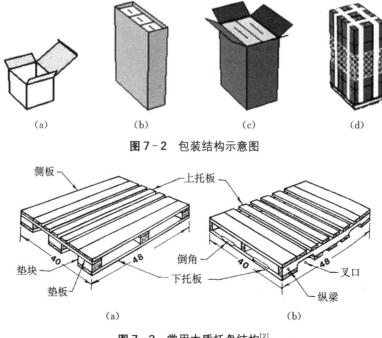

(a)　　　　　　(b)　　　　　　(c)　　　　　　(d)

图 7-2　包装结构示意图

图 7-3　常用木质托盘结构[2]

(a) 块式或欧式　(b) 梁式或美式

表 7-1　托盘规格[2]

尺寸(长×宽)/mm	尺寸(长×宽)/in	地隙	使用区域
1 219×1 016	48.00×40.00	3.7%	北美
1 200×1 000	47.24×39.37	6.7%	欧洲,亚洲
1 165×1 165	45.9×45.9	8.1%	澳大利亚
1 067×1 067	42.00×42.00	11.5%	北美,欧洲,亚洲
1 100×1 100	43.30×43.30	14%	亚洲
1 200×800	47.24×31.50	15.2%	欧洲

7.1.2　常用包装材料[3]

(1) 纸及纸制品包装。纸质包装材料具有无毒无味、卫生性好、易于粘合印刷、取材容易、价格低廉等特点,是食品工业主要包装材料之一,如牛皮纸、蜡纸、纸杯、纸盘、纸板箱等。其缺点是撕破强度低,易变形。

(2) 塑料制品包装。常用的塑料包装材料具有质轻、易于成型、防水防潮、气密性好、易着色、可印刷、成本低等优点,是目前消费量最大的包装材料。其缺点是难于降解,易造成环境污染。

a. 聚对苯二甲酸乙二醇脂(聚酯)(polyethylene terephthalate,PET),是矿泉水瓶、碳酸饮料瓶等常用材料。耐热温度−20~70℃,适合装暖饮或冻饮。不建议长期循环使用或者装油、酒等物质,有释放致癌物塑化剂邻苯二甲酸二酯(DEHP)的可能。

b. 高密度聚乙烯(high density polyethylene,HDPE),是清洁用品、沐浴产品、周转箱、塑料瓶常用的包装材料。HDPE耐热温度可达100℃,但是其柔软性和透明性略差。

c. 聚氯乙烯(polyvinyl chloride,PVC),PVC常用作雨衣、建材、塑料膜、塑料盒等材料。由于PVC本身塑性较差,在加工时往往添加增塑剂,形成柔软的透明度较高的薄膜材料,可用于生鲜果蔬包装。PVC热稳定性较差,温度较高时(如100℃),可能会释放出残留的单体氯乙烯VC(有致癌、致畸和麻醉可能),温度较低时(如−18℃)可能出现脆裂,一般使用温度在−15~55℃范围。基本上不用作与食品直接接触的包装材料。

d. 低密度聚乙烯(low density polyethylene,LDPE),LDPE是保鲜袋、保鲜膜的常用材料。LDPE透气性、延展性和热封性较好,但是耐热性不强,当温度超过110℃时会出现热熔现象。此外,食物中的油脂也很容易将保鲜膜中的有害物质溶解出来,因此,食物放入微波炉,先要取下包裹着的保鲜膜,以免高温时产生的有毒有害物质随食物进入人体。

e. 聚丙烯(polypropylene,PP),PP 常用作豆浆瓶、优酪乳瓶、果汁饮料瓶、蒸煮袋、微波炉餐盒。熔点高达 167℃,是难得的可以安全放进微波炉的塑料盒或者高压灭菌锅里的塑料袋。但是 PP 耐低温性较差,建议使用温度-17~120℃。PP 对酸碱盐和许多溶剂稳定性较好,吸油性较差,可替代玻璃纸包装蛋糕、面包等含油食品。

f. 聚苯乙烯(polystyrene,PS),PS 常用作于泡面碗、快餐饭盒、水果盘、小餐具的材料。PS 阻湿阻气性较差,脆性大,不耐冲击。可耐一般性的酸碱盐、有机酸和低级醇,但是不耐受烃类和酯类等有机溶剂。PS 耐高温(如 60℃)较差,但是耐低温性能较好,因此避免与滚烫食品接触或者在微波炉中加热,避免致癌物质苯乙烯进入食品。

g. 聚碳酸酯等(polycarbonates,PC),PC 常用于制作水壶、水杯、奶瓶。由于 PC 耐高温性能较好,因此可作为可高温(120℃)杀菌的罐头瓶。关于 PC 在高温环境下可能释放双酚 A 的争议有待进一步研究确认。

h. 聚酰胺(尼龙)(polyamide,PA,nylon),PA 吸水性很强,但是耐油、耐酸碱、耐高低温和抗拉性能均很好,常与 PE、PVDC 等塑料膜形成复合膜以提高其吸湿性和热封性能。在食品工业中常用作高温蒸煮袋和冷冻食品包装袋,使用温度-60~130℃。

i. 聚偏二氯乙烯(polyvinyl dichloride,PVDC),PVDC 阻气性非常强,且耐高低温,在一般酸碱盐条件下性能稳定。是火腿、香肠、奶酪等食品的优质包装膜材料。

j. 乙烯-醋酸乙烯共聚物(ethylene-vinyl acetate copolymer,EVA),EVA 性能取决于醋酸乙烯(VA)的含量,VA 含量高,EVA 柔韧性和透明性增强,多用于食品热缩封的内层膜,具有较高的密封强度;VA 含量低,PE 性能更突出一些,多用作生鲜果蔬保鲜膜。VA 一般含量在 5%~40%。

(3) 木材制品包装。木材是较早使用较多的包装材料。其特点是强度高、坚固、耐压、耐冲击、化学、物理性能稳定、易于加工、不污染环境等,是大型和重型商品常用的包装材料。木材包装形式主要有:木箱、木桶、木轴、木匣、木夹板、纤维纸箱、胶合板纸、托盘等。由于现在木材来源较少,尽可能采用其他材料替代。

(4) 金属制品包装。常用的金属有马口铁、钢板、铝板、铝合金、铝箔等。其特点是:结实牢固、耐碰撞、不透气、不透水、抗压、机械强度优良。主要形式有:金属桶、金属盒、罐头听、金属软管、油罐、钢瓶等,多用于液体、粉状、糊状等食品的包装。

(5) 玻璃制品包装。玻璃属无机硅酸盐制品,主要指利用耐酸玻璃瓶和耐酸陶瓷瓶对商品进行包装。其特点是：透明、清洁、美观、有良好的机械性能和化学稳定性、易封闭、价格较便宜、可多次周转使用、资源丰富。玻璃包装容器常见的有瓶、罐、缸等。玻璃包装广泛用于酒类、饮料、罐头、调味品等商品的销售包装。

（6）纤维织物包装。纤维织物包装主要有以树条、竹条、柳条编的筐、篓、箱以及草编的蒲包、草袋等，具有可就地取材、成本低廉、透气性好的优点，适宜包装生鲜食品和部分土特产品等。

7.2 新型包装材料

近几年，以树脂为基材的塑料在多层复合技术和成型工艺等方面取得显著成果，一些耐高温、抗低温、高强度、高阻隔性、多功能、安全无毒等新型材料不断推向市场，是食品工业中应用量最大的包装材料。然而，树脂塑料在自然界中很难降解这一问题一直是生态环境的突出问题，人们试图开发以天然生物物质为基材的包装材料（见图 7-4）[4]，以弥补树脂塑料的不足，但是，天然生物材料的机械性能、阻隔性能、印刷性能等包装指标明显不如树脂塑料。因此，在新型包装材料方面，尽管研究报道很多，但是距离实际应用存在较大差距。目前，研究内容主要集中在基材选择与配置方面，如玉米淀粉与树脂或者与 LDHE 等塑料复合，蛋白质与脂类与多糖复合；在添加剂选择与调配方面，如甘油、tween 等乳化剂、植物精油、纳米银、TiO_2、沸石等；在新型降解酶开发方面，筛选与培育对树脂基材具有降解能力的微生物及其代谢酶。此外，在微观结构和成型加工技术等方面也是近几年研究的热点，可概括为如下几方面。

1. 活性包装（active packaging）

这是一种功能性包装，是以延长食品货架期，改善食品质量为目的。活性包装是包装材料内或者包装容器内（如吸附袋）的活性物质发挥功能性作用，调节包装容器内的气体成分（O_2、CO_2、C_2H_4、水蒸气、香气等），实现最佳的贮藏环境。活性包装也包括杀菌抑菌功能，对贮藏期间外界环境微生物的侵入或者对食品表面微生物具有抑制作用。钟宇等[5,6]用葛根淀粉和壳聚糖（体积比 1：1）作为膜材料基材，乙酸或乳酸或苹果酸分别作壳聚糖溶剂（1%W/V），甘油作增塑剂（体积比 0.6%W/V），研究膜材料对大肠杆菌和金黄色葡萄球菌的抑制作用（见图 7-5，图 7-6），结果表明，葛根淀粉/壳聚糖复合膜对两种细菌均具有明显的抑制作用。具体来说，葛根淀粉/壳聚糖/乙酸（KSCA）、葛根淀粉/壳聚糖/乳酸（KSCL）、葛根淀粉/壳聚糖/苹果酸（KSCM）复合膜对大肠杆菌的抑制率分别约为 91%、

100%、100%;对金黄色葡萄球菌的抑菌率分别为 44%、47%、52%(见表 7－2)。

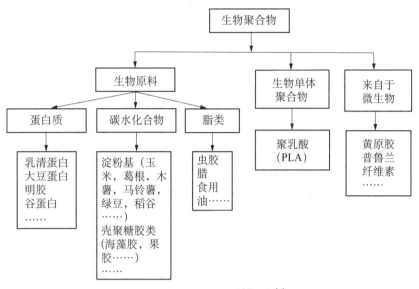

图 7－4　生物包装材料研究[4]

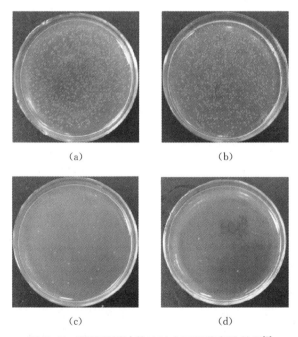

图 7－5　稀释平板计数法对大肠杆菌实验结果[5]

(a) 对照组,稀释 100 000 倍　(b) 加 KSCA 膜,稀释 1 000 倍　(c) 加 KSCL 膜,稀释 1 000 倍　(d) 加 KSCM 膜,稀释 10 000 倍

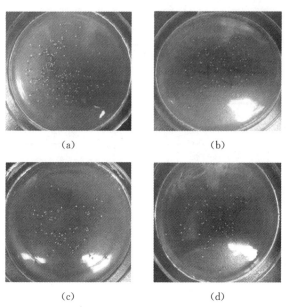

图 7-6 稀释平板计数法对金黄色葡萄球菌实验结果[5]

(a) 对照组,稀释 100 000 倍   (b) 加 KSCA 膜,稀释 100 000 倍   (c) 加
KSCL 膜,稀释 100 000 倍   (d) 加 KSCM 膜,稀释 100 000 倍

表 7-2 葛根淀粉/壳聚糖膜稀释平板计数法抗菌实验结果[6]

复 合 膜	抑菌率/%	
	大肠杆菌	金黄色葡萄球菌
葛根淀粉/壳聚糖/乙酸(KSCA)	90.9±0.6b	47.3±2.3b
葛根淀粉/壳聚糖/乳酸(KSCL)	100.0±0.0a	44.4±2.5b
葛根淀粉/壳聚糖/苹果酸(KSCM)	100.0±0.0a	51.8±1.9a

注:表中数据为平均值±标准偏差($n=3$),不同的字母表示有显著性差异($P<0.05$)。

彭勇等[7, 8]对壳聚糖与天然植物精油(柠檬、肉桂、百里香)复合膜、壳聚糖与
天然抗氧化物质(茶叶提取物、维生素 C)复合膜进行系统研究,在抗菌性能方面
获得与钟宇相似的研究结果。在抗氧化方面,以清除脂溶性自由基 DPPH(1,1-
二苯基-2-苦基肼 1,1-Dipheeny-2-Picrylhdrazy)的能力作为评价标准。采用
分光光度法在具有典型特征吸收峰(516 nm)分析不同膜中抗氧化物质的活性,获
得如图 7-7 所示结果。在浓度高于 0.01% 的情况下,绿茶、红茶和维生素 C 都
有很强的清除 DPPH 的能力,随着浓度的降低,抗氧化能力逐渐减弱,在较低浓
度下三种物质的抗氧化能力分别是:绿茶提取物的抗氧化能力最强,其次是维生
素 C 和红茶。绿茶提取物的抗氧化能力主要与其自身含有的多酚类物质有关,绿

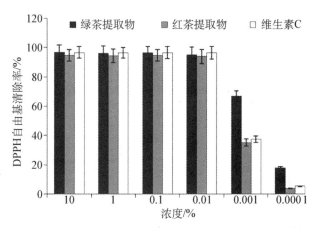

图7-7　茶叶提取物和VC对DPPH自由基的清除能力[7]

茶(炒青)是未发酵茶,而红茶是全发酵茶,研究表明绿茶总酚含量远高于红茶。

　　活性物质在膜中的释放性能是设计和评价活性包装膜性能的主要因素之一。一般情况下,膜中物质的释放依赖于溶剂的类型,膜的厚度、溶解性,以及膜组分分子间的相互作用等因素。Buonocore等[9]发现物质在膜中的扩散首先发生在膜体中,随着膜在水中的膨胀和溶解,抗性物质向外逐渐扩散直至达到内外热动力学平衡。Sánchez-González等[10]利用菲克第二定律模型,对含佛手柑精油的壳聚糖膜中柠檬烯(佛手柑精油的主要成分)的释放效应进行了研究,并以0%、10%、50%乙醇溶液模拟酸性食品,以95%的乙醇和异辛烷模拟脂质食品,量化了膜干燥期间柠檬醛的挥发释放情况。结果显示,随着佛手柑精油浓度的增加,柠檬烯的损失率急剧增加,随着释放体系中乙醇浓度的增加,所有膜的释放动力学常数均呈指数增加,但是在异辛烷模拟脂质的体系中,没有观察到柠檬醛的释放,他们指出促进分子移动的膜水合作用是确保释放效果的关键因素。

　　含有绿茶提取物、红茶提取物、VC等物质的壳聚糖膜在不同的食品模拟物中的扩散情况如图7-8所示,从绿茶提取物在食品模拟物(0%、20%、75%和95%乙醇浓度)中的释放效果来看,在低浓度下(水和20%乙醇)食品模拟物对膜中抗氧化物质的释放阻碍很小,例如在水中,2%绿茶提取物2 min就可以达到90%以上的DPPH自由基清除率。随着食品模拟物中乙醇浓度的增加,膜中抗氧化物质释放显著变慢,例如模拟物含95%乙醇,抗氧化物质需要4 d甚至更长时间的释放才能达到最大DPPH自由基清除率。说明溶液的极性可以显著地影响活性物质的释放,水分子极性强,可使膜材料快速溶胀,提高抗氧化物质的释放速率,而乙醇极性弱,含量越高,膜中活性物质的释放越慢。

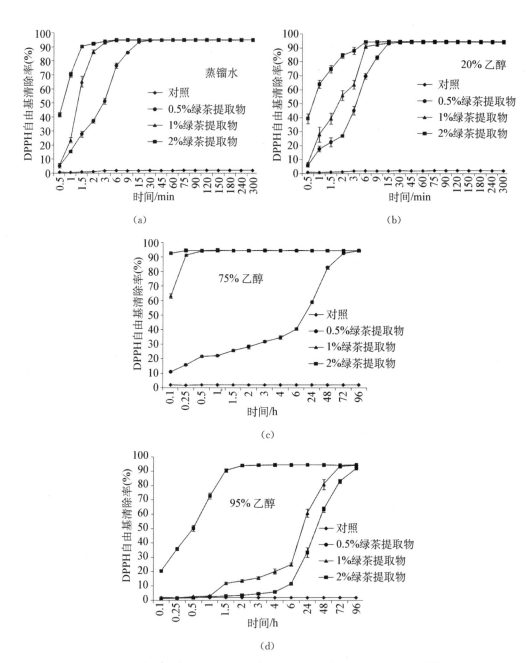

图7-8 复合膜中不同浓度绿茶提取物在不同食品模拟物中的释放[8]

(a) 蒸馏水 (b) 含20%乙醇 (c) 含75%乙醇 (d) 含95%乙醇

钟宇等[11]研究了膜材料分子与抗氧化物分子之间的作用问题[葛根淀粉/壳聚糖/抗坏血酸复合膜KCA,壳聚糖溶于乙酸、乳酸、苹果酸对应的葛根淀粉/壳聚糖/抗坏血酸复合膜(液)分别记为 KCAA、KCLA、和 KCMA],认为葛根淀粉与壳聚糖存在分子间作用力,使得复合膜结构更为致密,抗氧化物质 VC 在膜内扩散变得困难;此外,壳聚糖分子上存在的乙酰基能与表面活性剂发生疏水作用,阻碍抗坏血酸的释放(见表 7-3)。这种缓释效应既能提高抗坏血酸的稳定性,又可通过改变不同的成膜条件来控制其释放速度,对食品表面产生有效的保护作用。

表 7-3　抗坏血酸扩散系数[11]

复　合　膜	KCAA	KCLA	KCMA
扩散系数/$\times 10^{-11}$(m^2 · s^{-1})	0.24±0.01b	0.86±0.11a	1.02±0.11a

表中数据为平均值±标准偏差($n=3$)。不同的字母表示有显著性差异($P<0.05$)。

2. 可食性包装(edible packaging)

它属于活性包装,一般指在食品表面上涂可食性膜材料(coatings)或者以胶囊形式包埋食品,该膜材料除了可食之外,往往具有天然抑菌、护色、改善口感等功能,在鲜切果蔬、糖果、奶酪等产品上应用较多。常用的膜材料有蛋白质类(明胶、大豆蛋白、乳清蛋白、鱼蛋白等);多糖类(高直链淀粉、羟丙基高直链淀粉、壳聚糖、羟丙基纤维素、水溶胶等);脂类(动植物油、蜂蜡、虫胶等)。可食性膜材料可能是单一基质,也可能是混合材料基质或者复合涂层,可食性添加剂也是不可缺少的,例如食用甘油、食用植物油、吐温(tween)和斯潘(span)等乳化剂。彭勇等[12, 13]对鲜切荸荠进行涂膜研究,从保鲜角度分析了乙酸、柠檬酸、草酸、VC、绿茶多酚、氯化钠、山梨酸钾、百里香溶液对鲜切荸荠的作用(见图 7-9,图 7-10),综合分析后认为,山梨酸钾和绿茶多酚在预防荸荠褐变和抑菌两方面都有明显的效果。在此基础上研究人员以壳聚糖作为涂膜材料(1.5 g 壳聚糖溶于 0.5% 的 100 mL 乙酸溶液中,以 30% 的甘油作增塑剂),比较蒸馏水(对照);1.5% 壳聚糖(CH);1.5% 壳聚糖/0.2% 绿茶多酚/0.2% 山梨酸钾(CH-GT-PS);0.2% 的绿茶多酚/0.2% 的山梨酸钾(GT-PS)的保鲜作用。其方法是将新鲜荸荠切成 3 mm 左右的薄片,在 4 个处理溶液中浸涂 15 s,室温下充分干燥 4 h,随后放入塑料盘,覆盖聚乙烯保鲜膜,放入 4℃、85% 相对湿度下贮藏。实验结果表明,壳聚糖膜在保水性、防褐变和抑菌方面明显优于不含壳聚糖的两种对照材料(蒸馏水、绿茶多酚和山梨酸钾混合物),而 1.5% 壳聚糖/0.2% 绿茶多酚/0.2% 山梨酸钾(CH-GT-PS)效果最佳(见图 7-11)。

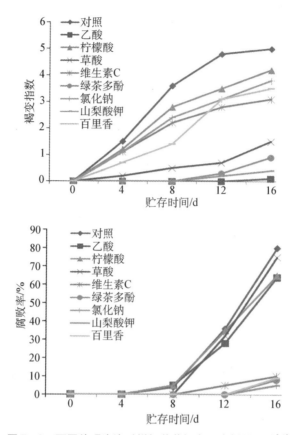

图 7－9　不同处理溶液对鲜切荸荠褐变和腐烂的影响[12]

图 7－10　不同处理溶液对鲜切荸荠褐变和腐烂的影响(实物照片)[13]

Control—蒸馏水；CH—壳聚糖；GT－PS—绿茶多酚和山梨酸钾；
CH－GT－PS：—壳聚糖与绿茶多酚与山梨酸钾

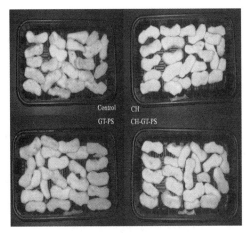

图7-11　壳聚糖涂膜保鲜效果[13]

梅俊等[14, 15]研究荸荠淀粉（water chestnut starch）、绿豆淀粉（mung bean starch）与壳聚糖（chitosan）、紫苏籽油（perilla oil）、甘油（glycerol）等混合液在蒙古奶酪上的涂层效果，发现荸荠淀粉、壳聚糖和紫苏籽油（WSCP）在抗菌性和保湿性方面有明显的效果，对照样品在贮藏30 d时已经失水干裂，而涂有可食性膜的奶酪仍然有较好的形态（见图7-12）。

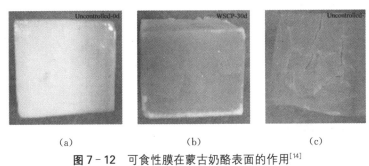

　　　　（a）　　　　　　　　　（b）　　　　　　　　　（c）
图7-12　可食性膜在蒙古奶酪表面的作用[14]
（a）初始奶酪　（b）30 d后涂膜奶酪　（c）30 d后未涂膜奶酪

可食性包装膜除了基材和添加剂安全、无毒、可食外，其材质纯度、风味、色泽、与包装食品的物理化学关系，以及涂膜加工过程中的卫生条件等等都非常重要。红茶提取物比绿茶提取物具有很深的颜色，如果作为可食性包装膜材料的抗氧化剂涂膜鲜切荸荠，很显然是不合适的；虫胶具有很好的成膜性，在很多行业都用作漆料或者膜材，但是天然虫胶呈深紫色，必须经过脱蜡、脱色等工艺方可达到食品级；植物精油具有很强的抑菌作用，但是同时也有特殊的芳香气味，对食品天然风味是否有负面作用。在可食性包装中，这些问题必须全面评价。

3. 智能包装(intelligent packaging)

它是具有记忆食品流通环境、显示食品质量状态的功能性包装。具有该功能性的物质或者置于包装材料内或者贴敷于包装材料表面,实现食品、环境、人、机器等个体间的信息交流。时间温度指示器(time-temperature indicators,TTIs)或者时间温度积分器(time-temperature integrators,TTI)是研究报道较早和专利较多的一种智能包装形式,其原理是利用包装材料内某种物质在不同温度下的不可逆的物理现象,或者化学、生物或者生物化学等方面反应,形成不同的颜色或者形态作为时间-温度的标记。主要分为扩散型、聚合反应型和酶反应型[16]。图 7-13 是 3M 公司制作的 Monitor Mark® 时间温度指示器示意图,它分为(a)、(b)两区,中间设有阻隔层,当温度高于脂肪酸酯熔点时,染成蓝色的脂肪酸酯就会通过阻隔层,在多孔纸板上从左向右扩散,扩散距离与时间温度相关,从而推算出食品经历的时间温度。该种方法类似于玻璃温度计,是一种基于物理变化的商业化最早的方法。脂肪酸酯成分不同,其熔点也不同,据报道该产品涵盖温度从 −17℃ 至 48℃,扩散时间最长可达 1 年,温度范围包括了冷冻食品、冷藏食品和常温食品所涉及的各种温度区[17, 18]。

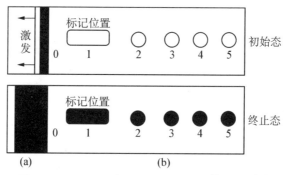

图 7-13　3M 公司制造的 Monitor Mark® 示意图[17]

Wanihsuksombat 等[19]利用溴麝香草酚蓝和甲基红的混合物作为酸碱度的指示剂,用琼脂作为基质,检测乳酸对指示器颜色的影响效果。单一溴麝香草酚蓝的颜色随酸碱度从蓝色(pH7.6)到黄色(pH5.8),而单一甲基红的颜色随酸碱度从黄色(pH6.2)到红色(pH4.5)。用溴麝香草酚蓝和甲基红的混合物作为酸碱度的指示剂可增强颜色变化范围,在不同时间温度下,指示器颜色变化过程为:初始亮绿色—黄色—橙黄色—深红色(见图 7-14)。该研究成果与瑞典 VITSAB 公司制造的 CheckPoint® 时间温度指示器相似,CheckPoint® 是以脂肪作为时间温度指示器的底物,在脂肪酶作用下脂肪水解产生酸性物质,从而使指示器发生

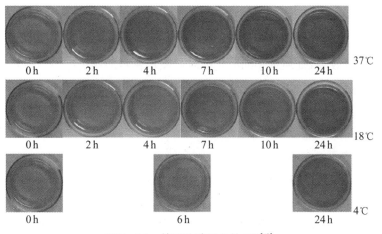

图 7 - 14　基于乳酸显色的 TTI[19]

类似于图 7 - 14 所示的颜色变化。不同的脂肪成分与不同的脂肪酶浓度等差异形成不同性能的 TTI 系列产品。

　　类似产品还有法国 CRYOLOG 公司制造的（eO)®和 TRACEO®时间温度指示器,该类产品侧重于微生物生长对食品质量与安全的影响关系,在时间温度指示器内采用 pH 值显色物质、微生物培养基物质和代表性微生物（例如乳酸菌),在流通过程中指示器内的微生物生长速率力求反映食品表面微生物状态,当微生物数量达到或者即将达到食品卫生安全上限时,指示器颜色从蓝色变化到粉色,同时指示器扫描界面由清晰变得浑浊。颜色变化提醒消费者食品质量已过期,浑浊效果可阻止流通信息识别设备的误读。

　　除了上述 TTI 产品外,目前已注册的商品还有美国 Temptime 公司生产的 Fresh-Check®,其显示原理是基于时间温度指示器材料（带有三键的炔属材料)的聚合反应,使材料微观结构发生变化,进而引起吸收光谱的偏移,形成不同的光圈。瑞典 Ciba 公司生产的 OnVu™时间温度指示器是基于材料晶体微观结构变化对光的作用,该产品在紫外光（或者短波光)作用下被激活,形成深蓝色物质（或者作为光敏性墨水),在随后的流通中颜色消失速率取决于温度。类似报道还有 Galagan 等[20]学者研究的可退色墨水指示器（见图 7 - 15),该研究成果是利用蒽醌-

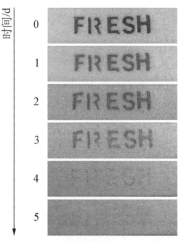

图 7 - 15　25℃ 环境下时间温度指示器退色过程[20]

β-磺酸钠材料的氧化还原反应显色,制备过程是还原过程,材料从米黄色变为红色,流通工作过程是氧化过程,颜色从红色逐渐变化为米黄色。为了获得颜色逐渐消失的视觉效果,食品货架期截止的时候显示材料的颜色应该与衬托材料颜色相近(如米黄色)。显示材料的退色速率取决于温度和氧对 TTI 的扩散速率。美国艾利丹尼森(Avery Dennison Corp.)公司生产的 TT Sensor™即是一种扩散反应型的 TTI 指示器。

4. 纳米包装(nano packaging)

前面介绍的新型包装材料是基于功能角度,而这些功能的实现离不开包装材料的结构设计与成分组合,其中纳米技术起着非常重要的作用。人们利用 $1\sim100$ nm 微粒具有的特殊功能,在分子水平上通过纳米合成、纳米添加或者纳米改性等方法设计包装材料,使其具有可控的机械强度和透气性、光敏性、吸湿性、抗菌性、记忆性、耐高低温性、缓释性、保香性、抗静电性等特定功能。目前,包装材料中的纳米银对果蔬释放出来的乙烯具有较强的氧化催化作用,使包装材料具有附加的保鲜功能。纳米级的 SiO_x(Si_2O_3、Si_3O_4 等混合体)涂层在塑料啤酒瓶上发挥重要的阻隔作用,对 CO_2 的阻隔性能达到玻璃啤酒瓶的水平,实现了塑料啤酒瓶代替玻璃啤酒瓶,这不但方便消费者携带,而且大大降低了商业流通重量和制造成本。黏土具有纳米级颗粒特性,其微晶类型、比表面积大小与特性决定其功能,近几年人们对蒙脱石与生物聚合物复合包装材料研究较多,发现添加蒙脱石使生物聚合包装材料的机械强度和塑性明显提高,对解决生物大分子膜材料存在的脆性大易碎问题很有帮助。此外,还有 TiO_2 与生物大分子(如淀粉)构成的包装材料以及基于乳清分离蛋白、大豆分离蛋白、纤维素等纳米级颗粒的组装膜材料。

聚乳酸(PLA)是一种新型的可生物降解的包装材料,以淀粉为原料经由发酵过程制成乳酸,再通过化学合成转换成聚乳酸。聚乳酸不但具有能被自然界中微生物完全降解,生成二氧化碳和水,对环境保护有利外,而且可以在挤出、注塑、拉膜、纺丝等多领域应用,是一种绿色包装材料。

7.3 智能包装的安全性与可靠性

TTI 作为一种智能包装方式,很容易实现对单体小包装食品进行质量与安全的监视,在某种程度上反映的是局部环境或者食品真实环境信息,这对食品流通业传统模式"先进先出"提出挑战,食品是否出库或者是否上货架将取决于食品的真实货架期。这种个性化的流通模式将提高食品的食用安全性,同时也大大降低商业的流通损失。

然而,虽然关于 TTI 的研发已经有 50 余年的历史,但是在应用方面还存在一些局限性。

1. 成本

TTI 成本与制作材料、制作技术和使用数量有关。虽然目前单只 TTI 成本在 2～20 美分之间,但是由于智能化包装专业性要求非常高,材料和结构设计比较复杂,导致包装材料成本显著增加(50% 以上)。对此食品加工业很难接受这种昂贵的包装成本,而对于多数消费者来说,他们也并不认可这种延长的货架期或者保鲜期,普遍的看法是"货架期短的,就是新鲜的"。TTI 应用比较早、也比较成功的范例是世界卫生组织(WHO)采用 3M 公司 Monitor Mark 监测疫苗冷链运输。

2. 有效性

有效性问题是关于 TTI 研究报道较多的内容,包括食品腐败机理与模型(生物呼吸代谢模型,酶降解模型,微生物繁殖模型,化学降解模型,物理变化模型或者几种复合模型)的确定问题;包括选择与确定能够反映食品质量与安全的标示性指标问题;包括确定食品反应动力学级数和活化能值问题。在显示材料选择方面,包括显示材料反应动力学与食品材料反应动力学的相似程度问题;显示信息与食品真实状态的吻合问题。此外,TTI 自身有效期也是一个值得研究的问题;在使用或者激发之前如何保存问题;启动或者激发方式与自动化包装生产线的衔接问题。

关于食品腐败机理与模型以及反应动力学等问题已在第 6 章中系统地介绍过,这里重点讨论 TTI 与食品的关联度问题。许多研究者将 TTI 置于包装材料表面或者包装容器内,使 TTI 与食品有近似的流通环境,通过模拟实验或者通过实际流通检测 TTI 显示指标与食品质量指标,建立两者的关系式。理论上讲,两者表观活化能越接近,TTI 显示的信息越能真实地反映食品的质量状态。因此,目前许多研究者在研发 TTI 材料时,首先研究所研发的 TTI 在不同温度范围内的表观活化能,如果表观活化能与食品腐败反应的表观活化能(见表 7-4)之差小于某值(例如 40 kJ/mol),则认为该 TTI 能够反映食品该类型的质量变化过程或者说 TTI 的显示误差在可接受范围之内。

表 7 - 4　食品腐败类型与表观活化能[21]

类型	$E_A/$ (kcal/mol)	$E_A/$ (kJ/mol)	类型	$E_A/$ (kcal/mol)	$E_A/$ (kJ/mol)
扩散控制型	0～15	0～63	非酶褐变型	25～50	105～209
酶促反应型	10～15	42～63	微生物生长型	20～60	84～251
水解型	15	63	芽孢破坏型	60～80	251～335
脂肪氧化型	10～25	42～105	营养细胞破坏型	50～150	209～628
营养损失型	20～30	84～126	蛋白质变性	80～120	335～502

　　目前,可商业使用的 TTI 表观活化能与食品腐败反应的表观活化能两者具体差值多少还没有统一规定。Taoukis 等[22](1989)对已经商业化的三种类型 TTI(Monitor Mark® 扩散型、I-Point® 脂肪水解型、Lifelines Freshness Monitor® 聚合反应型)进行验证性实验研究,利用计算机对大量实际流通环境进行模拟运算,认为 TTI 与食品二者表观活化能之差在 20 kJ/mol 之内,由此引起的 TTI 等效温度 $T_{eff \cdot l}$ 与食品的等效温度 $T_{eff \cdot f}$ 之差将小于 1℃,TTIs 显示信息与食品质量状态误差不超过 15%。

　　食品在流通中,温度 $T(t)$ 是随时间 t 变化的,例如从食品车间到消费者家里,可能经历冷藏车运输(15℃,2 h),进入零售冷库(4℃,10 h),进入商场货柜(8℃,8 h),消费者将食品带回家(30℃,0.5 h)。食品的质量指标和 TTIs 显示标识都随时间与温度呈累积性变化,对于式(7-1)的积分表达式,当 $T(t)$ 较为复杂的函数时很难用数学分析的方法求解。对此,Taoukis 等[21]提出等效温度 T_{eff} 这一概念,等效温度是一个假想的恒定温度,在该恒定温度下食品质量变化状态或者 TTI 显示状态与同时间内真实的波动温度下的状态相同。即流通时间相同,波动温度下食品或者 TTI 产生的效应折算成某一恒定温度下的效应,该恒定温度即为等效温度 T_{eff}。合理的等效温度不但解决了积分求解问题,Taoukis 等也试图利用 TTI 的等效温度 $T_{eff \cdot l}$ 替代食品的等效温度 $T_{eff \cdot f}$,从而实现用 TTI 预测食品的质量状态(见图 7-16)。

$$f(A) = \int_0^t k\mathrm{d}t = k_A \int_0^t \exp\left[\frac{-E_A}{RT(t)}\right]\mathrm{d}t \qquad (7-1)$$

式中,$f(A)$ 为食品质量指标 A 的函数;k 为反应常数,该常数与温度的关系常常符合 Arrhenius 方程;k_A 为食品指前因子;R 为气体常数,8.314(J·mol^{-1}·K^{-1});E_A 为食品表观活化能,J·mol^{-1};$T(t)$ 为绝对温度,K;t 流通时间,s。引进食品等效温度后,式(7-1)改写为

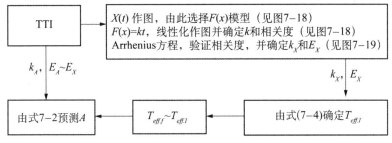

图 7-16　等效温度确定与食品质量预测流程图[21]

$$f(A) = k_A \exp\left[\frac{-E_A}{RT_{eff \cdot f}}\right]t \qquad (7-2)$$

同理,也可以建立 TTI 的等效温度 $T_{eff \cdot 1}$ 表达式

$$f(X) = k_X \exp\left[\frac{-E_X}{RT_{eff \cdot 1}}\right]t \qquad (7-3)$$

$$T_{eff \cdot 1} = \frac{E_X}{R \cdot \ln(k_X \cdot t / f(X))} \qquad (7-4)$$

式中, $f(X)$ 为 TTI 显示指标 X 的函数; k_X 为 Arrhenius 方程 TTI 指前因子; R 为气体常数,8.314 (J·mol^{-1}·K^{-1}); E_X 为 TTI 表观活化能,J·mol^{-1}。

　　Tsironi[23]等(2008)利用等效温度概念进一步研究新鲜猪肉、金枪鱼等食品在普通包装和 MA 气调包装下的流通模式问题(即先进先出原则,fist in first out,FIFO 和安全监测与保证体系,safety monitoring and assurance system,SMAS),在恒定温度不同的条件下检测金枪鱼的细菌总数或者乳酸菌数量变化(见图 7-17),同时检测 TTI 显示器色差变化(见图 7-18)。由图 7-17 和图 7-18 的拟合模型确定相应的反应常数 k ,并由此利用 Arrhenius 方程确定指前因子 k_X 和表观活化能 E_X (见图 7-19)。对于温度和时间均为变化的流通模式(见图 7-20),Tsironi 等[23]利用式(7-4)获得 48 h 流通中的等效温度(见表 7-5)。前已叙述 TTI 能否反映食品的质量状态与两者表观活化能之差有关,Taoukis 等[24](2006)认为,如果两者之差小于 20 kJ/mol,则导致两者等效温度差小于±1℃,即用 TTI 的等效温度 $T_{eff \cdot 1}$ 代替食品的等效温度 $T_{eff \cdot f}$ 误差在±1℃内。关于两者表观活化能差值对等效温度的影响还有一种估计,认为 TTI 的表观活化能与食品表观活化能之差小于 40 kJ/mol,由 TTI 反映的食品信息才具有可靠性。Sun Yan[25](2008)据此评价其研发出来的基于淀粉和淀粉酶为材料的新型 TTI 响应性能,与表 7-4 比较,这种新型 TTI 的表观活化能在 102～110 kJ/mol 之间,推测可用于预测以营养损失型或者非酶褐变型或者微生物生长型为主的食品质量变化问题。

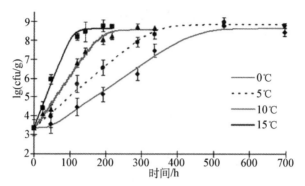

图 7-17　真空包装的金枪鱼细菌总数变化[23]

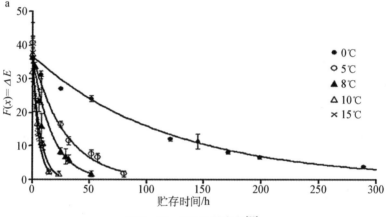

图 7-18　TTI 色差变化[23]

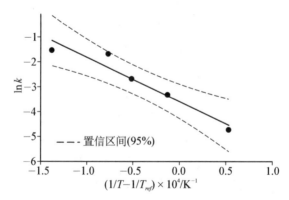

图 7-19　基于 Arrhenius 方程的反应常数与温度关系[23]

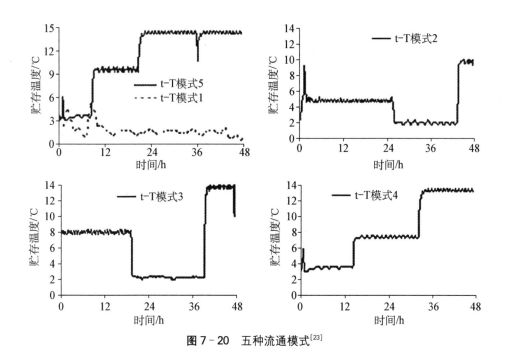

图 7‑20　五种流通模式[23]

表 7‑5　五种流通模型下的等效温度 $T_{eff \cdot I}$[23]

流通模式（time-Temperature，t‑T）	$T_{eff \cdot I}$/℃		
	视觉色差	仪器色差	实际测温
t‑T1(48 h 2℃)	0.1	3.2	1.9
t‑T2(24 h 5℃，20 h 2℃，4 h 9℃)	3.9	4.5	4.8
t‑T3(19 h 8℃，20 h 2℃，9 h 14℃)	6.7	7.8	8.0
t‑T4(14 h 3℃，18 h 8℃，16 h 13℃)	10.1	9.2	9.3
t‑T5(9 h 3℃，11 h 10℃，28 h 15℃)	13.6	TTI 已过期	12.2

用 TTI 的等效温度预测食品质量，TTI 常用的响应变量是颜色。因此，在建立预测模型方面除了第 6 章介绍几种模型外，还常用所谓的"时间温度模型"和"二元二次模型"来描述图 7‑21 所示的响应面[19]。

$$X = \frac{a \cdot T \cdot t + b}{1 + c \cdot \exp(-d \cdot T)} \tag{7-5}$$

$$Y = b_0 + \sum_{i=1}^{n} b_i x_i + \sum_{i=1}^{n} b_{ii} x_i^2 + \sum_{i=1}^{n} b_{ij} x_i x_j \tag{7-6}$$

式中，X、Y 均代表 TTI 响应变量（如色差）；a、b、c、d 为模型系数，利用统计软件回归确定；x 为自变量，代表时间或者温度，由下标决定。

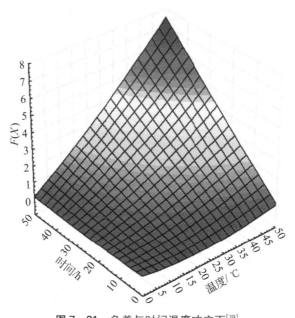

图 7－21　色差与时间温度响应面[19]

用等效温度概念虽然能反映动态流通条件的累积效应,并能建立了 TTI 与食品质量状态的关系,但是流通条件千差万别,等效温度也必将千差万别(见表 7－5),这将影响等效温度的使用范围。

目前,虽然 TTI 已形成商品,且在一定范围内使用,但是 TTI 预测食品质量状态还存在一定的不确定性,主要原因如下[26]:①TTI 所处的微环境往往与食品真实环境有一定差别。例如,TTI 往往置于包装材料上(可能是内包装或者外包装,可能是包装材料内表面或者外表面,从 TTI 材料对食品污染考虑,置于包装材料外表面可能更多);②TTI 与食品反应类型不能完全吻合,并且两者表观活化能存在差异。虽然一些研究结果表明,两者之间的表观活化能差值小于某一数值,TTI 预测食品质量状态具有较高的可靠度,但是 TTI 反映的仍然是其所经历的时间温度累积效应,而不是食品的真实反应,两者之间可能存在质的差别;③实验误差和使用条件误差。一些研究结果表明,Arrhenius 方程中反应常数与温度的关系在一定温度范围内是线性,在较大温度范围内或者在另一个温度范围内可能是曲线或者是两个斜率不同的折线,这说明实验获得的表观活化能其有效性存在一定的限定温度。

3. 安全性[26]

随着纳米技术的应用和新型材料的不断涌现,智能化包装不仅仅局限于时间温度指示器(TTI),目前报道的还有食品鲜度指示器、泄漏指示器、病原体指示器、湿度指示器等类型。这些指示器中的响应物质(包括活性包装中的物质)在提高食品安全警示水平外,同时对食品安全也带来了新的挑战。食品智能化包装与传统包装不同点之一是包装材料的活性问题,传统包装要求包装材料应该具有足够的惰性,避免与食品发生物理或者化学或者生物学方面的作用。而智能化包装与传统包装相反,包装材料总是表现出对食品或者食品环境的参与性,尤其是与食品直接接触的包装材料(独立小包装的干燥剂不属于此类),其扩散问题是人们普遍关心的问题。如何评价这些功能粒子的稳定性,如何评价这些粒子对消费者健康的影响,由于食品种类繁多、实际环境参数多变、包装材料组分差异等等问题,目前还缺乏令消费者信服的可靠的研究结果。为此,其应用范围受到一定限制,尤其是欧盟和美国对此有更加严格的法规或者标准。

7.4　包装与运输振动损伤

　　某些食品在流通中存在易损易伤问题,如鸡蛋、梨、草莓等大量水果。从包装工程角度,研发具有减振功能的包装材料和科学的容器堆放方式是非常必要的,它不但与包装材料有关,也涉及运输装置、道路状况、食品在运输装置内的具体位置等因素。Chonhenchob 等[27, 28]比较了不同类型的瓦楞纸板箱和塑料箱在芒果运输中的损伤问题,研究了番木瓜包装与物理保护作用。Slaughter 等[29]对 Bartlett 梨的最佳包装形式进行了研究,并且提出运输过程中在果实间起到隔挡作用和限制水果移动作用是避免水果损伤的重要因素。在这方面研究领域,最常用的方法是利用振动试验台在实验室内模拟各种道路运输状况,在实验室内完成包装材料、包装方式、损伤程度等研究内容。当然这种方法需要预知车辆在道路上的真实振动频谱,否则模拟振动试验失去意义。另一种方法是真实的道路试验,在运输过程中检测各种指标。图 7-22 是 Barchi 等[30]在模拟试验台上研究枇杷运输振动损伤问题,该试验台模拟的是空气悬架半挂车从西班牙到意大利的运输情况,是基于该种车辆在真实道路运输过程中获取的振动信息(功率谱密度,power density spectrum, PDS)完成。Berardinelli 等[31]在振动试验台上研究梨的包装与振动损伤问题,为了模拟长途运输的真实环境,在振动试验台上设置保温柜(类似于冷藏箱),使梨在 4℃恒温下进行试验。由于模拟研究时间往往等于真实的运输时间(往往大于 12 h),如果温度偏离冷藏温度过大,在如此长的振动试验中温度对振动损伤的作用不可忽视。

　　周然等[32～34]利用振动数据采集器(星晟检测仪器公司)对我国 2 t、5 t、10 t 卡车和集装箱卡车在公路上的运输振动情况进行了随车实时检测,获得了实验室模拟试验所必需的功率谱密度。利用 2 t 厢式卡车在额定载重下进行黄花梨运输试验，公路状况涵盖了高速公路、一级公路、二级公路、三级公路，以及乡村土路等类型。加速度传感器布置如图 7-24 所示。

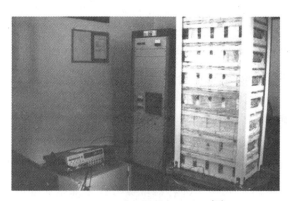

图 7-22　枇杷模拟振动试验[30]　　　　图 7-23　可控温的模拟振动试验台[31]

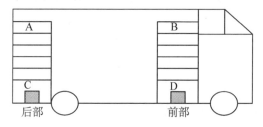

图 7-24　加速度传感器和堆放在车厢前后的塑料箱的位置[32~34]

A 表示车厢后部顶层塑料箱，B 表示车厢前部顶层塑料箱，
C 表示车厢后部底层塑料箱，D 表示车厢前部底层塑料箱

（a）　　　　　　　　（b）　　　　　　　　（c）

图 7-25　固定加速度传感器的梨(a)、用纸(b)和网袋(c)作为内包装的梨[32~34]

　　图7-26是卡车在高速公路和乡间土路上运输时车厢前后位置底板的振动情况(车辆在一级公路、二级公路和三级公路上的功率谱密度曲线略),从图中可见振动峰值对应的频率为3.5 Hz左右,并且车厢后部的峰值显著高于车厢前部的峰值。在50 Hz以上,车厢前部和后部的功率谱密度的幅值均显著下降。对整个运输过程的振动频谱统计结果表明,车厢前部位置的振动均方根加速度与后部明显不同($P<0.05$),车厢后部为1.91 m/s²,车厢前部为1.62 m/s²,定量说明了运输振动强度与车厢前后位置的关系。通过对塑料箱内梨的运输损伤试验情况看(见表7-6),车厢前、后部塑料箱内的梨的损伤水平存在显著差别($P<0.05$),

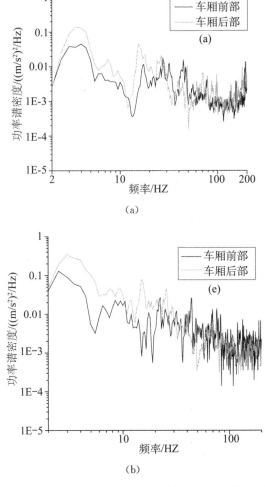

（a）

（b）

图7-26　卡车在不同路况下车厢底板的振动功率谱密度[32~34]

（a）高速公路　（b）乡间土路

此外,在顶层的塑料箱内的梨,无论其位置在车厢前部或者后部,其损伤水平都显著高于底层的塑料箱内的梨($P<0.05$)。

图7-27是卡车在高速公路和乡间土路上运输不同内包装的梨的振动情况(在一级公路、二级公路和三级公路上相应的功率谱密度曲线略),从图中可见,梨的振动功率谱密度在2~5 Hz和15~20 Hz波段存在峰值,并且没有任何内包装的梨的振动峰值最高,网袋内包装的黄花梨的峰值最低。并且在不同路况下,梨的振动峰值所在波段没有大的变化。

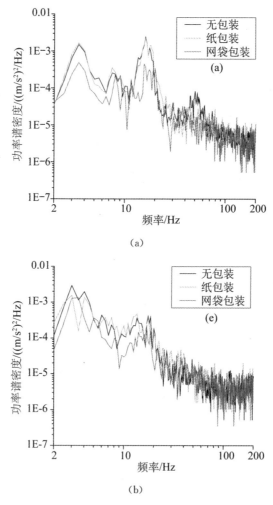

图7-27 卡车在不同路况下不同内包装的梨的
振动功率谱密度[32~34]

(a) 高速公路 (b) 乡间土路

　　运输振动对黄花梨的损伤主要包括表皮擦伤,微微刺入果肉或没有刺入果肉的淤伤。经过长途运输后的梨的损伤情况如图 7 - 28 所示。可以发现,没有任何内包装的黄花梨损伤最为严重,且显著地高于有内包装的黄花梨($P<0.05$)。与振动检测得到的结果类似,网袋内包装比纸内包装可以更有效的降低机械损伤水平,对梨有更好的保护作用($P<0.05$)。

表 7 - 6　车厢不同位置的黄花梨平均损伤个数和估测损伤面积占总面积的百分比[32-34]

参数	车厢后部顶层塑料箱	车厢后部底层塑料箱	车厢前部顶层塑料箱	车厢前部底层塑料箱
平均机械损伤数/个	14.40±0.45a	8.23±0.50c	10.70±0.22b	7.70±1.22d
平均机械损伤面积百分比/%	8.49±0.24a	2.26±0.11c	2.97±0.23b	1.58±0.08c

注:结果表示为平均值±标准偏差,在同一行内具有相同字母标志的表示差异不显著($P>0.05$)。

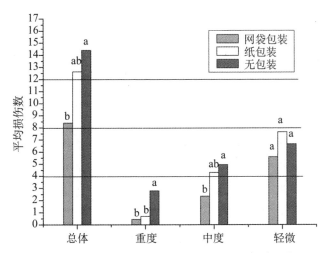

图 7 - 28　不同内包装的黄花梨的机械损伤数[32~34]

　　Total 是指黄花梨的平均损伤个数;slight 是黄花梨的平均轻微损伤个数;moderate 是黄花梨的平均中等损伤个数;severe 是黄花梨的平均严重损伤个数。每个特定组内对应的不同包装处理的结果如果带有相同的字母表示区别不显著($P>0.05$)

7.5　包装与环境

　　包装尤其是过度包装问题已引起社会各界的重视,废旧的包装材料不但造成环境污染,而且也是自然资源的一种浪费。人们在制定包装规范的同时,在技术层面上也力求降低包装材料的用量,提高包装容器的使用寿命。此外,废旧包装材料的回收也是世界各国政府都鼓励的一种手段,图7-29是美国1993～2008年各种废旧包装材料和容器的回收情况[4],塑料和木质包装材料回收率较低,而铝材质的包装材料回收率呈下降趋势。回收率变化与人们的环保意识、材料可再利用性和当地回收政策有关。德国为了提高废旧塑料瓶的回收率,在产品销售时收取"瓶子押金",且在各超市设置自动回收装置,消费者可将使用后的塑料瓶投入任何一部该类装置,"瓶子押金"就会自动返给消费者。为了利于废旧瓶子回收,德国将啤酒、果汁、矿泉水等瓶子制成统一形状和规格,尽管是不同材质(玻璃、塑料),但是统一规格有利于回收与清洗[35]。以前我国玻璃啤酒瓶一直是回收的,不锈钢易拉罐也能卖上好价钱,塑料容器都是反复使用,然而今天的情况却不同了,改革开放使人们生活水平提高,但是浪费问题、污染问题和产能过剩问题也随之而来,一次性的包装容器越来越多。从经济角度,废旧物品回收行情短期不看好(1 t新钢材的利润仅有1.68元[36],可想而知这严重影响了回收旧钢材的积极性)。但是从环境生态角度考虑,近些年无论是政府还是民众,其环境保护意识明显增强,各项法规制度以及民间社团、环保志愿者等都在积极行动,倡导绿色消费、保护家园,这对未来废旧包装材料回收将产生积极作用。

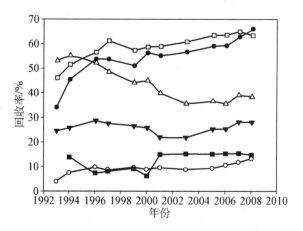

图7-29　废旧包装材料和容器年回收率[4]

○塑料;●纸和纸质材料;△铝材料;□钢材料;
▼玻璃容器;■木质材料

当然,在废旧包装材料回收过程中技术问题、经济成本和卫生问题仍然是突出问题。塑料是食品的主要包装材料,废旧塑料再利用其卫生问题让人担忧,因为塑料再生产的工艺条件(如温度)往往不足以杀死其携带的微生物。废旧包装材质非常混杂,挑拣与处理工艺也随之复杂,这些问题使回收成本明显增加。

表 7-7 是美国塑料工业协会 1988 颁布的塑料包装容器标识序号(三个箭头表示可回收)[3,4]，从标识名称可以看出该分类是基于树脂材料而定。在实践中发现虽然该分类提高了塑料容器的回收效率，但是多层结构的塑料或者复合型塑料越来越多，有些塑料容器很难分类。瓦楞纸板箱(盒)是常见的辅助包装或者外包装材料，其主要成分是木质纤维素，全世界每年消耗大量树木生产瓦楞板，严重地破坏了生态环境。因此，废旧瓦楞板和纸张回收也是绿色环保一项内容。美国瓦楞板联合会颁布的瓦楞板回收标识[4]如表 7-7 所示，该标识对瓦楞板材质要求非常严格，带有涂层(如蜡)或者其他材质的夹层均不符合该回收标识要求。由于瓦楞板防潮、防水能力非常差，近年来越来越多的瓦楞板采用表面涂蜡处理，对此，目前人们已经研发出相应的处理技术。

表 7-7　塑料容器三角标与瓦楞板 Logo[3,4]

标识	材料名称	性能	应用范例	备注
△1 PET	聚对苯二甲酸乙二醇脂(聚酯)(polyethylene terephthalate, PET)	耐热温度-20~70℃	矿泉水瓶、碳酸饮料瓶等常用材料	不建议长期循环使用或者装油、酒等物质，有释放致癌物塑化剂邻苯二甲酸二酯(DEHP)的可能
△2 HDPE	高密度聚乙烯(high density polyethylene, HDPE)	耐热温度可达100℃	是清洁用品、沐浴产品、周转箱、塑料瓶常用的包装材料	其柔软性和透明性略差
△3 PVC	聚氯乙烯(polyvinyl chloride, PVC)	一般使用温度在-15~55℃范围	常用作雨衣、建材、塑料膜、塑料盒等材料	可用于生鲜果蔬包装
△4 PE	低密度聚乙烯(low density polyethylene, LDPE)	透气性、延展性和热封性较好，但是耐热性不强。	保鲜袋、保鲜膜的常用材料	
△5 PP	聚丙烯(polypropylene, PP)	建议使用温度-17~120℃	豆浆瓶、优酪乳瓶、果汁饮料瓶、蒸煮袋、微波炉餐盒	
△6 PS	聚苯乙烯(polystyrene, PS)	阻湿阻气性较差，脆性大，不耐冲击，不耐高温	泡面碗、快餐饭盒、水果盘、小餐具的材料	避免与滚烫食品接触或者在微波炉中加热

（续表）

标识	材料名称	性能	应用范例	备注
7 OTHER	其他所有未列出的树脂和混合料，如聚碳酸酯等（polycarbonates，PC）		常用于制作水壶、水杯、奶瓶	我国 PC 容器制品用"58"表示，高温下有释放双酚 A 可能
Corrugated Recycles	美国瓦楞板联合会颁布的瓦楞板回收标识			不包括带有蜡质或者其他物质涂层的瓦楞板

　　可生物降解塑料与一般塑料或者瓦楞板回收方式不同，可生物降解塑料的基材或者是天然材料（淀粉、纤维素等）或者是由化学合成或者是生物合成等方式制造出来，在一定光、热条件下被生物体降解成对环境无污染的小分子物质。国际社会对可生物降解塑料有非常严格的认定程序和标准，先后颁布数十条 ISO 标准，其中大部分标准是如何评价某种材料的降解性能。表 7-8 是可生物降解塑料的认证机构和标识，这些认证机构的行业标准或者协会标准是基于 ISO 标准之上，即包含了 ISO 可生物降解塑料的认定标准[37]。

表 7-8　可生物降解塑料产品的认证体系与标识[38]

认证国家	认证机构	认证标准	认证标识
美国	生物降解产品研究	ASTM D6400	US Composting Council
德国	国际生物降解聚合物协会和工作组	DIN V 54900 或者 EN 13432 或者 ASTM D6400	Compostable
比利时	AIB 万索特国际	EN 13432	OK compost
日本	生物降解塑料协会	OECD 301C 和 JIS K6953	

参考文献

［1］ 何伟，姜莹莹，于洋等. 包装材料的发展趋势及设计原则［J］. 湖南工业大学学报（社会科学版），2009，14（5）：72－76.

［2］ ISO Standard 6780：Flat pallets for intercontinental materials handling—Principal dimensions and tolerances ［S］. http：//en. wikipedia. org/wiki/Pallet.

［3］ 武汉华丽环保科技有限公司. 了解塑料瓶底部数字代码远离双酚 A ［J］. 塑料·制造，2012，10：29－30.

［4］ Jasim A，Mohammad S R. Handbook of food process design ［M］.（2nd. Ed.）. Wiley-Blackwell，2012.

［5］ 钟宇. 葛根淀粉基可食膜性能的研究［D］. 上海：上海交通大学，2012.

［6］ Zhong Yu，Song Xiaoyong，Li Yunfei. Antimicrobial，physical and mechanical properties of Kudzu starch-chitosan composite films as a function of acid solvent types ［J］. Carbohydrate Polymers，2011，84：335－342.

［7］ 彭勇. 可食性壳聚糖活性包装膜成膜组分研究［D］. 上海：上海交通大学，2014.

［8］ Peng Yong，Wu Yan，Li Yunfei. Development of tea extracts and chitosan composite films for active packaging materials ［J］. International Journal of Biological Macromolecules，2013，59：282－289.

［9］ Buonocore G，Del N M，Panizza A，et al. A general approach to describe the antimicrobial agent release from highly swellable films intended for food packaging applications ［J］. Journal of Controlled Release，2003，90（1）：97－107.

［10］ Sánchez-González L，Cháfer M，González-Martínez C，et al. Study of the release of limonene present in chitosan films enriched with bergamot oil in food simulants ［J］. Journal of Food Engineering，2011，105（1）：138－143.

［11］ 钟宇，李云飞. 酸溶剂对具有表面活性的葛根淀粉/壳聚糖/抗坏血酸复合可食膜性能的影响［J］. 农业工程学报，2012，28（13）：263－268.

［12］ 尹璐，彭勇，梅俊，等. 不同涂膜保鲜处理对荸荠品质变化的影响［J］. 食品科学，2013，34（20）：297－301.

［13］ Peng Yong，Li Yunfei. Combined effects of two kinds of essential oils on physical，mechanic al and structural properties of chitosan films ［J］. Food Hydrocolloids，2014，36：287－293.

［14］ Mei Jun，Yuan Yilin，Wu Yan，et al. Characterization of edible starch-chitosan film and its application in the storage of Mongolian cheese ［J］. International Journal of Biological Macromolecules，2013，57：17－21.

［15］ Mei Jun，Yuan Yilin，Guo Qizhen，et al. Characterization and antimicrobial properties of water chestnutstarch-chitosan edible films ［J］. International Journal of Biological Macromolecules，2013，61：169－174.

［16］ Vaikousi H，Biliaderis C G，Koutsoumanis K P. Applicability of a microbial time temperature indicator（TTI）for monitoring spoilage of modified atmosphere packed minced meat ［J］. International Journal of Food Microbiology，2009，133：272－278.

［17］ 成欢，朱光明，宋蕊. 时间温度指示剂研究进展［J］. 化工进展，2013，32（4）：885－890.

［18］ Fu Bin，Labuza T P. Considerations for the application of time-temperature integrators in food distribution ［J］. Journal of Food Distribution Research，1992：9－18.

［19］ Wanihsuksombat C，Hongtrakul V，Suppakul P. Development and characterization of a prototype of a lactic acid-based time-temperature indicator for monitoring food product quality ［J］. Journal of Food Engineering，2010，100：427－434.

［20］ Galagan Y，Su W F. Fadable ink for time-temperature control of food freshness：Novel new time-temperature indicator ［J］. Food Research International，2008，41：653－657.

［21］ Taoukis P S，Labuza T P. Applicability of time-temperature indicators as food quality monitors under non-isothermal conditions ［J］. Journal of Food Science，1989，54：783－789.

［22］ Taoukis P S，Labuza T P. Reliability of time-temperature indicators as food quality monitors under non-isothermal conditions ［J］. Journal of Food Science，1989，54：789－792.

［23］ Tsironi T，Gogou E，Velliou E，et al. Application and validation of the TTI based chill chain management system SMAS （safety monitoring and assurance system） on shelf life optimization of vacuum packed chilled tuna ［J］. International Journal of Food Microbiology，2008，128：108－115.

［24］ Taoukis P S. Field evaluation of the application of time temperature integrators for monitoring food quality in the cold chain ［J］. International Union of Food Science and Technology，2006，65－73.

［25］ Sun Yan，Cai Huawei，Zheng Limin，et al. Development and characterization of a new amylase type time-temperature indicator ［J］. Food Control，2008，19：315－319.

［26］ Dainelli D，Gontard N，Spyropoulos D. Active and intelligent food packaging：Legal aspects and safety concerns ［J］. Trends in Food Science & Technology，2008，19：S103－S112.

［27］ Chonhenchob V，Singh S P. A comparison of corrugated boxes and reusable plastic containers of mango distribution ［J］. Packaging Technology and Science，2003，16：231－237.

［28］ Chonhenchob V，Singh S P. Packaging performance comparison for distribution and export of papaya fruit ［J］. Packaging Technology and Science，2005，18：125－131.

［29］ Slaughter D C，Thompson J F，Hinsch R T. Packaging bartlett pears in polyethylene film bags to reduce vibration injury in transit ［J］. Transactions of the ASAE，1998，41：107－114.

［30］ Barchi G L，Berardinelli A，Guarnieri A，et al. Damage to loquats by vibration-simulating intra-state transport ［J］. Biosystems Engineering，2002，82：305－312.

［31］ Berardinelli A，Donati V，Giunchi A，et al. Damage to pears caused by simulated transport ［J］. Journal of Food Engineering，2005，66：219－226.

［32］ 周然. 黄花梨运输振动损伤与冷藏品质变化的试验研究［D］. 上海：上海交通大学，2007.

［33］ Ran Zhou，Shuqiang Su，Yunfei Li. Effects of cushioning materials on the firmness of huanghua pears （*Pyrus pyrifolia* Nakai，cv，Huanghua） during distribution and storage ［J］. Packaging Technology and Science，2008，21：1－11.

[34] 周然,李云飞.不同强度的运输振动对黄花梨的机械损伤及贮藏品质的影响[J].农业工程学报,2007,23(11):255-259.

[35] 西米.为促回收,德国向塑料瓶征押金.解放日报,2014-8-17,第 7 版.

[36] 王晓齐.中国煤焦产业链供需形势高峰论坛[C]//每日经济新闻,2012.(http://money.163.com/photoview/0APS0025/5472.html♯p=89M1HDI80APS0025).

[37] 刘圆圆.可生物降解塑料全球市场与市场准入分析[J].环境科学,2013,22-24.

[38] 生物降解塑料的可堆肥认证体系与标识.中国塑料咨询网,http://www.chemhello.com/Consult/html/23996.html.

第8章 冷藏运输与信息技术

冷藏运输是食品冷藏链中十分重要而又必不可少的一个环节,由冷藏运输设备来完成。冷藏运输设备是指本身能造成并维持一定的低温环境,以运输冷冻食品的设施及装置,包括冷藏汽车、铁路冷藏车、冷藏船和冷藏集装箱等。从某种意义上讲,冷藏运输设备是可以移动的小型冷藏库。

我国的冷藏运输起步较晚,果蔬、肉类和水产品的冷藏运输率仅分别为15%、30%、40%,而欧、美、加、日等发达国家的肉禽冷链流通率已达100%,蔬菜、水果冷链流通率也达95%以上。对此,国家发改委2010年6月18日发布《农产品冷链物流发展规划》(发改经贸[2010]1304号)要求,到2015年,我国果蔬、肉类和水产品的冷藏运输率将分别提高到30%、50%、65%左右[1]。

8.1 冷藏运输设备[2]

8.1.1 对冷藏运输设备的要求

虽然冷藏运输设备的使用条件不尽相同,但一般来说,它们均应满足以下条件:
(1) 能产生并维持一定的低温环境,保持食品的品温;
(2) 隔热性好,尽量减少外界传入的热量;
(3) 可根据食品种类或环境变化调节温度;
(4) 易清洗、杀菌、除味;
(5) 制冷装置在设备内所占空间要尽可能的小,重量轻,安装稳定,不易出故障;
(6) 信息自动化及实时跟踪与远程控制功能。

8.1.2 冷藏汽车(refrigerated cars)

1. 冷藏汽车的冷负荷

一般地,食品在运输前均已在冷冻或冷却装置中降到规定的品温,所以冷藏汽车无需再为食品消耗制冷量,冷负荷主要由通过隔热层的热渗透及开门时的冷量损失组成[3]。如果冷藏运输新鲜的果蔬类食品,则还要考虑其呼吸热。

通过隔热层的传热量与环境温度、汽车行驶速度、风速和太阳辐射等有关。在停车状态下,太阳辐射是主要的影响因素;在行驶状态下,空气与汽车的相对速度是主要的影响因素。

车体壁面的隔热好坏,对冷藏汽车的运行经济性影响很大,要尽力减小热渗透量。最常用的隔热材料是聚苯乙烯泡沫塑料和聚氨酯泡沫塑料,其传热系数小于 0.6 W/(m²·K),具体数值取决于车体及其隔热层的结构。从降低热损失的观点看,车体最好由整块食品级玻璃钢复合材料制成(特殊情况也有不锈钢或者铝合金等材料),并用现场发泡的聚氨酯泡沫塑料隔热(密度约 35~45 kg/m³),在车体内、外装设汽密性护壁板。2012 年实施的行业标准《易腐食品机动车辆冷藏运输要求》(WB/T 1046—2012)要求具有控温能力的冷藏车,普通保温厢体,其总体传热系数小于或者等于 0.70 W/(m²·K);高度保温厢体,其总体传热系数小于或者等于 0.40 W/(m²·K)[4]。根据厢体保温隔热性能,冷藏车厢体分为A~F 级,要求在外部环境平均温度+30℃,空厢温度在 6 h 内达到并保持表 8-1 所要求的温度。很显然,B 级、C 级、E 级、F 级应该具有更高的密封隔热性能,以维持厢体内−20~−10℃的温度。

表 8-1　冷藏车厢体隔热性能等级[4]

厢体隔热性能	可维持稳定的空厢内温度	厢体隔热性能	可维持稳定的空厢内温度
A 级	0~+12℃	D 级	≤0℃
B 级	−10~+12℃	E 级	≤−10℃
C 级	−20~+12℃	F 级	≤−20℃

由于单位时间内开门的次数及开、关间隔的时间均不相同,所以,开门冷量损失的计算较困难,一般凭经验确定,其值可达到几倍于壁面热损失的数值。分配性冷藏汽车由于开门频繁,冷量损失较大,若每天工作 8 h,可按最多开门 50 次计算,而长途冷藏汽车可不考虑此项损失。

2. 冷藏汽车的分类

根据制冷方式,冷藏汽车可分为机械制冷、液氮或干冰制冷、蓄冷板制冷等多种形式,而其中,采用机械制冷的冷藏车占绝大多数。机械制冷对控制冷藏厢温度具有明显优势,驾驶员可根据驾驶室仪表盘温度显示及时开启或者关闭车载制冷系统。

1) 机械制冷(mechanical refrigerator cars)

冷藏车上配置的机械制冷系统主要包括发动机(或电动机)、压缩机、冷风机(蒸发器与风机组合)、冷凝器、节流阀等部件(见图 8-1),其工作原理类似于单级蒸气压缩式制冷循环,制冷量应该大于厢体传热负荷的 1.75 倍[4]。根据主要部件的配置模式或者动力来源,机械制冷冷藏车一般分为如下类型[5]:

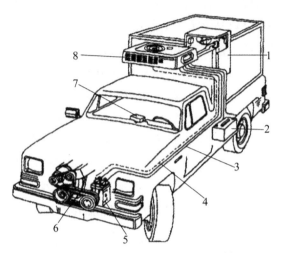

图 8-1 机械制冷冷藏车主要部件[3]

1—冷风机(蒸发器);2—蓄电池;3—制冷介质输送管路;
4—电器线路;5—压缩机;6—传动带;7—显示控制器;
8—冷凝器

(1) 按驱动制冷压缩机的动力来源,可分为独立式(自驱动)和非独立式(车驱动)。独立式有自带的发动机,通常是柴油发动机,以此来独立地驱动制冷系统,无需借助车辆的发动机动力。独立式冷藏车主要应用于城市之间距离较远的配送以及干线运输。非独立式冷藏车使用车辆的发动机来驱动制冷系统的压缩机或者通过发电机来驱动压缩机。非独立式冷藏车主要应用于城市内配送或者城市之间的短途配送,是我国大中城市内主要的冷藏车型。

为了防止汽车出现机械故障,或在冷藏汽车停驶时仍能驱动制冷机组,有的汽车还装备一台能利用外部电源的备用电动机。

(2) 按厢体的隔温区数量来分,可分为单温机组和多温机组(双温或三温)。装有单温机组的冷藏车只有一个温度区,只能运输一种或者温度要求接近的易腐品。而使用多温机组,可以将冷藏车厢体分成多个温度区,由一台主机和多台蒸发器组成(一般采取在前部隔间装主机,用于运输冷冻货品,在后部隔间顶板上安装一台远程蒸发器,满足冷藏货品的需求)。对于短途运输或者对温度要求不是很严格的冷冻冷藏食品,有用隔热棉被或者隔热板分割若干个温度区间(见图 8-2)。

图 8-2　双温区冷藏车[6]

　　(3) 按冷凝器安装方式可分为前置式、顶置式和底置式[见图 8-3(a)]。通常,卡车或者半挂车上的制冷机组大多是"前置式",某些短途配送的车上也会采取"顶置式",在机场飞机配餐车辆上会采用"底置式"。底置式应用于一般道路运输时,对于道路设施的要求比较高,因为底置式容易被泥土灰尘等堵塞,所以底置式在日本等发达国家应用较多。

　　蒸发器与风机组合[见图 8-3(b)]一般安装在车厢的前端,采用强制通风方式,冷风贴着车厢顶部向后流动,从两侧及车厢后部下到车厢底面,沿底面间隙返回车厢前端。这种通风方式使整个食品货堆都被冷空气包围着,外界传入车厢的

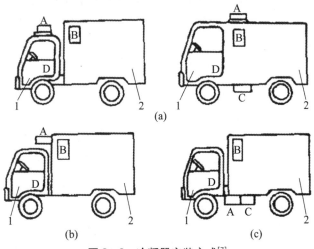

图 8-3　冷凝器安装方式[7]

（a）顶置式　（b）前置式　（c）底置式

1—汽车底盘；2—冷藏厢；A—冷凝器；B—冷风机；
C—电动机或者蓄电池；D—压缩机

冷凝器　蒸发器

−18℃

图8-4　冷藏车内气流组织示意图[8]

热流直接被冷风吸收,不会影响食品的温度(见图8-4[8])。2012年实施的行业标准《易腐食品机动车辆冷藏运输要求》(WB/T 1046—2012)要求货物与厢体顶板、前板距离不小于150 mm,与后板、侧板、底板间的距离应足够大,建议采用不小于50 mm的导流槽[4]。

为了满足运输不同食品的需要,冷藏车内的设置不断完善,有导轨、挂钩(见图8-5)、固定架(框)、定向通风与加热、气调发生器、温湿度传感器、可视监控探头等等。

图8-5　冷藏车内固定装置[7]

　　机械制冷冷藏汽车的优点是:车内温度比较均匀稳定,温度可调,运输成本较低。缺点是:结构复杂,易出故障,维修费用高;初投资高;噪声大;大型车的冷却速度慢,时间长;需要融霜。

　　2) 液氮或干冰制冷(LN₂ or dry ice refrigerated cars)

　　这种制冷方式的制冷剂是一次性使用的,或称消耗性的。常用的制冷剂包括液氮、干冰等。

　　液氮制冷冷藏车示意图如图8-6所示[8],主要由液氮罐、喷嘴及温度控制器组成。冷藏汽车装好货物后,通过控制器设定车厢内要保持的温度,而感温器则把测得的实际温度传回温度控制器,当实际温度高于设定温度时,则自动打开液氮管道上的电磁阀,液氮从喷嘴喷出降温,当实际温度降到设定温度后,电磁阀自动关闭。液氮由喷嘴喷出后,立即吸热汽化,体积膨胀高达600倍,即使货堆密实,没有通风设施,氮气也能进入货堆内。冷的氮气下沉时,在车厢内形成自然对流,使温度更加均匀。为了防止液氮汽化时引起车厢内压力过高,车厢上部装有安全排气阀,有的还装有安全排气门。

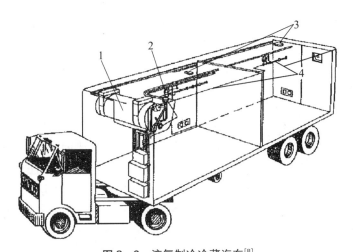

图 8-6　液氮制冷冷藏汽车[8]

1—液氮罐；2—喷头；3—门开关；4—安全开关

液氮制冷时，车厢内的空气被氮气置换，而氮气是一种惰性气体，长途运输果蔬类食品时，不但可减缓其呼吸作用，还可防止食品被氧化。

液氮冷藏汽车的优点是：装置简单，初投资少；降温速度很快，可较好地保持食品的质量；无噪声；与机械制冷装置比较，重量大大减小。缺点是：液氮成本较高；运输途中液氮补给困难，长途运输时必须装备大的液氮容器，使货物有效载货量下降。

用干冰制冷时，先使空气与干冰换热，然后借助通风系统使冷却后的空气在车厢内循环。吸热升华后的二氧化碳由排气管排出车外。有的干冰冷藏汽车在车厢中配置隔热的干冰容器，干冰容器中装有氟利昂盘管，车厢内装备氟利昂换热器，在车厢内吸热汽化的氟利昂蒸气进入干冰容器中的盘管，被盘管外的干冰冷却，重新凝结为氟利昂液体后，再进入车厢内的蒸发器，使车厢内保持规定的温度。

干冰制冷冷藏汽车的优点是：设备简单，投资费用低；故障率低，维修费用少；无噪声。缺点是：车厢内温度不够均匀，冷却速度慢，时间长；干冰的成本高。

3）蓄冷板（hold over plate）

板内装有共晶溶液，能产生制冷效果的板块状容器叫蓄冷板，蓄冷板中充注有低温共晶溶液，使蓄冷板内共晶溶液冻结的过程就是蓄冷过程。将蓄冷板安装在车厢内，外界传入车厢的热量被共晶溶液吸收，共晶溶液由固态转变为液态。

常用的低温共晶溶液有乙二醇、丙二醇的水溶液及氯化钙、氯化钠的水溶液。不同的共晶溶液有不同的共晶点，要根据冷藏车的需要，选择合适的共晶溶液。

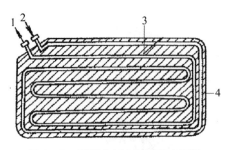

图 8 - 7　带制冷剂盘管的蓄冷板[8]

1—制冷剂出口；2—制冷剂入口；
3—共晶溶液；4—蓄冷板壳体

一般来讲，共晶点应比车厢规定的温度低2～3 K。

蓄冷的方法通常有两种：一是利用集中式制冷装置，即当地现有的供冷藏库用的或具有类似用途的制冷装置。拥有较多蓄冷板冷藏汽车的地区，可设立专门的蓄冷站，利用停车或夜间使蓄冷板蓄冷。此时可利用图 8 - 7 所示的蓄冷板，这种蓄冷板内装有制冷剂盘管，只要把蓄冷板上的管接头与制冷系统连接起来，就可进行蓄冷；二是借助于装在冷藏汽车内部的制冷机组，停车时借助外部电源驱动制冷机组使蓄冷板蓄冷。

图 8 - 8 为蓄冷板冷藏汽车示意图[8]。蓄冷板可装在车厢顶部，也可装在车厢侧壁上，蓄冷板距厢顶或侧壁 4～5 cm，以利于车厢内的空气自然对流。为了使车厢内温度均匀，有的汽车还装有风扇。

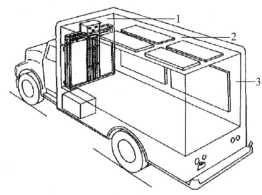

图 8 - 8　蓄冷板冷藏汽车示意图[8]

1—前壁；2—厢顶；3—侧壁

蓄冷板冷藏汽车内换热主要以辐射为主，为了利于空气对流，应将蓄冷板安装在车厢顶部，但这会使车厢的重心过高，不平稳。

蓄冷板汽车的蓄冷时间一般为 8～12 h(环境温度 35℃，车厢内温度−20℃)，特殊的冷藏汽车可达 2～3 d。保冷时间除取决于蓄冷板内共晶溶液数量外，还与车厢的隔热性能有关，因此应选择隔热性较好的材料作厢体。

蓄冷板冷藏汽车的优点是：设备费用比机械式的少；可以利用夜间廉价的电力为蓄冷板蓄冷，降低运输费用；无噪声；故障少。缺点是：蓄冷板的数量不能太多,蓄冷能力有限,不适于超长距离运输冻结食品;蓄冷板减少了汽车的有效容积和载货量[9];冷却速度慢。

蓄冷板不仅用于冷藏汽车,还可用于铁路冷藏车、冷藏集装箱、小型冷藏库和食品冷藏柜等。

除了上述冷藏汽车外,还有一种保温汽车,它没有任何制冷装置,只在厢体上加设隔热层,这种汽车不能长途运输冷冻食品,只能用于市内由批发商店或食品厂向零售商店配送冷冻或者冷藏食品。由于该种保温车结构简单、造价与使用成本均很低,在我国广泛使用。其缺点是厢内食品温度无法保证。为了完成略远距离的输送,配送人员往往采用加冰块或者蓄冷板或者用聚苯乙烯保温厢内置碎冰的方法。

3. 冷藏汽车温度要求[4]

由中国食品工业协会食品物流专业委员会牵头组织编写《易腐食品机动车辆冷藏运输要求》行业标准(WB/T 1046—2012),并由国家发改委 2012 年 3 月发布,2012 年 7 月 1 日起正式实施。该标准要求具有控温功能的冷藏车(不包括普通保温车)上一个温度厢体内至少安装一台温度记录仪,并给出了冷藏运输温度(见表 8 - 2),其中果蔬温度区间较大,在实施过程中应该根据具体果蔬设定合适的运输温度。

表 8 - 2　常见易腐食品的温度要求[4]

食 品 名 称	温度/℃
冰淇淋	−22
速冻食品(速冻分割畜禽肉、速冻水产品、冷冻蛋、速冻米面食品、速冻蔬菜等)	−18
鲜鱼、其他海鲜(活体除外)	+2
熟食、集体用餐低温盒饭类	0～4
冷鲜肉类、水产类、蛋类	0～4
豆制品、冷藏奶制品	4～7
新鲜蔬菜、水果	1～15

8.1.3　铁路冷藏车(refrigerated trains)

高速公路网络和超市销售模式的快速发展,铁路冷藏配送系统显得过于笨重了,在食品冷藏输送中铁路冷藏车占比明显下降。然而,在陆路远距离、大批量运输冷冻食品时,铁路冷藏车仍然具有一定优势,尤其在地域广袤的我国、俄罗斯或者欧美等跨洲食品运输行业,铁路冷藏车仍有一席之地,因为它除了运量大、速度快外,还具有运输时间、运送质量可靠性高、单位成本低等优点。

目前,铁路冷藏运输主要有两种模式[9],一种是铁路与公路联运模式;一种是铁路独立运行模式。智能型运输管理系统使冷藏食品处于最佳的联运网络中,既解决了客户对高频率、小批量食品的需求,也降低了运输成本。

铁路冷藏车分为机械制冷、冰制冷、蓄冷板制冷等几种类型,其中机械制冷式铁路冷藏车占绝对优势,这受益于近些年加工装备制造业的快速发展和机械制冷系统对温度控制的能力,使机械制冷式铁路冷藏车自身结构和重量、制冷机效率、温度监控精度等性能越发合理。据不完全统计,我国铁路冷藏车约 8 000 辆,其中约 50% 为机械制冷[10]。

1. 冰制冷[2]

图 8-9 为用冰制冷的铁路冷藏车示意图[11],是 20 世纪 50 年代初新中国最早一批铁路冷藏车(代号为 B5,B3),主要承担当时中苏之间易腐食品的输送任务[10]。冰制冷冷藏车车厢内带有冰槽,冰槽可以设置在车厢顶部(B5),也可以设置在车厢两头(B3)。设置在顶部时,一般车顶装有 6~7 只马鞍形贮冰厢,2~3只为一组。为了增强换热,冰厢侧面、底面设有散热片。每组冰厢设有二个排水器,分左右布置,以不断清除融解后的水或盐水溶液,并保持冰厢内具有一定高度的盐水水位。

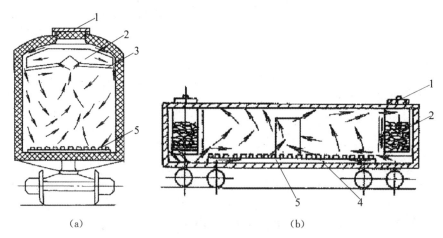

(a)   (b)

图 8-9   用冰制冷的铁路冷藏车示意图[11]

(a) 顶装式   (b) 端装式

1—冰厢盖;2—冰厢;3—防水板;4—通风槽;5—排水格栅

顶部布置时,由于冷空气和热空气的交叉流动,容易形成自然对流,加之冰槽沿车厢长度均匀布置,不安装通风机也能保证车厢内温度均匀,但结构较复杂,且厢底易积存杂物。

冰槽设置在车厢两头时,为使冷空气在车厢内均匀分布,需安装通风机,而且由于冰厢占地,约使载货面积减少了25%。对于水产品,可直接把碎冰撒在包装厢里面,然后将包装厢码放在火车厢中,车厢底面有排水管将融化的冰水排至车外。如果车厢内要维持0℃以下的温度,可向冰中加入某些盐类,车厢内的最低温度随盐的浓度而变化。

我国冰制冷式铁路冷藏车仍在使用,其优点是结构简单,运输成本较低;缺点是温度波动大,有效载货量相对较低,而且沿途铁路站台需要设置加冰系统,且加冰停留时间长等不足,这种冷藏车的市场占有量将越来越小。

2. 机械制冷[10]

按供电和制冷方式不同,机械制冷冷藏车一般可分为3类:①集中供电、集中制冷的车组——全列车由发电车集中供电,制冷车集中制冷,采用氨作制冷剂,盐水作冷媒。该类型是我国20世纪60年代初从民主德国引进,代号B16,B17等。由于该类型冷藏车组(一般10节以上)结构复杂,氨与盐水等泄露造成机车和铁轨腐蚀问题,该类型冷藏车已被氟利昂制冷系统取代;②集中供电,单独制冷的车组——由发电车集中供电,每节冷藏车上装有制冷设备单独制冷,采用氟利昂作冷媒,空气强制循环;③单节相对独立冷藏车——每节冷藏车上均装有发电设备和制冷设备,用自备的柴油发电机组来驱动制冷压缩机(见图8-10[8])。这种冷藏车可以单节(或者3~4节为一组)与一般货物车厢编列运行,提高了铁路冷藏运输的机动性。目前,我国机械制冷铁路冷藏车有B21、B22、B23等型号。

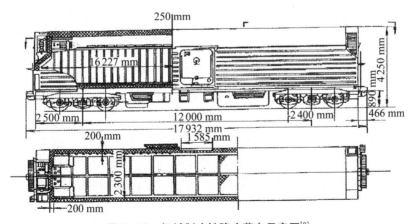

图8-10 机械制冷铁路冷藏车示意图[8]

机械制冷铁路冷藏车在欧美等发达国家,其发展趋势是大容量冷藏厢和智能化信息管理。从目前铁路冷藏车的标准规格 50 ft[即厢内长度尺寸,1 ft(英尺)=0.305 m],扩大到 64 ft 甚至 72 ft,大容量冷藏车无疑降低了运输成本。智能化信息管理以 GPS 双向控制为特点,实现远程位置和温度实时控制,提高了冷藏运输的可靠性[9]。

3. 蓄冷板制冷[2]

1979 年,我国铁道部设立了"冷冻板制冷技术在铁路冷藏车上应用的研究"课题,在菲亚特汽车上进行了初步试验后,1981 年 8 月用 $B_6$148 车改装成第一辆冷冻板(即蓄冷板)铁路冷藏车。

蓄冷板的结构和布置原理与冷藏汽车的相同。

8.1.4　冷藏集装箱(refrigerated ship)[2, 10]

所谓冷藏集装箱,就是具有一定隔热性能,能保持一定低温,适用于各类食品冷藏贮运而进行特殊设计的集装箱。冷藏集装箱出现于 20 世纪 60 年代后期,冷藏集装箱具有钢质轻型骨架,内、外贴有钢板或轻金属板,两板之间充添隔热材料。常用的隔热材料有玻璃棉、聚苯乙烯、发泡聚氨酯等。

1. 冷藏集装箱的分类

1) 根据制冷方式分类

(1) 保温集装箱。无任何制冷装置,但箱壁具有良好的隔热性能。为了满足运输过程中水果和蔬菜对气体成分的特定要求,箱体上可设置一定量的通风口,通过可控开关调整通风量。为了满足一定温度的运输要求,保温集装箱内往往放置冰块。

(2) 外置式保温集装箱。无任何制冷装置,隔热性能很强,箱的一端有软管连接器,可与船上或陆上供冷站的制冷装置连接,使冷气在集装箱内循环,达到制冷效果,一般能保持−25℃的冷藏温度。该集装箱集中供冷,箱容利用率高,自重轻,使用时机械故障少。但是它必须由设有专门制冷装置的船舶装运,使用时箱内的温度不能单独调节。

(3) 内藏式冷藏集装箱。箱内带有制冷装置,可自己供冷,如图 8 - 11 所示[11]。制冷机组安装在箱体的一端,冷风由风机从一端送入箱内。如果箱体过长,则采用两端同时送风,以保证箱内温度均匀。为了加强换热,可采用下送上回的冷风循环方式。

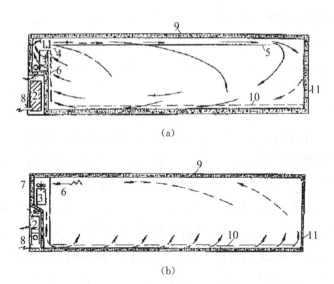

图 8-11　内藏式冷藏集装箱结构及冷风循环示意图[11]

1—风机；2—制冷机组；3—蒸发器；4—端部送风口；
5—软风管；6—回风口；7—新风入口；8—外电源引入；
9—箱体；10—通风轨、离水格栅；11—箱门

2）按照运输方式分类

冷藏集装箱可分为海运和陆运两种，它们的外形尺寸没有很大的差别。

（1）海运集装箱的制冷机组用电是由船上统一供给的，不需要自备发电机组，因此机组构造比较简单，体积较小，造价也较低。但海运集装箱卸船后，因失去电源就得依靠码头上供电才能继续制冷，如转入铁路或公路运输时，就必须增设发电机组，国际上一般的做法是采用插入式发电机组。

（2）陆运集装箱是 20 世纪 80 年代初在欧洲发展起来的，主要借助于铁路、公路和内河航运运载工具，因此必须自备柴油或汽油发电机组，才能保证在运输途中制冷机组用电。有的陆运集装箱采用制冷机组与冷藏汽车发电机组合一的机组，其优点是体积小，重量轻，价格低，缺点是柴油机必须始终保持运转，耗油量较大。

3）按尺寸和重量分类

（1）有 5 t、10 t、20 t 和 30 t 四种，相应的型号为 5D、10D、1CC 及 1AA 型。5 t 和 10 t 集装箱主要用于国内运输；20 t 和 30 t 集装箱主要用于国际运输，上述重量是集装箱自重及其最大容许载重之和。

（2）按现行的国际标准，常用集装箱（均为外部尺寸）其宽度均一样（8 ft，

2 438 mm)、长度有四种(40 ft，12 192 mm；30 ft，9 125 mm；20 ft，6 058 mm；10 ft，2 991 mm)、高度有三种(2 896 mm、2 591 mm、2 438 mm)。其中 20 ft 和 40 ft 更为常见，对应于 20 t 和 30 t，即 1CC 型和 1AA 型。

2. 冷藏集装箱的特点

用集装箱运输的优点是：更换运输工具时，不需要重新装卸食品；箱内温度可以在一定的范围内调节，箱体上还设有换气孔，因此能适应各种易腐食品的冷藏运输要求，而且温差可以控制在±1℃之内，避免了温度波动对食品质量的影响；集装箱装卸速度很快，使整个运输时间明显缩短，降低了运输费用。

另外，陆运集装箱还有其独特的优点[12]：①与铁路冷藏车相比，在产品数量、品种和温度上的灵活性大大增加，铁路冷藏车，大列挂 20 个冷藏车厢，小列挂 10 节冷藏车厢，不管货物多少，只能有两种选择，而集装箱的数量可随意增减；铁路冷藏车的温度调节范围较小，而冰冷藏车的车厢内温度就更难控制了。②由于柴油发电机的开停也受箱内温度的控制，避免了柴油机空转耗油，使集装箱在 7 d 运行期间，中途不用加油。③陆用集装箱的箱体构造轻巧，造价低。④能最大限度地保持食品质量，减少运输途中的损失。如运输新鲜蔬菜时，损耗率可从敞篷车的 30%～40% 降低到 1% 左右。

8.2　物流信息技术

随着国际贸易发展和食品安全问题日益突出，食品冷链技术受到世界各国的重视，在不断完善冷藏运输车、冷库和销售柜外，在信息管理方面和自动、快速监测仪器开发方面也得到快速发展。电子条码、物流黑匣子、全球定位系统(GPS)、产品信息追踪技术等得到应用。

所谓物流信息技术就是能够反映食品在流通中相关状态的数据加工技术，广义上讲它包含着商流、资金流和信息流，是以食品交通运输信息、仓储信息、装卸搬运信息、包装信息和配送信息为主线，以市场批发、零售、网购等商品交易信息和资金转账、结账等资金信息为辅，构成一个完整的流通体系。

信息是一种有价值的数据(往往是经过加工的数据)，而数据是由数字、图形、图像、声音、逻辑关系符号等文字或者符号组成，在传输、解读这些数据过程中离不开数据采集技术(传感器)、数据处理技术(计算机)和数据传输技术(通信与网络)，这些技术构成了食品物流信息技术。

8.2.1　条码(bar code)[13~16]

1. 条码构成

我国国家标准 GB/T 18354—2006《物流术语》中规定[17],条码由一组规则排列的条、空及其对应字符组成的标记,用以表示一定的信息。

条码结构如图 8-12~图 8-15 所示,条码结构有模块组合法和宽度调节法。在模块组合法中条码的条或者空是由 1~4 个模块组成,一个模块的宽度与产品、读写设备等有关,由具体应用规范确定(如在 EAN/UCC-128 应用环境中,最小模块宽度为 0.250 mm,而最大模块宽度为 1.016 mm),可见条码的条或者空由于含有的模块数量和模块宽度不同,条码条和空的宽度也不同。以一个标准宽度(0.33 mm)为例,有的条或者空仅含一个模块,其宽度即为 0.33 mm,有的条或者空可能有 4 个模块,其宽度即为 1.32 mm。在二进制中一个宽度条代表逻辑值 1,一个宽度空代表逻辑值 0。在宽度调节法中,条码不分条和空,仅视条或者空的宽窄,宽条或者宽空代表逻辑值 1,窄条或者窄空代表逻辑值 0,宽条或者宽空是窄条或者窄空的 2~3 倍。

信息量大小取决于条码的宽度和印刷的精度,在一定条码长度内,如果包含的条、空越多,信息量就越大(对于大多数条码,确切地说是索引关键词的信息量大,关于商品的信息一般不在条码上,而是在数据库里,如生产商、规格、数量、价格、生产日期、防伪信息等等均在数据库里)。条的颜色较深,反射率低,而空的颜色较浅,反射率高,阅读器从起始符开始接受条码反射来的脉冲信号,当解码后字符与检验字符相符,信息有效,否则阅读器读取失败。条码下端字符是供人识别的字符,与机器识别条码单元区域对应。

按照条码码制(编码方法)不同,可分为美国统一代码委员会制定的 UPC 码(universal product code),欧洲经济共同体提出的 EAN 码(european article numbering system),国际物品编码协会、美国统一代码委员会和自动识别制造商协会共同提出的 EAN/UCC-128 码,ITF 码(交叉二五码的缩写,interleaved 2 of 5 bar code), 39 码等。我国在此基础上,根据国内商品流通特点和与国际接轨等需求,相继制定了一系列国家物品编码标准,如《商品条码》(GB 12904—1998)、《储运单元条码》(GB/T 16830—1997)、《EAN/UCC 系统 128 条码》(GB/T 15425—2002)等条码标识,在技术内容方面与国际通行的标准完全一致。企业在设计商品条码时,应当根据应用需要采用国家标准中规定的条码标识。

(1) UPC 码在美国和加拿大使用较早且很普遍,是常用的商品条码。由 0~

9 这 10 个字符组成,每个字符由两个条和两个空组成,其中包含 7 个模块(一个模块等于一个标准宽度 0.33 mm)。标准码长有 12 位字符,短码有 8 位字符(适用于小包装产品),分为 5 类:UPC - A(通用商品)、UPC - B(医药卫生)、UPC - C(产业部门)、UPC - D(仓库批发)、UPC - E(商品短码)。

(2) EAN 码与 UPC 码编码体系相同,在使用上两者兼容,是常用的商品条码。EAN 标准码包含 13 位字符,比 UPC 标准码多一位字符,短码 8 位字符,与 UPC 相同,分别表示为 EAN - 13 和 EAN - 8。EAN 码最早由欧洲 12 个工业国联合提出,后由国际物品编码协会(EAN International,2004 年更名为 Global Standards 1,简称 GS1)负责管理,成为世界通用条码,我国于 1991 年加入国际物品编码协会,该协会分配给中国大陆的代码为 690—695。图 8 - 12 是一维 EAN 条码结构示意图,以 EAN - 13 条码为例,字符 690 是中国大陆代码,由国际物品编码协会指定;6901234 是厂商代码,由国家物品编码机构分配;56789 是商品代码,由厂商决定;最后一位字符 2 是校验代码,如果数据读写系统解码后计算值等于此值,读取成功。

图 8 - 12　EAN 条码结构示意图[13, 19]

(a) EAN - 13　(b) EAN - 8

(3) EAN/UCC - 128 条码是带有商品信息(运输包装序号、体积、重量、生产日期、有效日期、送出地址、送达地址等等)的贸易物流单元条码,由起始符号、数据字符、校验符、终止符、左、右侧空白区及供人识读的字符组成。EAN/UCC - 128 条码字符的数量不定,条码长度也不定,但是,该条码可编码的最大数据字符为 48 个,包括空白区在内的物理长度不能超过 165 mm。EAN/UCC - 128 条码与 EAN 码或者 UPC 码编码方法和字符集都不同,EAN/UCC - 128 条码除了终止符是由 4 个条 3 个空组成外,其余字符均由 3 个条 3 个空组成,每个字符包含

了 11 个模块。EAN/UCC‐128 条码有 3 个字符集,字符集(A)包括所有标准的
大写英文字母、数字字符 0 至 9、控制字符(ASCII 值为 00 至 95 的字符)和 7 个特
殊字符(字符值为 96 至 102);字符集(B)包括所有标准的大写英文字母、数字字
符 0 至 9、标点字符、小写英文字母字符(ASCII 值为 32 至 127 的字符)和 7 个特殊
字符(字符值为 96 至 102);字符集(C)包括 100 个两位数字 00~99 和 3 个特殊字符
(字符值为 100 至 102)。在 EAN/UCC‐128 条码中引入应用标识符 AI(application
identified,AI,见表 8‐3),AI 可以将不同内容的数据表示在一个条码中,如图 8‐13
EAN/UCC‐128 条码字符中(02)、(17)、(37)、(10)均为应用标识符。在国际贸易
中 EAN/UCC‐128 条码不用于 POS 零售结算,而是用于标识物流单元。

表 8‐3　部分应用标识符(AI)含义[18]

AI	含　义	AI	含　义
00	系列货运包装箱代码	17	有效期
01	全球贸易项目代码	21	系列号
02	物流单元内贸易项目标识代码	37	物流单元内贸易项目的数量
10	批号或者组号	310	净重
11	生产日期	401	托运代码
13	包装日期	410	交货地 EAN/UCC 全球位置码
15	保质期	412	供货方 EAN/UCC 全球位置码

(02)6 690124 00004 9(17)050101(37)10(10)ABC

图 8‐13　EAN/UCC‐128 条码结构示意图[13,19]

　　(4) ITF 码常用于标识储运流通中的大包装商品(如纸板箱、木板箱等),因
此,也称为储运单元条码。ITF 条码采用 5 个条或 5 个空来代表一个字符,由于 5
个条或 5 个空中的 2 个是宽的,因此被叫做“2 of 5”[图 8‐14(a)是字符“3852”的
表示法]。第一个字符用 5 个条表示,第二个用 5 个空来表示,条和空交错排列且
都具有信息,因此 ITF 的组成密度很高,同其他条码相比,在一样大小的标签上
可以容纳更多的信息(ITF 码是基于 Code 25 条码,Code 25 条码仅条具有信息,
空无信息。)。ITF 不使用起始和终止符,但使用条式图案来代表起始和终止。
ITF 条码一般印有保护框,字符(0~9)置于框下边,如图 8‐14(b)所示。常用
ITF 码有 ITF‐14 和 ITF‐16。

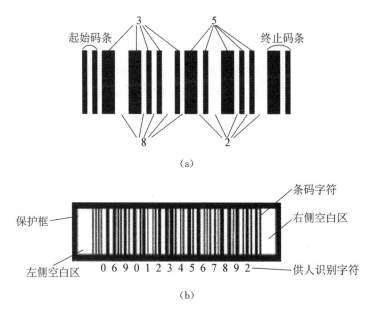

（a）

（b）

图 8 - 14　ITF 条码结构示意图[13, 19]

（a）ITF 条码结构示意图　（b）ITF - 14 条码

　　按照条码在空间上的分布方式,条码可分为一维条码和二维条码。一维条码如图 8 - 12—图 8 - 14 所示,仅在一维方向上表示信息,而二维条码在二维方向上都表示信息。二维条码有行排式（2D stacked bar code）、矩阵式（2D matrix bar code）和邮政式（post code）。顾名思义,行排式即是多条一维条码的堆积,为了降低堆积后二维码高度,每行条码均降低高度［见图 8 - 15（a）］,行排式二维条码应用最多的是美国 Symbol 公司研发的 PDF417 条码（portable data file 417）［见图 8 - 15（b）］,我国对此也颁布了相应的国家标准（GB/T 17172—1997，417 条码）;矩阵式是基于计算机图像识别技术,通过矩形平面上不同像素的图形分布表示信息（见图 8 - 16）,平面上"点"代表二进制逻辑值 1,"空"代表二进制逻辑值 0,即用"黑""白"像素表示信息。

（a）　　　　　　　　　　　　　　　　（b）

图 8 - 15　行排式二维条码示意图[19]

（a）Code 16 K　（b）PDF 417

　　二维条码编码密度高,信息容量大,最多可容
纳 1 850 个大写字母或 2 710 个数字或 500 多个汉
字,在信息量方面弥补了一维条码依赖数据库的不
足,且可以数字化处理图片、声音、文字、签字、指纹
等信息。二维码纠错功能很强,即使受到局部破损
或污损,正确识读率也非常高。且成本低,易制作,
持久耐用。

图 8-16　矩阵式(data matrix)
　　　　二维条码[19]

　　2. 条码识别

　　条码识别是通过阅读器发射的光(630 nm 红光或者近红外光),经过条码反
射后接收并解读,形成物流信息。条码分布与数量由反射率大小识别,条码宽度
由反射时间识别,即条码信息是由条码分布、数量和宽度决定的。阅读器接收反
射光后形成一定强弱的光信号,由阅读器内的光电转换器将光信号转换成电信
号,并进一步翻译成机器语言(见图 8-17)。

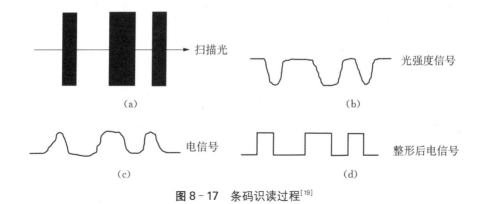

图 8-17　条码识读过程[19]

8.2.2　射频识别技术(radio frequency identification, RFID)

　　RFID 是近年来新兴的一项自动识别技术[20],其技术原理是基于电磁理论和
电子标签具有终身唯一 ID 号(出厂前已固化在标签内)这一前提。RFID 利用射
频方式进行非接触双向通信,从而实现对物体的识别,并将采集到的相关信息数
据通过无线技术远程进行传输(见图 8-18)。与目前广泛采用的条形码技术比
较,RFID 通过射频信号使用户可以自动识别目标对象,无需可见光源,读写器在
一定距离范围内可以从任意方向读写,射频穿透性较强,可以透过外部材料直接
读取数据,保护外部包装,节省开箱时间。图 8-19 是 RFID 的 3 种读取方式:

(a)是货物入口两侧均设有固定式 RFID 的感应天线,无论电子标签贴在哪侧,
RFID 都会对货物标签内容进行读写;(b)仅在货物入口一侧设有固定式 RFID 的
感应天线,因此需要移动货物使电子标签进入到 RFID 可感应的区域,完成读写;
(c)为手持式 RFID,需要操作人员手持 RFID 对应电子标签并完成读写。利用这
项技术可同时处理多个电子标签,适用于批量识别场合并对标签所附着的物体进
行追踪定位,提供位置信息,同时具有抗污染、读取距离远、信息量大等特点。

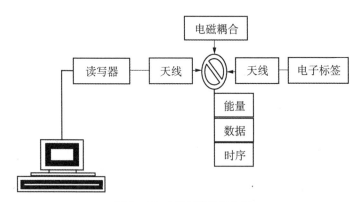

图 8-18 RFID 系统示意图

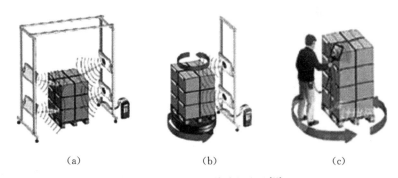

(a)   (b)   (c)

图 8-19 RFID 三种读取方式[20]

　　RFID 的核心部件是读写器和电子标签(见图 8-20,图 8-21),电子标签也
称为射频标签、应答器、远距离 IC 卡、远距离射频卡等,它可以设计成不同形状和
尺寸,如名片状、纽扣状、条状或者其他形状,以适应产品要求。读写器天线和
RFID 电子标签天线均具有发射和接收功能,实现能量、数据和时序的交互功能
(见图 8-18)。RFID 电子标签分为无源标签(被动标签)、有源标签(主动标签)
和半有源标签(半主动标签)。无源标签自身没有电源(电池),其电路启动与运行
只能靠读写器发来的电磁波能量,当无源标签远离读写器时(即不在电磁波有效

区域内),电子标签处于休眠状态。有源标签自身具有电源(电池),始终处于激活和信息发射状态。半有源标签自身具有电源(仅维持芯片运行),但是需要读写器的电磁波激活后才能工作。无源标签使用寿命长,但是与读写器作用距离较短,而有源标签作用距离远,但是使用寿命短,需要更换电池以保证标签有足够的能量工作,在要求频繁读写数据的工作环境下,无源标签更受欢迎。读写器与电子标签一般在数厘米至数米范围内可实现信息交换,分为密耦合(0~1 cm)、遥耦合(0.1~1 m)和远距离系统(1~10 m),取决于系统工作频率和功率。

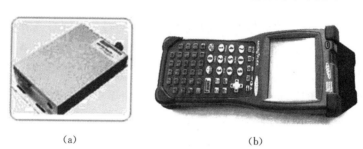

(a) (b)

图 8-20　RFID 产品形态[21]

(a) 固定式　(b) 手持式

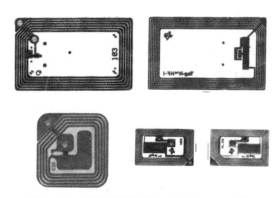

图 8-21　RFID 电子标签内部电路示意图[22]

近几年,物联网成为世界电子商务的重要内容,由美国麻省理工学院自动识别研究中心研发并得到国际相关组织认可的产品电子标签(electronic product code, EPC)备受关注,其编码技术是基于 EAN/UCC 编码体系,但具有条码无法比拟的容量和非常小的芯片尺寸(平方毫米级),借助于 RFID 超高频段(UHF)技术和互联网服务器的数据解读技术,可实现所有个体物品在世界范围内流通时具有唯一的标识(ID)。目前,EPC 编码有 64 位,96 位和 256 位三种,其编码结构如

表 8-4 所示。

表 8-4 EPC 64 Ⅰ型编码结构[23]

1·	×××××××·	×××××× ·	××××××××
版本号	EPC 域名管理	对象分类	序列号
2 位	21 位	17 位	24 位

8.2.3 数据电子交换(electronic data interchange, EDI)

EDI 是指贸易伙伴之间按照约定的标准格式,通过专用网络或者增值网络的传输技术进行数据交换和自动处理。与传统贸易往来相比,EDI 取消了贸易过程中的纸面单证,使贸易双方、运输物流、保险、银行、海关等相关行业之间在网上完成所有业务,因而 EDI 也被俗称为"无纸交易"。由于 EDI 处理的信息具有专一性和保密性,在网络方面、文字与格式方面都有严格的保密协定,对扩展 EDI 业务有一定约束性。随着互联网的快速发展,电子商务在更广泛的领域内得到认可,中小企业、消费者个人等参与方式、电子数据格式和内容等多方面都有很高的实用性和便利性,EDI 与电子商务的融合发展将提升食品物流信息化水平。

8.3 关于追溯问题

8.3.1 对食品可追溯的定义

食品(包括食用农产品)信息可追溯制度是借助于计算机现代信息网络技术和传统的登记记录制度,追踪溯源食品在市场流通中的来龙去脉,以提高市场对食品安全的控制能力,发现问题可及时追回并能惩罚责任人。世界各国对"食品可追溯性"的定义大同小异,国际食品规格委员会(Codex)对"可追溯性"的定义为:食品市场各个阶段的信息流的连续性保障体系[24]。欧盟委员会 2000 年 1 月颁布《食品安全白皮书》,要求"从农田到餐桌"全过程必须明确所有相关的生产经营者责任。2002 年颁布 178/2002 号法令,规定每一个农产品企业必须对其生产加工和销售过程中所使用的原料、辅料及相关材料提供保证措施和数据,确保其安全性和可追溯性,在必要时召回产品[25]。上海市人民政府法制办公室 2014 年 7 月 1 日发布的"上海市食品安全信息追溯管理办法(草案)"中对食品可追溯定义为[26]:食品生产经营者将食品来源及流向、供应商资质、检验检测结果等食品安全相关信息,利用信息化技术方式上传至本市食品安全信息追溯系统,形成信息追溯链,确保食品原产地可追溯、去向可查证、责任可追究。并进一步明确定义中溯源的食品(粮食及制品、畜肉及制品、禽类、蔬菜、乳品、食用油、水产品、酒类以及经市人民政府批准的其他类别的食品)和从事生产经营者范围[食品生产加工企业、屠宰加工场、进口食品企业、食品批发市场和标准化菜市场的场内经营者、超市、大卖场、中型以上食品店、食品储运配送单位、集体用餐配送单位、中央厨房、学校食堂、中型以上饭店(中型指经营场所使用面积在 150 m² 以上,或者就餐座位数 75 座以上)]。

8.3.2　发展过程与现状

建立对食品的溯源制度始于英国 20 世纪 80 年代的"疯牛病"风波。在 20 世纪 80 年代和 90 年代中期,英国先后二次遭遇较大规模的"疯牛病"事件,导致英国养牛业和牛肉制品加工业几近瘫痪,也使进口英国肉牛的国家以及食用英国进口的牛肉、牛骨粉等国家受到很大波及,甚至造成当地人们的恐慌。追查疯牛病的根源和疯牛病牛肉、骨粉的去向成为各国政府亟待需要掌握的信息问题,欧盟 2002 年颁布法令(178/2002 号)要求生产经营单位对喂养饲料、牛的生长过程、屠宰、配送、销售等等数据记录备案,以备追溯。

发生 911 事件后,美国颁布了《公共卫生安全和生物恐怖防范应对法》,2002 年,《Public Health Security and Bioterrorism Preparedness and Response Act of 2002》,简称"生物反恐法",对食品生产和运输登记、进口食品的预先通报、食品公司档案的建立与保留以及可疑食品控制等方面提出了严格要求,凡涉及食品的制造、加工、包装、运输、经销、接收、储存,进口者必须建立和保持记录,以便 FDA 掌握该批食品的来龙去脉,确保追究那些致人、畜死亡或对健康造成严重不良后果的食品的源头。

我国在国际贸易大背景下以及受国内食品安全事件频发的影响,从 2002 年开始组织研究食品安全溯源问题,并在经济比较发达的城市或者地区试点建设食品溯源体系。主要事件有:2003 年初国家质检总局启动了"中国条码推进工程"项目,借鉴国际贸易通行规范和欧美等国家食品安全溯源体系,由国家质检总局、中国物品编码中心等单位先后发布了《出境水产品溯源规程(试行)》和《牛肉制品溯源指南》等规则[24]。2004 年 4 月,国家质检总局、农业部、卫生部、国家药监局等八大部委联合印发《关于加快食品安全信用体系建设的若干指导意见》,在全国开展"食品药品放心工程实施方案"。

上海在食品安全信息建设方面启动较早,2001 年 7 月,上海市政府就颁布了

《上海市食用农产品安全监管暂行办法》,提出了在流通环节建立"市场档案可溯源制";2004 年 2 月,上海市开始试运行"上海食用农副产品质量安全信息平台",通过该平台可实现对食用农副产品的生产过程监控、条码识别和网络查询等功能。农业企业通过"食用农副产品安全信息条码"给每个产品建立起相应的生产档案。

利用 EAN/UCC 条码系统(同欧盟等发达国家的追溯系统一致),解决了农副产品种类繁多,特征差异大,对其进行唯一性编码等难题,借助于 EAN/UCC-128 条码系统中的应用标识符(AI),将生产日期(如屠宰日期、收获日期、分割日期等等)、生产场所(猪舍号、牛栏号、大棚号、地块号等等)标识在条码上,消费者或者监管部门扫描条码后即可获得更详细的信息,如图 8-22 所示,(01)为产品标识代码应用标识符,由该标识符引导出的是厂商和产品标识代码,是具有全球唯一性的"身份"识别代码;数字"9"为指示符;数字"69213895"为厂商识别代码;数字"0336"为产品项目代码,是厂商为其产品制定的代码(如按等级、属性等划分);数字"4"为校验码;(11)为生产日期代码应用标识符,数字"040317"为 2004 年 3 月 17 日;(10)为生产场所代码应用标识符,"00A015"为场所编号,即 A015 号。目前,该信息平台已覆盖上海市 70% 的大型养殖场、43% 的大型农场以及 60% 的超市大卖场,收录生产企业信息 1 900 多家、可查询食用农副产品 17 000 余种、产品信息 128 000 多条[28]。

(01) 96921389503364 (11) 040317 (10) 00A015

图 8-22   农副产品质量安全信息条码[27]

图8-23   上海食用农副产品质量安全信息平台[28]

消费者在超市挑选好产品后,通过触摸式液晶查询平台对条码进行扫描识别(见图 8-23),就可以清楚地看到该产品的生产日期、生产企业的名称、品牌、认证信息,产品的生产地、加工地情况、药物残留情况以及检疫检测情况等生产信息。购买猪肉、禽蛋类产品还能看到由相关动物检疫部门出具的"动物产地检疫合格证明"和"出县境动物产品检疫合格证明",所标识的信息详细到每一块菜地或每一个猪舍信息,为了让消费者放心,该平台还提供实地照片。

2013年上海市农委根据农业部《农业物联网区域试验建设工程工作方案》要求,制订了《关于上海农业物联网发展的实施意见》和配套技术攻关与示范工程,提出(2013～2015年)形成以绿叶蔬菜(基于200多家蔬菜种植基地)、动物及动物产品(基于19个区县动物所卫生监督所、8个市境道口、110个产地检疫报检点与16家屠宰场检疫点及近58家动物产品集散交易单位)、稻米产加销(基于光明米业下属长江基地、海丰基地和跃进基地为实施区域)等为示范农产品的物联网体系,组织研发农业专用传感器和物联网体系相关标准等技术问题;在(2016～2020年)基本完成农业物联网应用服务体系建设,搭建农业物联网服务公共平台;基本形成一系列具有推广价值的地方和国家标准,尤其是在农业物联网的应用接口、网络通信、数据格式、产品设备研发等方面取得进展[29]。

8.3.3　问题与展望

食品质量与安全信息追溯体系主要环节是物品登记问题和数据处理问题,这是一个数据庞大,人、物、信息流相互交叉、关联的系统。对于农产品来讲,一端是种植和养殖户,他们承接着来自上游的种子、化肥、农药、饲料等物品和信息,同时传递自身的种养殖过程相关信息。另一端是消费者或者是加工经营者,他们在接收物品的同时需要知道该物品的"身份"。中间环节是运输配送过程,在完成物品传递过程中同样需要记录过程信息。图8-24是以牛肉为例的追溯环节,牛耳标(猪耳标、羊耳标、鸡脚环以及皮下内植芯片、口服陶瓷丸等)内包埋电子芯片,是存储动物生长过程且具有唯一身份标记的RFID电子标签。猪、牛、羊、鸡等动物家庭散养的比例越来越低,而工业化、标准化的大中型饲养场越来越多,是城镇居民肉食的主要来源(2013年上海市200余家规模化生猪养殖场和6 000余家养殖户对20万头能繁母猪安装了如同西瓜子大小的猪耳标[30])。这种饲养模式有利于登记动物饲料、饲料添加剂、兽药以及饲养过程等养殖场的信息,是溯源系统中最重要的第一手资料。随后的分割、冷却、冷冻、包装等加工环节基本上在车间内进行,在信息登记方面有非常便利的条件。

目前,水产品信息追溯系统还不及畜产品,主要是受捕捞模式和养殖模式过于分散等原因影响,个体信息追溯较为困难。以鱼为例,如果每条鱼都有唯一的电子标签,不但要解决可防水的电子芯片问题,在成本和操作方面也存在一定困难。目前比较可行的模式可能是以池塘或者捕捞批次为单位,在预包装材料上设置信息追溯装置。

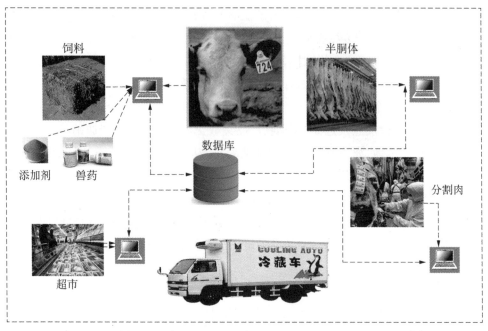

图 8‑24   动物与动物产品信息追溯示意图(全部图片均来自百度图片[31])

　　无论是畜产品还是水产品,其质量卫生与温度关系非常密切,冷链配送占比较大,但是目前在运输途中存在盲点,存在信息缺失现象。车联网是我国目前食品物流中的薄弱环节,冷藏车在途中尚不能与互联网联系,对于食品途中实时跟踪及远程调控还有待完善。

　　果蔬农产品追溯体系比动物产品追溯体系复杂,尤其是消耗量大、质量安全问题突出的蔬菜,其追溯管理和追溯技术等方面都存在一定问题。图 8‑25 是蔬菜从产地沿三条流通渠道进入市场,第一条是通过冷链进入城市超市或者大卖场,产品在产地即建立起档案,由条形码可追溯其种植地块、采摘日期、施肥、农药等信息,这是发达国家蔬菜主要供应方式。第二条是通过敞篷车、三轮车、摩托车等运输工具,从产地运输到批发市场或者自由市场,这部分蔬菜缺乏产地信息和冷链环节,在批发市场或者自由市场,消费者(包括食堂、饭店、宾馆等)购买蔬菜后去向非常模糊,对于溯源与追踪无论是管理还是技术都存在很多困难,这也是我国目前蔬菜市场流通的主要形式。第三条是食品加工企业蔬菜采购方式,大型食品企业往往采取“企业＋农户”和“企业＋基地”模式,对于这部分蔬菜的追溯管理远好于自由市场,蔬菜是包产包销,从田间直接到车间,可以省去产地条码。但是,蔬菜产地种植信息不可缺少,是企业加工产品原材料的溯源信息,消费者通过

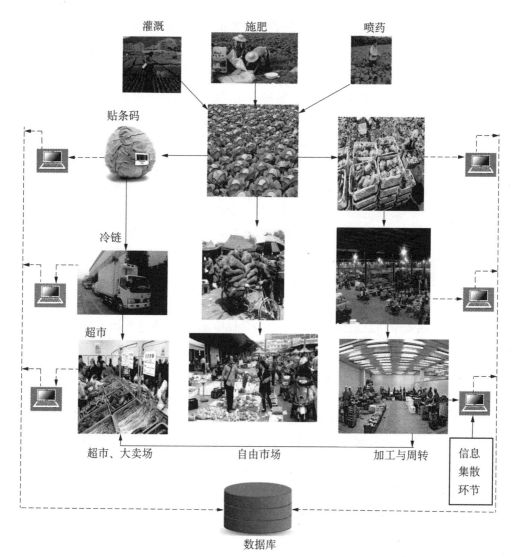

图8-25　蔬菜及其加工品物流与信息追溯示意图

(全部图片均来自百度图片[31])

加工产品上的条码可追溯至原料产地。加工产品是物料的聚集品,也是信息的集合点,主料、辅料、配料等材料品种、批次、产地、质量安全可靠度等等可能均不同,对于一个加工产品,加工企业如何真实、准确地将原料追溯信息和加工品追溯信息输入到追溯系统,这也是政府、企业和消费者都关心的追溯问题。在我国以往的食品安全事件中,有的出现在原料上,有的出现在加工环节上,是一条比较复杂的追溯链条。

虽然我国在研究食品追溯方面已有十余年的历史,从国家到省市地方部门都有相关的规范或者指南,上海也率先实施了条码追溯系统,建立了超市自助查询平台。但是,我国食品追溯体系远未完善,其中比较突出的问题是种养殖模式问题。与发达国家相比,我国大型种养殖场占比较小,尤其是蔬菜种植业,农户占比较高,在规范种植、追溯理念、技术操作等许多方面明显不足,大量分散的种植户也必然使追溯信息更加复杂。其次是加工企业庞杂,这是我国食品工业的现状,中小企业(包括小作坊)占比非常高,他们对原料质量与安全管理如何,对自身企业加工环节规范性如何,对信息登记的真实性和准确性如何,这些都影响着追溯体系的有效性。第三是成本问题,追溯体系需要硬件投入,包括包装、条码、读写器(或者 RFID)、计算机和网络等设施,需要人力操作和维护、管理等成本。对于这部分成本如果摊给种植户,显然是不可能的;如果摊给消费者,势必造成追溯产品价格升高,影响这些蔬菜的市场竞争力,农户积极性可能不高,追溯信息的准确性可能会受到影响。

建立食品安全信息追溯体系是一件国计民生的大事,在这方面上海走在了全国前面,2014 年发布的《上海市食品安全信息追溯管理办法(草案)》要求:市和区、县人民政府负责领导、组织、协调本行政区域内的食品安全信息追溯建设和监督管理工作,建立健全工作机制,加强食品安全信息追溯能力建设,为追溯系统的建设、运行、维护,提供资金保障,纳入年度财政预算,并对相关监督管理部门进行评议、考核。在宣传方面,利用广播、电视、报刊,以及各类新媒体等加强食品安全信息追溯知识的公益宣传,增强企业对信息追溯重要性的认识,提高市民食品安全自我保护能力和意识[26]。

参考文献

[1] 国家发展改革委员会《农产品冷链物流发展规划》. 发改经贸(2010)1304 号.
[2] 华泽钊,李云飞,刘宝林. 食品冷冻冷藏原理与设备[M]. 北京:机械工业出版社,1999.
[3] 程力专用汽车股份有限公司. http://www. clgw8. com/news/qyzx/619. html/.
[4] 中华人民共和国国家质量监督检验检疫总局、中国国家标准化管理委员会. 中华人民共和国物资管理行业标准 WB/T 1046—2012《易腐食品机动车辆冷藏运输要求》[S]. 北京:中国标准出版社,2012,2 - 4.
[5] 范贤华,黄国普,沈静元. 我国冷藏车制冷机组市场现状及趋势[J]. 商用汽车、专用汽车与配件,2013,7:30 - 33.
[6] 刘现伟,薛文生. 浅谈我国冷藏车技术路线及应用现状[J]. 商用汽车、专用汽车与配件,

2013,7:26 - 29.

［7］中国专用汽车网. http://zyqc. cc/Article/Detail/60639.

［8］H·德里斯,A·兹维克著. 制冷装置［M］. 徐家驹译. 北京:机械工业出版社,1988.

［9］袁淑君,谢如鹤,李靖. 国外铁路冷藏运输管理的探讨［J］. 铁道货运,2013,10:56 - 60.

［10］卢士勋,杨万枫. 我国铁路、船舶冷藏运输的技术发展与应用［C］//中国制冷学会 2005 年制冷空调学术年会——制冷创造未来,2005,698 - 701.

［11］卢士勋主编. 制冷与空气调节技术［M］. 上海:上海科学普及出版社,1992.

［12］郭予信. 陆运冷藏集装箱及其市场前景［J］. 制冷与空调,1997,2:5 - 11.

［13］中国物品编码中心. http://www. gs1cn. org.

［14］中华人民共和国国家质量监督检验检疫总局. GB/T 15425—2002《EAN·UCC 系统 128 条码》［S］. 北京:中国标准出版社,2003,1 - 18.

［15］国家技术监督局. GB/T 17172—1997《四一七条码》［S］. 北京:中国标准出版社,1998,1 - 14.

［16］中华人民共和国国家质量监督检验检疫总局,中国国家标准化管理委员会. GB/T 18127—2009《商品条码、物流单元编码与条码表示》［S］. 北京:中国标准出版社,2009,1 - 12.

［17］中华人民共和国国家质量监督检验检疫总局,中国国家标准化管理委员会. GB/T 18354—2006《物流术语》［S］. 北京:中国标准出版社,2007,12.

［18］中华人民共和国国家质量监督检验检疫总局,中国国家标准化管理委员会. GB/T 16986—2009《商品条码、应用标识符》［S］. 北京:中国标准出版社,2009,22 - 23.

［19］百度(条码). http://image. baidu. com.

［20］中国自动化研究中心. RFID 技术测试面临挑战. http://www. 21csp. com. cn/html/View_2007/09/12/51F8D6881E. shtml,2007. 9.

［21］广州星创自动化技术有限公司. RFID(射频识别)技术物流管理系统. http://www. gzxc. cn/products/resolve/sys/RFID07419. htm.

［22］武汉市康明微电子技术有限公司. http://cn. diytrade. com/china/manufacturer/622797/main/,武汉市康明微电子技术有限公司. html.

［23］徐济仁,陈家松,牛纪海. 射频识别技术及应用发展［J］. 数据通信,2009,1:21 - 26.

［24］陈红华,田志宏. 国内外农产品可追溯系统比较研究［J］. 商场现代化,2007,7:5 - 6.

［25］修文彦,任爱胜. 国外农产品质量安全追溯制度的发展与启示［J］. 农业经济问题,2008(增刊),206 - 210.

［26］上海市人民政府法制办公室. 上海市食品安全信息追溯管理办法(草案). 2014 - 7 - 1,http://www. autoid-china. com. cn/news/show. php? itemid=1026.

［27］陈勇,林立政. 上海农副产品质量安全信息查询. 中国物品编码中心上海分中心,2006 - 11 - 21,http://www. ancc. org. cn/News/article. aspx? id=3882.

［28］上海市农委科技服务中心. 上海食用农副产品质量安全信息平台. 2013 - 12 - 30,http://www. shac. gov. cn/kj/shcg/kjcg/szny/201312/t20131230_1459987. htm.

［29］上海市农业委员会,上海市经济和信息化委员会. 关于上海农业物联网发展的实施意见,2013 - 3 - 13,上海农业网/服务版,http://www. shac. gov. cn/zt/wlw/ssyj/201311/t20131101_1433777. htm.

［30］陈玺撼. 追溯一条鱼要过三道坎［N］. 解放日报,2014 年 8 月 17 日,第七版.

［31］百度(图片). http://image. baidu. com.

索　引